After Effects CC 影视特效及商业栏目包装案例100+

张刚峰 编 著

U0253175

清华大学出版社

北京

内 容 简 介

本书是一本专为影视动画后期制作人员编写的全实例型图书，所有的案例都来自作者多年设计工作的实践。本书的最大特点是实例的实用性强，理论与实践结合紧密，精选最常用、最实用的100多个影视动画案例进行技术剖析和操作详解。

本书按照由浅入深的写作方法，从基础内容开始，以全实例为主，详细讲解了在影视制作中应用最为普遍的基础动画入门，内置特效进阶提高，音频、灯光与摄像机，摇摆器、画面稳定与跟踪控制，精彩的文字特效，常见自然特效的表现，常见插件特效风暴，动漫、影视奇幻光线特效，常见影视仿真特效表现，影视恐怖特效合成，动漫特效及游戏场景合成和商业栏目包装案例表现等，全面详细地讲解了影视后期动画的制作技法。

本书配套资源提供了本书所有案例的工程文件和再现制作过程的高清多媒体交互式语音教学文件，以帮助读者迅速掌握使用After Effects进行影视后期合成与特效制作的精髓，并跨入高手的行列。

本书内容全面、实例丰富、讲解透彻，既可作为影视后期与画展制作人员的参考书，还可以用作高等院校和动画专业以及相关培训班的教学实训用书。

图书在版编目(CIP)数据

After Effects CC 影视特效及商业栏目包装案例100+/张刚峰编著. —北京：清华大学出版社，2018（2024.1重印）

ISBN 978-7-302-47260-5

Ⅰ.①A… Ⅱ.①张… Ⅲ.①图像处理软件 Ⅳ.① TP391.413

中国版本图书馆CIP数据核字(2017)第125966号

责任编辑：章忆文 李玉萍
装帧设计：刘孝琼
责任校对：李玉茹
责任印制：沈 露
出版发行：清华大学出版社
    网　　　址：https://www.tup.com.cn，https://www.wqxuetang.com
    地　　　址：北京清华大学学研大厦A座　　邮　　编：100084
    社 总 机：010-83470000　　邮　　购：010-62786544
    投稿与读者服务：010-62776969，c-service@tup.tsinghua.edu.cn
    质量反馈：010-62772015，zhiliang@tup.tsinghua.edu.cn
印 装 者：河北华商印刷有限公司
经　　销：全国新华书店
开　　本：210mm×285mm　　印　　张：18.75　　字　　数：567千字
版　　次：2018年1月第1版　　印　　次：2024年1月第13次印刷
定　　价：69.00元

产品编号：067221-01

前 言

本书以"实例解析+难易程度+知识点+操作步骤"的形式编写，清晰地描述了After Effects在基础动画、动漫特效、影视合成及栏目包装中的应用，可操作性强。而且本书以实际影视动画设计当中的最佳组合为基本讲述架构，书中制作的实例，读者拿来就可用于实际工作中，其制作思路也是读者完全可以借鉴的。

本书各章具体内容如下。

- 第1章是基础动画入门。主要介绍关键帧的操作方法及【位置】、【缩放】、【旋转】和【不透明度】4个基础属性。
- 第2章主要讲解内置特效。After Effects中内置了上百种视频特效，本章详细讲解常见特效的使用技巧。
- 第3章讲解音频、灯光与摄像机。主要介绍音频、灯光和摄像机的使用方法，加强影片情感的表现，以及控制情感的体现。
- 第4章主要讲解摇摆器、画面稳定与跟踪控制。介绍如何合理地运用动画辅助工具来有效地提高动画的制作效率并达到预期的效果。
- 第5章主要讲解精彩的文字特效。介绍文字的编辑，以文字特效来为整体的动画添加点睛之笔。
- 第6章主要讲解常见自然特效的表现。在影片中的一些自然景观效果，需要在后期通过软件来制作，而本章就讲解利用After Effects众多优秀的特效来帮助我们完成自然特效的制作。
- 第7章主要讲解常见插件特效风暴。After Effects还支持很多特效插件，通过对插件特效的应用，可以使动画的制作更为简便，动画的效果也更为绚丽。本章主要介绍After Effects常用插件的应用方法。
- 第8章主要讲解动漫、影视奇幻光线特效。介绍如何在After Effects中制作出绚丽的光线效果，使整个动画更加华丽且富有灵动感。
- 第9章主要讲解常见影视仿真特效表现。电影特效在现代电影中已经随处可见，而本章主要介绍电影特效中一些常见特效的制作方法。
- 第10章主要讲解影视恐怖特效合成。本章主要介绍影视恐怖特效合成的制作方法。
- 第11章主要讲解动漫特效及游戏场景合成。通过4个具体的案例，介绍动漫特效及游戏场景合成特效的制作技巧。
- 第12章主要讲解商业栏目包装案例表现。通过对多个商业案例的练习，读者可了解商业案例的制作方法，掌握商业栏目案例实战演练过程，更快地将软件应用到工作当中去。

对于初学者来说，本书是一本图文并茂、通俗易懂、细致全面的指导操作手册。对电脑动画制作、影视动画设计和专业创作人士来说，本书则是一本不错的参考资料。

超值附赠套餐：本书提供下载资源，内容包括所有案例的视频教学和工程文件，读者可通过扫描手机二维码获得。书中各案例的有声教学视频皆可直接扫码观看。

视频教学：    工程文件：

　　本书由张刚峰编著，同时参与编写的还有张四海、余昊、贺容、王英杰、崔鹏、桑晓洁、王世迪、吕保成、蔡桢桢、王红启、胡瑞芳、王翠花、夏红军、李慧娟、杨树奇、王巧伶、陈家文、王香、杨曼、马玉旋、张田田、谢颂伟、张英、石珍珍、陈志祥等，在此感谢所有创作人员对本书的辛勤付出。

　　当然，在创作的过程中，由于时间仓促，疏漏在所难免，希望广大读者批评指正。如果在学习过程中发现问题，或有更好的建议，欢迎发邮件到bookshelp@163.com与我们联系。

编　者

目录 Contents

Contents 目录

目录 Contents

Contents 目录

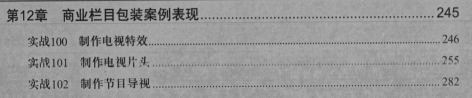

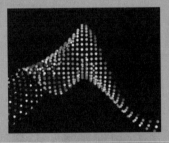

AE

第1章

After Effects 基础动画入门

本章介绍

本章主要讲解关键帧的操作方法及【位置】、【缩放】、【旋转】【不透明度】4个基础属性参数的设置，通过对4个基础属性的操作，用户可制作出精彩的动画。

要点索引

◆ 了解【位置】的参数并掌握【位置】的操作
◆ 了解【缩放】的参数并掌握【缩放】的操作
◆ 了解【旋转】的参数并掌握【旋转】的操作
◆ 了解【不透明度】的参数并掌握【不透明度】的操作

实战001　制作花瓣飘落

实例解析

本例主要讲解通过修改素材的位置制作出位置动画效果，从而了解关键帧的使用。完成的动画流程画面如图1.1所示。

> 💻 难易程度：★☆☆☆☆
> 📖 工程文件：工程文件\第1章\花瓣飘落
> 🎬 视频文件：视频教学\实战001 花瓣飘落.avi

图1.1　动画流程画面

知识点

> 1.【位置】属性
> 2.【旋转】属性

操作步骤

（1）执行菜单栏中的【合成】|【新建合成】命令，打开【合成设置】对话框，设置【合成名称】为"花瓣飘落"，【宽度】为720px，【高度】为480px，【帧速率】为25，并设置【持续时间】为0:00:04:00秒，如图1.2所示。

（2）执行菜单栏中的【文件】|【导入】|【文件】命令，打开【导入文件】对话框，选择配套素材中的"工程文件\第1章\花瓣飘落\背景.jpg"和"工程文件\第1章\花瓣飘落\花瓣.png"素材，单击【导入】按钮，"背景.jpg"和"花瓣.png"素材将导入到【项目】面板中，如图1.3所示。

（3）在【项目】面板中，选择"背景.jpg"和

"花瓣.png"素材，将其拖动到"花瓣飘落"合成的时间线面板中，如图1.4所示。

图1.2　【合成设置】对话框

图1.3　【导入文件】对话框

图1.4　添加素材

（4）选中"花瓣"层，按R键打开【旋转】属性，设置【旋转】的值为-15，如图1.5所示。

图1.5　【旋转】参数设置

（5）将时间调整到0:00:00:00帧的位置，选中"花瓣"层，按P键打开【位置】属性，设置【位置】的值为（-180，-100），单击【位置】左侧的【码表】按钮ȯ，在当前位置设置关键帧；将时间调整到0:00:01:06帧的位置，设置【位置】的值为（190，100）；将时间调整到0:00:02:00帧的位置，设置【位置】的值为（275，275）；将时间调整到0:00:03:00帧的位置，设置【位置】的值为（355，

345），系统会自动添加关键帧，如图1.6所示。

图1.6 0:00:03:00帧的位置参数设置

（6）这样就完成了花瓣飘落动画的整体制作，按小键盘上的0键，可在合成窗口中预览动画效果。

实战002 制作缩放动画

 实例解析

本例主要讲解通过设置【缩放】属性来制作缩放动画，完成的动画流程画面如图1.7所示。

🖥 难易程度：★☆☆☆☆	
✏ 工程文件：工程文件\第1章\缩放动画	
💿 视频文件：视频教学\实战002 缩放动画.avi	

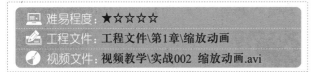

图1.7 动画流程画面

 知识点

1. 【缩放】属性
2. 【不透明度】属性

 操作步骤

（1）执行菜单栏中的【合成】|【新建合成】命令，打开【合成设置】对话框，设置【合成名称】

为"缩放动画"，【宽度】为720px，【高度】为480px，【帧速率】为25，并设置【持续时间】为0:00:03:00秒，如图1.8所示。

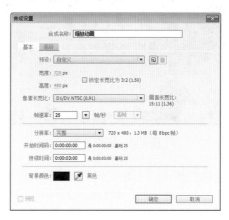

图1.8 【合成设置】对话框

（2）执行菜单栏中的【文件】|【导入】|【文件】命令，打开【导入文件】对话框，选择配套素材中的"工程文件\第1章\缩放动画\背景.jpg""工程文件\第1章\缩放动画\文字1.png"和"工程文件\第1章\缩放动画\文字2.png"素材，单击【导入】按钮，"背景.jpg""文字1.png"和"文字2.png"素材将导入到【项目】面板中，如图1.9所示。

图1.9 【导入文件】对话框

（3）在【项目】面板中，选择"背景.jpg""文字1.png"和"文字2.png"素材，将其拖动到"缩放动画"合成的时间线面板中，如图1.10所示。

图1.10 添加素材

（4）选中"文字1"和"文字2"层，在合成窗口中，调整"文字1"和"文字2"层的位置，如

图1.11所示。

图1.11　调整位置

（5）将时间调整到0:00:00:00帧的位置，选中"文字1"层，按S键打开【缩放】属性，设置【缩放】的值为(0, 0)，单击【缩放】左侧的【码表】按钮 ♉，在当前位置设置关键帧；将时间调整到0:00:01:20帧的位置，设置【缩放】的值为(100, 100)，系统会自动添加关键帧，如图1.12所示。

图1.12　"文字1"层0:00:01:20帧的位置关键帧设置

（6）将时间调整到0:00:01:20帧的位置，选中"文字2"层，按S键打开【缩放】属性，设置【缩放】的值为(800, 800)，单击【缩放】左侧的【码表】按钮 ♉，在当前位置设置关键帧。按T键打开【不透明度】属性，设置【不透明度】的值为0%，并为其设置关键帧，如图1.13所示。

图1.13　"文字2"层0:00:01:20帧的位置关键帧设置

（7）将时间调整到0:00:02:15帧的位置，设置【缩放】的值为(100, 100)，设置【不透明度】的值为100%，系统会自动添加关键帧，如图1.14所示。

图1.14　0:00:02:15帧的位置关键帧设置

（8）这样就完成了缩放动画的整体制作，按小

键盘上的0键，即可在合成窗口中预览动画效果。

实战003　制作基础旋转动画

实例解析

本例主要讲解利用【旋转】属性制作齿轮旋转动画效果，完成的动画流程画面如图1.15所示。

难易程度：★☆☆☆☆
工程文件：工程文件\第1章\基础旋转动画
视频文件：视频教学\实战003 基础旋转动画.avi

图1.15　动画流程画面

知识点

1. 【旋转】属性
2. 旋转动画的制作

操作步骤

（1）执行菜单栏中的【文件】|【打开项目】命令，选择配套素材中的"工程文件\第1章\基础旋转动画\基础旋转动画练习.aep"文件，将文件打开。

（2）将时间调整到0:00:00:00帧的位置，选择"齿轮1""齿轮2""齿轮3""齿轮4"和"齿轮5"层，按R键打开【旋转】属性，设置【旋转】的值为0，单击【旋转】左侧的【码表】按钮 ♉，在当前位置设置关键帧，如图1.16所示。

图1.16 0:00:00:00帧的位置【旋转】参数设置

(3) 将时间调整到0:00:02:24帧的位置，设置"齿轮1"层的【旋转】的值为-1x；设置"齿轮2"层的【旋转】的值为-1x；设置"齿轮3"层的【旋转】的值为-1x；设置"齿轮4"层的【旋转】的值为1x；设置"齿轮5"层的【旋转】的值为1x；如图1.17所示。

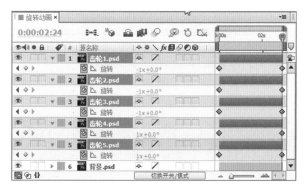

图1.17 0:00:02:24帧的位置【旋转】参数设置

(4) 这样就完成了基础旋转动画的整体制作，按小键盘上的0键，即可在合成窗口中预览动画。

实战004 制作跳动音符

 实例解析

本例主要讲解利用【缩放】属性制作跳动音符效果，完成的动画流程画面如图1.18所示。

💻 难易程度：★★☆☆☆
✏️ 工程文件：工程文件\第1章\跳动音符
🎨 视频文件：视频教学\实战004 制作跳动音符.avi

图1.18 动画流程画面

1. 【缩放】属性
2. 【发光】特效

📋 操作步骤

(1) 执行菜单栏中的【文件】|【打开项目】命令，选择配套素材中的"工程文件\第1章\跳动音符\跳动音符练习.aep"文件，将"跳动音符练习.aep"文件打开。

(2) 执行菜单栏中的【图层】|【新建】|【文本】命令，输入"IIIIIIIIIIIIII"，在【字符】面板中，设置文字的字体为Franklin Gothic Medium Cond，字号为101像素，字符间距为100，文字颜色为蓝色(R:17；G:163；B:238)，如图1.19所示。画面效果如图1.20所示。

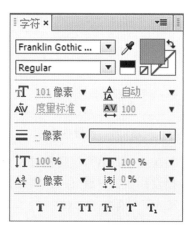

图1.19 设置字体

图1.20　设置字体后的效果

（3）将时间调整到0:00:00:00帧的位置，在工具栏中选择【矩形工具】 ▯ ，在文字层上绘制一个矩形路径，如图1.21所示。

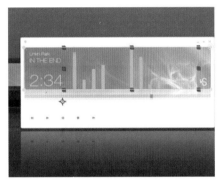

图1.21　绘制矩形路径

（4）展开"IIIIIIIIIIIIII"层，单击【文本】右侧的【动画】按钮 动画:▶ ，从菜单中选择【缩放】命令，单击【缩放】右侧的【约束比例】按钮 ，取消约束，设置【缩放】的值为(100，-234)。单击【动画制作工具 1】右侧的【添加】按钮 添加:▶ ，从菜单中选择【选择器】|【摆动】命令，如图1.22所示。

图1.22　设置参数

（5）为"IIIIIIIIIIIIII"层添加【发光】特效。在【效果和预设】面板中展开【风格化】特效组，然后双击【发光】特效。

（6）在【效果控件】面板中修改【发光】特效的参数，设置【发光半径】的值为45，如图1.23所示；合成窗口效果如图1.24所示。

图1.23　设置【发光】特效参数

图1.24　设置【发光】后的效果

（7）这样就完成了跳动音符动画的整体制作，按小键盘上的0键，即可在合成窗口中预览动画。

实战005　制作炫丽光效文字

实例解析

本例主要讲解利用【缩放】属性制作炫丽光效文字效果，完成的动画流程画面如图1.25所示。

难易程度：★★☆☆☆	
工程文件：工程文件\第1章\炫丽光效文字	
视频文件：视频教学\实战005 炫丽光效文字.avi	

图1.25　动画流程画面

知识点

1. 【模糊】属性
2. 【不透明度】属性
3. 【缩放】属性

操作步骤

(1) 执行菜单栏中的【文件】|【打开项目】命令，选择配套素材中的"工程文件\第1章\炫丽光效文字\炫丽光效文字练习.aep"文件，将文件打开。

(2) 执行菜单栏中的【图层】|【新建】|【文本】命令，在合成窗口中输入SKYLINE，设置文字的字体为Arial，字号为65像素，文字颜色为白色，参数设置如图1.26所示；画面效果如图1.27所示。

图1.26 设置字体参数

图1.27 设置字体参数后的效果

(3) 展开SKYLINE层，单击【文本】右侧的【动画】按钮 动画:▶，从菜单中选择【模糊】命令，设置【模糊】的值为(100，100)。单击【动画制作工具 1】右侧的【添加】按钮 添加:▶，从菜单中分别选择【属性】|【缩放】和【属性】|【不透明度】命令，设置【缩放】的值为(500，500)，【不透明度】的值为0%，如图1.28所示。

图1.28 设置SKYLINE层参数

(4) 将时间调整到0:00:00:00帧的位置，展开【文本】|【动画制作工具 1】|【范围选择器1】|【高级】选项组，从【形状】右侧的下拉列表框中选择【下斜坡】选项，设置【起始】的值为100%，【结束】的值为0%，【偏移】的值为100%，单击【偏移】左侧的【码表】按钮 ◔，在当前位置设置关键帧，如图1.29所示；合成窗口效果如图1.30所示。

图1.29 设置文字动画参数

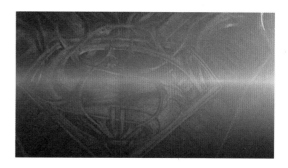

图1.30 设置文字动画参数后的效果

(5) 将时间调整到0:00:01:00帧的位置，设置【偏移】的值为-100%，系统会自动设置关键帧，如图1.31所示；合成窗口效果如图1.32所示。

图1.31 设置【偏移】关键帧

图1.32 设置【偏移】关键帧后的效果

（6）在时间线面板中，选择SKYLINE层，按Ctrl+D组合键复制出另一个新的图层，将该图层重命名为SKYLINE 2，单击【缩放】右侧的【约束比例】按钮取消约束，设置【缩放】的值为（100，-100），设置【不透明度】的值为13%，如图1.33所示；合成窗口效果如图1.34所示。

图1.33 设置SKYLINE 2层参数

图1.34 设置SKYLINE2层后的效果

（7）执行菜单栏中的【图层】|【新建】|【纯色】命令，打开【纯色设置】对话框，设置【名称】为"光晕"，【颜色】为黑色。

（8）为"光晕"层添加【镜头光晕】特效。在【效果和预设】面板中展开【生成】特效组，然后双击【镜头光晕】特效，如图1.35所示；合成窗口效果如图1.36所示。

图1.35 添加【镜头光晕】特效

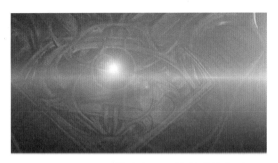

图1.36 设置【镜头光晕】特效后的效果

（9）在【效果控件】面板中，修改【镜头光晕】特效的参数，从【镜头类型】右侧的下拉列表框中选择【105毫米定焦】选项，将时间调整到0:00:00:09帧的位置，设置【光晕中心】的值为（-100，204），单击【光晕中心】左侧的【码表】按钮，在当前位置设置关键帧，如图1.37所示；合成窗口效果如图1.38所示。

图1.37 设置【光晕中心】参数

图1.38 设置【光晕中心】后的效果

（10）将时间调整到0:00:00:20帧的位置，设置【光晕中心】的值为（839，204），系统会自动设置关键帧，如图1.39所示；合成窗口效果如图1.40所示。

图1.39 设置【光晕中心】关键帧

图1.40　设置【光晕中心】关键帧后的效果

（11）为"光晕"层添加【色相/饱和度】特效。在【效果和预设】面板中展开【颜色校正】特效组，然后双击【色相/饱和度】特效，如图1.41所示；合成窗口效果如图1.42所示。

图1.41　添加【色相/饱和度】特效

图1.42　设置【色相/饱和度】后的效果

（12）在【效果控件】面板中，修改【色相/饱和度】特效的参数，选中【彩色化】复选框，设置【着色色相】的值为196，【着色饱和度】的值为43，如图1.43所示；合成窗口效果如图1.44所示。

图1.43　设置【色相/饱和度】参数

图1.44　设置【色相/饱和度】后的效果

（13）这样就完成了动画的整体制作，按小键盘上的0键，即可在合成窗口中预览动画。

实战006　制作渐显的文字

　实例解析

本例主要讲解利用【不透明度】属性制作渐显的文字效果，完成的动画流程画面如图1.45所示。

难易程度：★☆☆☆☆
工程文件：工程文件\第1章\渐显的文字
视频文件：视频教学\实战006 渐显的文字.avi

图1.45　动画流程画面

　知识点

【不透明度】属性

　操作步骤

（1）执行菜单栏中的【文件】|【打开项目】命令，选择配套素材中的"工程文件\第1章\渐显的文

字\渐显的文字练习.aep"文件，将文件打开。

（2）在工具栏中选择【直排文字工具】 ，在合成窗口中输入"若，我只是你茫茫人海的过客，可不可以不让我痴迷？若，我只是你如花年华的点缀，可不可以不让我沉醉？若，我只是你半世流离的起点，可不可以不让我离开。"。在【字符】面板中设置文字的字体为【华文行楷】，字号为23像素，行距为30像素，文字颜色为淡黄色(R:246；G:232；B:222)，如图1.46所示；合成窗口效果如图1.47所示。

图1.46 设置字体

图1.47 设置字体后的效果

（3）将时间调整到0:00:00:00帧的位置，展开文字层，单击【文本】右侧的【动画】按钮 动画:● ，从菜单中选择【不透明度】命令，并设置【不透明度】的值为0%；展开【动画制作工具 1】|【范围选择器 1】选项组，设置【偏移】的值为0%，单击【偏移】左侧的【码表】按钮 ⏱ ，在当前位置设置关键帧，如图1.48所示。

图1.48 设置参数1

（4）将时间调整到0:00:19:24帧的位置，设置【偏移】的值为100%，系统会自动设置关键帧，如图1.49所示；合成窗口效果如图1.50所示。

图1.49 设置参数2

图1.50 设置参数后的效果

（5）这样就完成了动画的整体制作，按小键盘上的0键，即可在合成窗口中预览动画。

实战007 制作卷轴动画

 实例解析

本例主要讲解利用【位置】属性制作卷轴动画效果，完成的动画流程画面如图1.51所示。

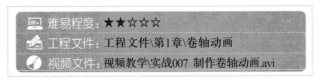

📖 难易程度：★★☆☆☆
✏️ 工程文件：工程文件\第1章\卷轴动画
🖌️ 视频文件：视频教学\实战007 制作卷轴动画.avi

图1.51 动画流程画面

知识点

1. 【位置】属性
2. 【不透明度】属性

操作步骤

(1) 执行菜单栏中的【文件】|【打开项目】命令，选择配套素材中的"工程文件\第1章\卷轴动画\卷轴动画练习.aep"文件，将文件打开。

(2) 打开"卷轴动画"合成，在【项目】面板中选择"卷轴/南江1"合成，将其拖动到时间线面板中。

(3) 在时间线面板中，选择"卷轴/南江1"层，将时间调整到0:00:01:00帧的位置，按P键打开【位置】属性，设置【位置】的值为(379，288)，单击【位置】左侧的【码表】按钮 ，在当前位置设置关键帧。

(4) 将时间调整到0:00:01:15帧的位置，设置【位置】的值为(684，288)，系统会自动设置关键帧，如图1.52所示；合成窗口效果如图1.53所示。

图1.52 设置【位置】关键帧

图1.53 设置【位置】关键帧后的效果

(5) 在时间线面板中选择"卷轴/南江1"层，将时间调整到0:00:00:15帧的位置，按T键打开【不透明度】属性，设置【不透明度】的值为0%，单击【不透明度】左侧的【码表】按钮 ，在当前位置设置关键帧。

(6) 将时间调整到0:00:01:00帧的位置，设置【不透明度】的值为100%，系统会自动设置关键帧。

(7) 在【项目】面板中选择"卷轴/南江2"合成，将其拖动到"卷轴动画"合成的时间线面板中。用以上同样的方法制作动画，如图1.54所示；合成窗口效果如图1.55所示。

图1.54 设置"卷轴/南江2"参数

图1.55 设置卷轴后的效果

(8) 这样就完成了卷轴动画的整体制作，按小键盘上的0键，即可在合成窗口中预览动画。

AE

第2章

内置特效进阶提高

本章介绍

　　After Effects包括了几百种内置特效，这些强大的内置特效是动画制作的根本。本章挑选比较实用的一些内置特效，结合实例详细讲解它们的应用方法，希望读者举一反三，在学习这些特效的同时掌握更多特效的使用方法。

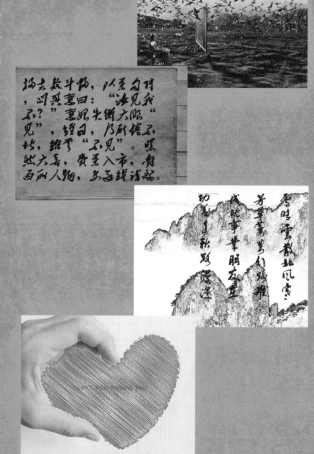

要点索引

◆ 掌握【卡片动画】特效的使用方法
◆ 掌握【写入】特效的使用方法
◆ 掌握【查找边缘】特效的使用方法
◆ 掌握【涂写】特效的使用方法
◆ 掌握【极坐标】特效的使用方法
◆ 掌握不同特效的使用方法和使用技巧

实战008　制作梦幻汇集

实例解析

本例主要讲解利用【卡片动画】特效制作梦幻汇集效果，完成的动画流程画面如图2.1所示。

难易程度：★☆☆☆☆
工程文件：工程文件\第2章\梦幻汇集
视频文件：视频教学\实战008 利用【卡片动画】制作梦幻汇集.avi

图2.1　动画流程画面

知识点

【卡片动画】特效

操作步骤

（1）执行菜单栏中的【文件】|【打开项目】命令，选择配套素材中的"工程文件\第2章\梦幻汇集\梦幻汇集练习.aep"文件，将文件打开。

（2）为"背景"层添加【卡片动画】特效。在【效果和预设】面板中展开【模拟】特效组，然后双击【卡片动画】特效。

（3）在【效果控件】面板中，修改【卡片动画】特效的参数，从【行数和列数】下拉列表框中选择【独立】选项，设置【行数】的值为25，分别从【渐变图层1】、【渐变图层2】下拉列表框中选择"背景.jpg"层，如图2.2所示。

图2.2　设置【卡片动画】参数

（4）将时间调整到0:00:00:00帧的位置，展开【X位置】选项组，从【源】下拉列表框中选择【红色1】选项，设置【乘数】的值为24，【偏移】的值为11，单击【乘数】和【偏移】左侧的【码表】按钮，在当前位置设置关键帧，合成窗口效果如图2.3所示。

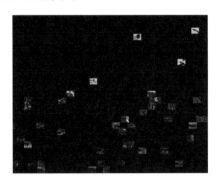

图2.3　设置0秒关键帧后的效果

（5）将时间调整到0:00:04:11帧的位置，设置【乘数】的值为0，【偏移】的值为0，系统会自动设置关键帧，如图2.4所示。

图2.4　设置4秒11帧的关键帧

（6）展开【Z位置】选项组，将时间调整到0:00:00:00帧的位置，设置【偏移】的值为10，单击【偏移】左侧的【码表】按钮，在当前位置设置关键帧。

（7）将时间调整到0:00:04:11帧的位置，设置【偏移】的值为0，系统会自动设置关键帧，如图2.5所示；合成窗口效果如图2.6所示。

图2.5 设置Z轴位置的参数

图2.6 设置Z轴位置后的效果

(8) 这样就完成了梦幻汇集的整体制作,按小键盘上的0键,即可在合成窗口中预览动画。

实战009 制作卷页效果

 实例解析

本例主要讲解利用CC Page Turn(CC 卷页)特效制作卷页效果,完成的动画流程画面如图2.7所示。

难易程度:★★☆☆☆

工程文件:工程文件\第2章\卷页效果

视频文件:视频教学\实战009 利用【CC 卷页】制作卷页效果.avi

图2.7 动画流程画面

知识点

CC Page Turn(CC 卷页)特效

操作步骤

(1) 执行菜单栏中的【文件】|【打开项目】命令,选择配套素材中的"工程文件\第2章\卷页效果\卷页效果练习.aep"文件,将文件打开。

(2) 为"书页1"层添加CC Page Turn(CC 卷页)特效。在【效果和预设】面板中展开【扭曲】特效组,然后双击CC Page Turn(CC 卷页)特效。

(3) 在【效果控件】面板中,修改CC Page Turn(CC 卷页)特效的参数,设置Fold Direction(折叠方向)的值为-104;将时间调整到0:00:00:00帧的位置,设置Fold Position(折叠位置)的值为(680,236),单击Fold Position(折叠位置)左侧的【码表】按钮 ,在当前位置设置关键帧。

(4) 将时间调整到0:00:01:00帧的位置,设置Fold Position(折叠位置)的值为(-48,530),系统会自动设置关键帧,如图2.8所示;合成窗口效果如图2.9所示。

图2.8 设置书页1的关键帧

图2.9 设置书页1关键帧后的效果

(5) 为"书页2"层添加CC Page Turn(CC 卷页)特效。在【效果和预设】面板中展开【扭曲】特效组,然后双击CC Page Turn(CC 卷页)特效。

(6) 在【效果控件】面板中，修改CC Page Turn(CC 卷页)特效的参数，设置Fold Direction(折叠方向)的值为-104；将时间调整到0:00:01:00帧的位置，设置Fold Position(折叠位置)的值为(680，236)，单击Fold Position(折叠位置)左侧的【码表】按钮 ⏱，在当前位置设置关键帧。

(7) 将时间调整到0:00:02:00帧的位置，设置Fold Position(折叠位置)的值为(-48，530)，系统会自动设置关键帧，如图2.10所示；合成窗口效果如图2.11所示。

图2.10 设置书页2的关键帧

图2.11 设置书页2关键帧后的效果

(8) 这样就完成了卷页效果的整体制作，按小键盘上的0键，即可在合成窗口中预览动画。

实战010 制作梦幻亮斑

 实例解析

本例主要讲解利用CC Bubbles(CC 吹泡泡)和【发光】特效制作梦幻亮斑效果，完成的动画流程画面如图2.12所示。

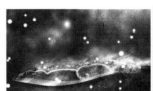

图2.12 动画流程画面

知识点

1. CC Bubbles(CC吹泡泡)特效
2. 【发光】特效
3. 【相加】模式

操作步骤

(1) 执行菜单栏中的【文件】|【打开项目】命令，选择配套素材中的"工程文件\第2章\梦幻亮斑\梦幻亮斑练习.aep"文件，将文件打开。

(2) 执行菜单栏中的【图层】|【新建】|【纯色】命令，打开【纯色设置】对话框，设置【名称】为"亮斑"，【颜色】为亮黄色(R:250；G:251；B:213)。

(3) 为"亮斑"层添加CC Bubbles(CC 吹泡泡)特效。在【效果和预设】面板中展开【模拟】特效组，然后双击CC Bubbles(CC 吹泡泡)特效，如图2.13所示；合成窗口效果如图2.14所示。

图2.13 添加CC Bubbles特效

图2.14 添加特效后的效果

（4）在【效果控件】面板中，修改特效的参数，设置Bubble Amount(泡泡数量)的值为110，Bubble Speed(泡泡速度)的值为1.3，Wobble Amplitude(摆动幅度)的值为5，Wobble Frequency(摆动频率)的值为0.8，Bubble Size(泡泡大小)的值为1，从Reflection Type(反射类型)右侧的下拉列表框中选择Metal(金属)选项，从Shading Type(阴影类型)下拉列表框中选择Darken(变暗)选项，如图2.15所示；合成窗口效果如图2.16所示。

图2.15 设置CC Bubbles参数

图2.16 设置参数后的效果

（5）为"亮斑"层添加【发光】特效。在【效果和预设】面板中展开【风格化】特效组，然后双击【发光】特效，如图2.17所示；合成窗口效果如图2.18所示。

图2.17 添加【发光】特效

图2.18 添加【发光】特效后的效果

（6）在时间线面板中选择"亮斑"层，设置该层的【模式】为【相加】，如图2.19所示；合成窗口效果如图2.20所示。

图2.19 层模式设置

图2.20 图像效果

（7）这样就完成了动画的整体制作，按小键盘上的0键，即可在合成窗口中预览动画。

实战011 制作飞雪积字效果

 实例解析

本例主要讲解利用CC Snowfall(CC下雪)特效制作飞雪积字效果，完成的动画流程画面如图2.21所示。

难易程度：★★★☆☆
工程文件：工程文件\第2章\飞雪积字效果
视频文件：视频教学\实战011 利用【CC下雪】制作飞雪积字效果.avi

17

图2.21 动画流程画面

知识点

1. 【毛边】特效
2. 【发光】特效
3. CC Snowfall(CC 下雪) 特效

操作步骤

(1) 执行菜单栏中的【文件】|【打开项目】命令，选择配套素材中的"工程文件\第2章\飞雪积字效果\飞雪积字效果练习.aep"文件，将文件打开。

(2) 执行菜单栏中的【合成】|【新建合成】命令，打开【合成设置】对话框，设置【合成名称】为"文字 1"，【宽度】为720px，【高度】为405px，【帧速率】为25，并设置【持续时间】为0:00:03:00秒。

(3) 执行菜单栏中的【图层】|【新建】|【文本】命令，在合成窗口中输入RED RIDING HOOD，设置文字的字体为Aparajita，字号为84像素，单击【仿粗体】按钮 T，设置文本颜色为白色，如图2.22所示；合成窗口效果如图2.23所示。

(4) 选中文字层，按S键展开【缩放】属性，单击【缩放】右侧的【约束比例】按钮，取消约束，将时间调整到0:00:00:00帧的位置，设置【缩放】的值为(100，100)，单击【缩放】左侧的【码表】按钮，在当前位置设置关键帧。

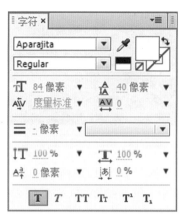

图2.22 设置字体

图2.23 设置字体后的效果

(5) 将时间调整到0:00:02:00帧的位置，设置【缩放】的值为(100，95)，系统会自动设置关键帧，如图2.24所示；合成窗口效果如图2.25所示。

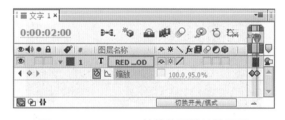

图2.24 0:00:02:00帧的位置关键帧设置

图2.25 设置文字1后的效果

(6) 执行菜单栏中的【合成】|【新建合成】命令，打开【合成设置】对话框，设置【合成名称】为"文字2"，【宽度】为720px，【高度】为405px，【帧速率】为25，并设置【持续时间】为

0:00:03:00秒。

(7) 打开"文字 1"合成，选择文字层，按Ctrl+C组合键复制文字，粘贴到"文字 2"合成中，按S键打开【缩放】属性，将时间调整到0:00:02:00帧的位置，设置【缩放】的值为(100，101)，如图2.26所示；合成窗口效果如图2.27所示。

图2.26　设置文字 2的关键帧

图2.27　设置文字 2后的效果

(8) 执行菜单栏中的【合成】|【新建合成】命令，打开【合成设置】对话框，设置【合成名称】为"蒙版"，【宽度】为720px，【高度】为405px，【帧速率】为25，并设置【持续时间】为0:00:03:00秒。

(9) 在【项目】面板中，选择"文字1"和"文字2"合成，将其拖动到"蒙版"合成的时间线面板中。

(10) 在时间线面板中，设置"文字2"层的【轨道遮罩】为【亮度反转遮罩"文字1"】，如图2.28所示；合成窗口效果如图2.29所示。

图2.28　遮罩设置

(11) 打开"飞雪积字效果"合成，在【项目】面板中选择"蒙版"合成，将其拖动到"冰雪纷飞"合成的时间线面板中，如图2.30所示，合成窗口效果如图2.31所示。

图2.29　遮罩合成后的效果

图2.30　添加合成

图2.31　添加合成后的效果

(12) 打开"文字 1"合成，选择文字层，按Ctrl+C组合键复制文字，粘贴到"飞雪积字效果"合成中，删除所有关键帧，设置【缩放】的值为(100，100)，如图2.32所示；将文字的颜色更改为橙色(R:214；G:106；B:29)，合成窗口效果如图2.33所示。

图2.32　设置文字

图2.33 设置文字后的效果

(13) 为文字层添加【彩色浮雕】特效。在【效果和预设】面板中展开【风格化】特效组，然后双击【彩色浮雕】特效。

(14) 在【效果控件】面板中修改特效的参数，设置【起伏】的值为2.9，如图2.34所示；合成窗口效果如图2.35所示。

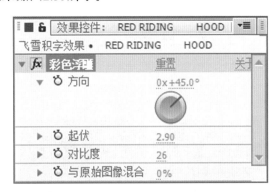

图2.34 设置【彩色浮雕】参数

图2.35 设置【彩色浮雕】后的效果

(15) 为"蒙版"层添加【毛边】特效。在【效果和预设】面板中展开【风格化】特效组，然后双击【毛边】特效。

(16) 在【效果控件】面板中修改特效的参数，设置【边界】的值为0，【边缘锐度】的值为3.85，【比例】的值为540，【伸缩宽度或高度】的值为-21，如图2.36所示；合成窗口效果如图2.37所示。

(17) 为"蒙版"层添加【发光】特效。在【效果和预设】面板中展开【风格化】特效组，然后双击【发光】特效，添加【发光】特效。

图2.36 设置【毛边】参数

图2.37 设置【毛边】后的效果

(18) 为"蒙版"层添加CC Snowfall(CC下雪)特效。在【效果和预设】面板中展开【模拟】特效组，然后双击CC Snowfall(CC下雪)特效。

(19) 在【效果控件】面板中修改特效的参数，设置Size(大小)的值为10，Wind(风力)的值为120，如图2.38所示；合成窗口效果如图2.39所示。

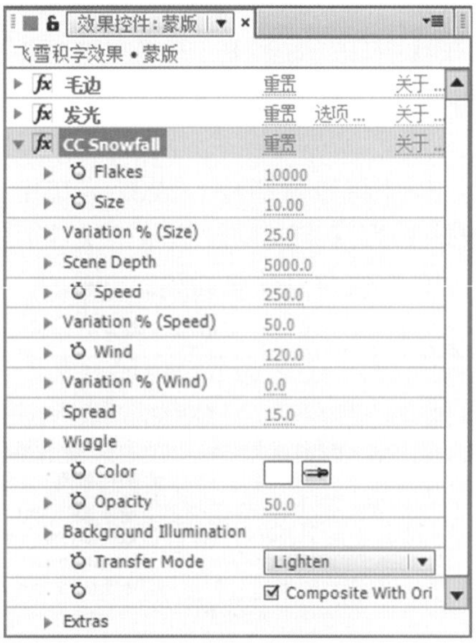

图2.38 参数设置

(20) 这样就完成了动画的整体制作，按小键盘上的0键，即可在合成窗口中预览动画。

图2.39 调整下雪后的效果

实战012 制作碰撞动画

 实例解析

本例主要讲解利用CC Scatterize(CC散射)特效制作碰撞效果，完成的动画流程画面如图2.40所示。

- 难易程度：★★☆☆☆
- 工程文件：工程文件\第2章\碰撞动画
- 视频文件：视频教学\实战012 利用【CC散射】制作碰撞动画.avi

图2.40 动画流程画面

 知识点

CC Scatterize(CC散射)特效

 操作步骤

(1) 执行菜单栏中的【文件】|【打开项目】命令，选择配套素材中的"工程文件\第2章\碰撞动画

\碰撞动画练习.aep"文件，将文件打开。

(2) 执行菜单栏中的【图层】|【新建】|【文本】命令，输入Captain America 2，设置文字的字体为Franklin Gothic Heavy，字号为71像素，文字颜色为白色。

(3) 选中Captain America 2层，按Ctrl+D组合键复制出另一个新的文字层，将该图层重命名为Captain America 3，如图2.41所示。

图2.41 复制文字层

(4) 为Captain America 2层添加CC Scatterize (CC散射)特效。在【效果和预设】面板中展开【模拟】特效组，然后双击CC Scatterize(CC散射)特效，如图2.42所示。

图2.42 添加CC Scatterize特效

(5) 在【效果控件】面板中，修改CC Scatterize (CC散射)特效的参数，从Transfer Mode(转换模式)下拉列表框中选择Alpha Add(通道相加)选项；将时间调整到0:00:01:01帧的位置，设置Scatter(扩散)的值为0，单击Scatter(扩散)左侧的【码表】按钮 ，在当前位置设置关键帧。

(6) 将时间调整到0:00:02:01帧的位置，设置Scatter(扩散)的值为167，系统会自动设置关键帧，如图2.43所示；合成窗口效果如图2.44所示。

图2.43 0:00:02:01帧的位置关键帧设置

(7) 选中Captain America 2层，将时间调整到0:00:01:00帧的位置，按T键打开【不透明度】属性，设置【不透明度】的值为0%，单击【不透明度】左侧的【码表】按钮 ，在当前位置设置关键帧。

图2.44　设置散射后的效果

(8) 将时间调整到0:00:01:01帧的位置，设置【不透明度】的值为100%，系统会自动设置关键帧。

(9) 将时间调整到0:00:01:11帧的位置，设置【不透明度】的值为100%。

(10) 将时间调整到0:00:01:18帧的位置，设置【不透明度】的值为0%，如图2.45所示。

图2.45　设置0:00:01:18帧的位置的【不透明度】

(11) 为Captain America 3层添加【梯度渐变】特效。在【效果和预设】面板中展开【生成】特效组，然后双击【梯度渐变】特效。

(12) 在【效果控件】面板中，修改【梯度渐变】特效的参数，设置【渐变起点】的值为(362，438)，【渐变终点】的值为(362，508)，从【渐变形状】下拉列表框中选择【线性渐变】选项，如图2.46所示；合成窗口效果如图2.47所示。

图2.46　设置渐变参数

图2.47　设置渐变后的效果

(13) 选中Captain America 3层，将时间调整到0:00:00:00帧的位置，设置【缩放】的值为(3407，3407)，单击【缩放】左侧的【码表】按钮，在当前位置设置关键帧。

(14) 将时间调整到0:00:01:01帧的位置，设置【缩放】的值为(100，100)，系统会自动设置关键帧，如图2.48所示；合成窗口效果如图2.49所示。

图2.48　设置0:00:01:01帧处的【缩放】关键帧

图2.49　设置【缩放】后的效果

(15) 这样就完成了碰撞动画的整体制作，按小键盘上的0键，即可在合成窗口中预览动画。

实战013　制作变形胶片

 实例解析

本例主要讲解利用【贝塞尔曲线变形】特效制作变形胶片效果，完成的动画流程画面如图2.50所示。

合成的时间线面板中。

图2.51 设置0:00:09:24帧处【位置】关键帧

（7）为"影片"层添加【贝塞尔曲线变形】特效。在【效果和预设】面板中展开【扭曲】特效组，然后双击【贝塞尔曲线变形】特效。

（8）在【效果控件】面板中，修改特效的参数，如图2.52所示；合成窗口效果如图2.53所示。

图2.52 设置【贝塞尔曲线变形】参数

图2.50 动画流程画面

知识点

1.【位置】属性
2.【贝塞尔曲线变形】特效

操作步骤

（1）执行菜单栏中的【文件】|【打开项目】命令，选择配套素材中的"工程文件\第2章\变形胶片\变形胶片练习.aep"文件，将文件打开。

（2）执行菜单栏中的【合成】|【新建合成】命令，打开【合成设置】对话框，设置【合成名称】为"影片"，【宽度】为720px，【高度】为405px，【帧速率】为25，并设置【持续时间】为0:00:10:00秒。

（3）在【项目】面板中，选择"胶片.jpg"素材，将其拖动到"影片"合成的时间线面板中。

（4）在时间线面板中，选择"胶片.jpg"层，将时间调整到0:00:00:00帧的位置，按P键打开【位置】属性，设置【位置】的值为(-1216，202)，单击【位置】左侧的【码表】按钮 ，在当前位置设置关键帧。

（5）将时间调整到0:00:09:24帧的位置，设置【位置】的值为(1904，202)，系统会自动设置关键帧，如图2.51所示。

（6）打开"变形胶片"合成，在【项目】面板中，选择"影片"合成，将其拖动到"变形胶片"

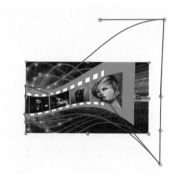

图2.53 设置参数后的效果

（9）这样就完成了动画的整体制作，按小键盘上的0键，即可在合成窗口中预览动画。

实战014 制作水墨画

实例解析

本例主要讲解利用【查找边缘】特效制作水墨画效果，完成的动画流程画面如图2.54所示。

难易程度：★★☆☆☆
工程文件：工程文件\第2章\水墨画
视频文件：视频教学\实战014 利用【查找边缘】
制作水墨画.avi

图2.54 动画流程画面

 知识点

【查找边缘】特效

 操作步骤

(1) 执行菜单栏中的【文件】|【打开项目】命令，选择配套素材中的"工程文件\第2章\水墨画\水墨画练习.aep"文件，将文件打开。

(2) 选中"背景"层，将时间调整到0:00:00:00帧的位置，按P键打开【位置】属性，设置【位置】数值为(427，288)，单击【位置】左侧的【码表】按钮，在当前位置设置关键帧。

(3) 将时间调整到0:00:03:00帧的位置，设置【位置】数值为(293，288)，系统会自动设置关键帧，如图2.55所示。

图2.55 0:00:03:00帧处设置【位置】关键帧

(4) 为"背景"层添加【查找边缘】特效。在

【效果和预设】面板中展开【风格化】特效组，然后双击【查找边缘】特效。

(5) 为"背景"层添加【色调】特效。在【效果和预设】面板中展开【颜色校正】特效组，然后双击【色调】特效。

(6) 在【效果控件】面板中，修改【色调】特效的参数，设置【将黑色映射到】为棕色(R:61；G:28；B:28)，【着色数量】的值为77%，如图2.56所示；合成窗口效果如图2.57所示。

图2.56 设置【色调】参数

图2.57 设置【色调】后的效果

(7) 选中"字.tga"层，按S键打开【缩放】属性，设置【缩放】的值为(75，75)；在工具栏中选择【矩形工具】，绘制一个矩形路径，按F键，设置【蒙版羽化】的值为(50，50)；将时间调整到0:00:00:00帧的位置，按M键打开【蒙版路径】属性，单击【蒙版路径】左侧的【码表】按钮，在当前位置设置关键帧，如图2.58所示。

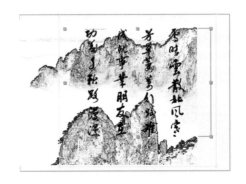

图2.58 设置0:00:00:00帧处的蒙版形状

(8) 将时间调整到0:00:01:14帧的位置,将矩形路径从左向右拖动,系统会自动设置关键帧,如图2.59所示。

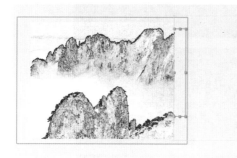

图2.59 设置0:00:01:14帧的蒙版形状

(9) 这样就完成了水墨画效果的整体制作,按小键盘上的0键,即可在合成窗口中预览动画。

实战015 制作纷飞运动粒子

 实例解析

本例主要讲解利用CC Particle World(CC 粒子世界)特效制作纷飞运动粒子效果,完成的动画流程画面如图2.60所示。

- 难易程度:★☆☆☆☆
- 工程文件:工程文件\第2章\纷飞运动粒子
- 视频文件:视频教学\实战015 利用【CC 粒子世界】制作纷飞运动粒子.avi

图2.60 动画流程画面

 知识点

1. 纯色层创建
2. CC Particle Word(CC 粒子世界)特效

(1) 执行菜单栏中的【文件】|【打开项目】命令,选择配套素材中的"工程文件\第2章\纷飞运动粒子\纷飞运动粒子练习.aep"文件,将文件打开。

(2) 执行菜单栏中的【图层】|【新建】|【纯色】命令,打开【纯色设置】对话框,设置【名称】为"粒子",【颜色】为黑色。

(3) 为"粒子"层添加CC Particle World(CC 粒子世界)特效。在【效果和预设】面板中展开【模拟】特效组,然后双击CC Particle World(CC 粒子世界)特效。

(4) 在【效果控件】面板中修改特效的参数,设置Birth Rate(生长速率)的值为8,Longevity(sec)(寿命)的值为2。

(5) 展开Producer(产生点)选项组,设置Radius Z(Z轴半径)的值为5;将时间调整到0:00:00:00帧的位置,设置Position X(X 轴位置)的值为2.7,Position Y(Y 轴位置)的值为-1.5,单击Position X(X轴位置)和Y(Y 轴位置)左侧的【码表】按钮 ,在当前位置设置关键帧。

(6) 将时间调整到0:00:03:10帧的位置,设置Position X(X 轴位置)的值为-2.4,Position Y(Y 轴位置)的值为1.3,系统会自动设置关键帧,如图2.61所示;合成窗口效果如图2.62所示。

图2.61 设置CC Particle World(CC粒子世界)参数1

(7) 展开Physics(物理学)选项组,设置Velocity(速率)的值为0.3,Gravity(重力)的值为0,展开Paticle(粒子)选项组,设置Birth Color(生长色)为白色,Death Color(消逝色)为白色,如图2.63所示;合成窗口效果如图2.64所示。

图2.62 设置【产生点】后的效果

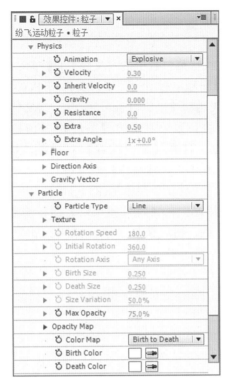

图2.63 设置CC Particle World(CC 粒子世界)参数2

图2.64 设置CC Particle World(CC粒子世界)后的效果

(8) 这样就完成了动画的整体制作,按小键盘上的0键,即可在合成窗口中预览动画。

实战016 制作舞台幕布效果

实例解析

本例主要讲解利用【分形杂色】特效制作舞台幕布效果,完成的动画流程画面如图2.65所示。

- 难易程度:★★☆☆☆
- 工程文件:工程文件\第2章\舞台幕布.aep
- 视频文件:视频教学\实战016 利用【分形杂色】制作舞台幕布效果.avi

图2.65 动画流程画面

知识点

1.【纯色】命令
2.【分形杂色】特效

操作步骤

(1) 执行菜单栏中的【文件】|【打开项目】命令,选择配套素材中的"工程文件\第5章\舞台幕布\舞台幕布练习.aep"文件,将文件打开。

(2) 执行菜单栏中的【合成】|【新建合成】命令,打开【合成设置】对话框,设置【合成名称】为"杂波",【宽度】为720px,【高度】为405px,【帧速率】为25,并设置【持续时间】为0:00:05:00秒。

(3) 执行菜单栏中的【图层】|【新建】|【纯色】命令,打开【纯色设置】对话框,设置【名称】为"杂波",【颜色】为白色。

(4) 为"杂波"层添加【分形杂色】特效。在【效果和预设】面板中展开【杂色和颗粒】特效组,然后双击【分形杂色】特效,如图2.66所示;合成窗口效果如图2.67所示。

(5) 在【效果控件】面板中修改特效的参数,设置【对比度】的值为267,【亮度】的值为-39,从【溢出】下拉列表框中选择【反绕】选项;展开【变换】选项组,取消选中【统一缩放】复选框，设置【缩放高度】的值为3318；将时间调整到0:00:00:00帧的位置，设置【演化】的值为0，单击【演化】左侧的【码表】按钮 ⏱，在当前位置设置关键帧，如图2.68所示。合成窗口效果如图2.69所示。

图2.66　添加特效

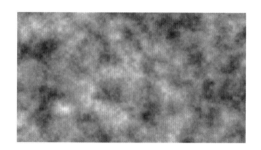

图2.67　添加特效后的效果

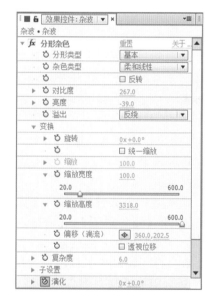

图2.68　设置【分形杂色】参数

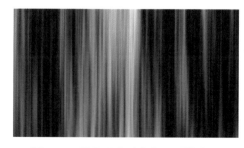

图2.69　设置【分形杂色】后的效果

(6) 将时间调整到0:00:04:00帧的位置，设置【演化】的值为2x，系统会自动设置关键帧，如图2.70所示；合成窗口效果如图2.71所示。

图2.70　设置【分形杂色】关键帧

图2.71　设置关键帧后的效果

(7) 打开"舞台幕布"合成，在【项目】面板中选择"杂波"合成，将其拖动到"幕布"合成中，如图2.72所示。

图2.72　拖动合成

(8) 执行菜单栏中的【图层】|【新建】|【纯色】命令，打开【纯色设置】对话框，设置【名称】为"染色"，【颜色】为红色(R:255；G:0；B:0)，修改该层的模式为【相乘】。

(9) 将时间调整到0:00:00:00帧的位置，选择"杂波"层，使用【向后平移(锚点)工具】 将其中心点移动到右侧的边缘位置，按S键打开【缩放】属性，单击【约束比例】按钮 取消约束，设置【缩放】的值为(100，100)，单击【缩放】左侧的【码表】按钮 ⏱，在当前位置设置关键帧，如图2.73所示；合成窗口效果如图2.74所示。

图2.73　设置【缩放】参数

图2.74 设置参数后的效果

（10）将时间调整到0:00:03:00帧的位置，设置【缩放】的值为(0，100)，将"染色"层指定为"杂波"层的子物体，如图2.75所示；合成窗口效果如图2.76所示。

图2.75 设置【缩放】关键帧和父子绑定

图2.76 设置参数后的效果

（11）这样就完成了动画的整体制作，按小键盘上的0键，即可在合成窗口中预览动画。

实战017 制作手绘效果

实例解析

本例主要讲解利用【涂写】特效制作手绘效果，完成的动画流程画面如图2.77所示。

难易程度：★★☆☆☆
工程文件：工程文件\第2章\手绘效果
视频文件：视频教学\实战017 利用【涂写】制作手绘效果.avi

图2.77 动画流程画面

知识点

【涂写】特效

操作步骤

（1）执行菜单栏中的【文件】|【打开项目】命令，选择配套素材中的"工程文件\第2章\手绘效果\手绘效果练习.aep"文件，将文件打开。

（2）执行菜单栏中的【图层】|【新建】|【纯色】命令，打开【纯色设置】对话框，设置【名称】为"心"，【颜色】为白色。

（3）选择"心"层，在工具栏中选择【钢笔工具】 ，在文字层上绘制一个心形路径，如图2.78所示。

图2.78 绘制路径

（4）为"心"层添加【涂写】特效。在【效果和预设】面板中展开【生成】特效组，然后双击【涂写】特效。

（5）在【效果控件】面板中修改【涂写】特效的参数，从【蒙版】下拉列表框中选择【蒙版1】选项，设置【颜色】的值为红色(R:255；G:20；B:20)，【角度】的值为129，【描边宽度】的值为1.6；将时间调整到0:00:01:22帧的位置，设置【不透明度】的值为100%，单击【不透明度】左侧的【码表】按钮🕙，在当前位置设置关键帧。

（6）将时间调整到0:00:02:06帧的位置，设置【不透明度】的值为1%，系统会自动设置关键帧，如图2.79所示。

图2.79 在0:00:02:06帧处设置【不透明度】关键帧

（7）将时间调整到0:00:00:00帧的位置，设置【结束】的值为0%，单击【结束】左侧的【码表】按钮🕙，在当前位置设置关键帧。

（8）将时间调整到0:00:01:00帧的位置，设置【结束】的值为100%，系统会自动设置关键帧，如图2.80所示；合成窗口效果如图2.81所示。

图2.80 在0:00:01:00帧处设置【结束】关键帧

图2.81 设置【结束】后的效果

（9）这样就完成了手绘效果的整体制作，按小键盘上的0键，即可在合成窗口中预览动画。

实战018 制作炫彩空间

实例解析

本例主要讲解利用【极坐标】和【镜头光晕】特效制作炫彩空间效果，完成的动画流程画面如图2.82所示。

难易程度：★☆☆☆☆	
工程文件：工程文件\第2章\炫彩空间	
视频文件：视频教学\实战018 利用【极坐标】特效制作炫彩空间.avi	

图2.82 动画流程画面

知识点

1.【镜头光晕】特效

2.【分形杂色】特效

3.【发光】特效

4.【极坐标】特效

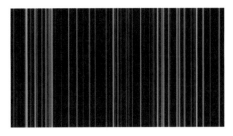

图2.84 设置【分形杂色】后的效果

操作步骤

(1) 执行菜单栏中的【合成】|【新建合成】命令，打开【合成设置】对话框，设置【合成名称】为"炫彩空间"，【宽度】为720px，【高度】为405px，【帧速率】为25，并设置【持续时间】为0.00.04.00秒。

(2) 按Ctrl+Y组合键，打开【纯色设置】对话框，设置纯色【名称】为"红光"，【颜色】为黑色。

(3) 为"红光"层添加【分形杂色】特效。在【效果和预设】面板中展开【杂色和颗粒】特效组，然后双击【分形杂色】特效。

图2.85 设置【分形杂色】关键帧

(4) 在【效果控件】面板中，修改特效的参数，设置【对比度】的值为200，【亮度】的值为-60，从【溢出】下拉列表框中选择【剪切】选项；展开【变换】选项组，设置【旋转】的值为32，取消选中【统一缩放】复选框，设置【缩放宽度】的值为7，【缩放高度】的值为10 000，【复杂度】的值为1；将时间调整到0:00:00:00帧的位置，设置【演化】的值为0，单击【演化】左侧的【码表】按钮，在当前位置设置关键帧，如图2.83所示；合成窗口效果如图2.84所示。

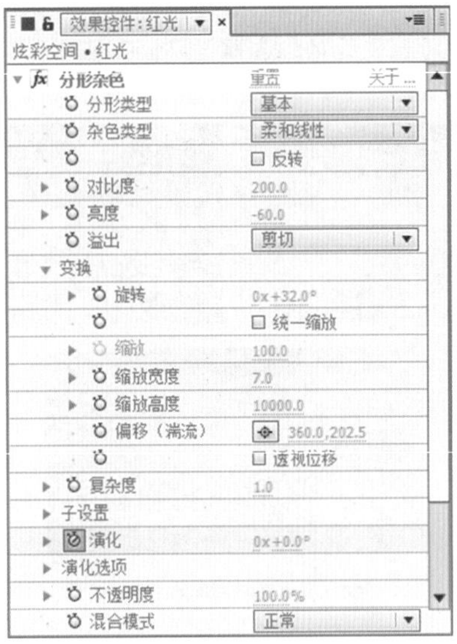

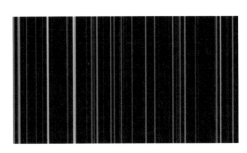

图2.86 设置关键帧后的效果

(7) 在【效果控件】面板中修改特效的参数，设置【发光阈值】的值为17%，【发光半径】的值为58，【发光强度】的值为7，从【发光颜色】下拉列表框中选择【A和B颜色】选项，【颜色 A】为蓝色(R:0；G:108；B:255)，【颜色 B】为红色(R:255；G:0；B:0)，如图2.87所示；合成窗口效果如图2.88所示。

图2.83 设置【分形杂色】参数

(5) 将时间调整到0:00:03:24帧的位置，设置【演化】的值为2x，系统会自动设置关键帧，如图2.85所示；合成窗口效果如图2.86所示。

(6) 为"红光"层添加【发光】特效。在【效果和预设】面板中展开【风格化】特效组，然后双击【发光】特效。

图2.87 设置【发光】参数

图2.88　设置【发光】后的效果

(8) 为"红光"层添加【极坐标】特效。在【效果和预设】面板中展开【扭曲】特效组，然后双击【极坐标】特效。

(9) 在【效果控件】面板中修改特效的参数，设置【插值】的值为100%，从【转换类型】下拉列表框中选择【矩形到极线】选项，如图2.89所示。在时间线面板中选择"红光"层，按S键打开【缩放】属性，设置【缩放】的值为(200，200)，如图2.90所示。

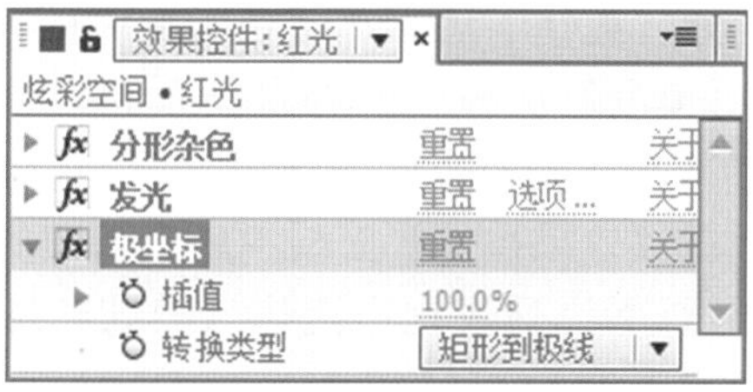

图2.89　设置【极坐标】参数

图2.90　设置【缩放】参数

(10) 在时间线面板中选择"红光"层，按Ctrl+D组合键复制出另一个新的图层，将该图层重命名为"蓝光"。打开【效果控件】面板，修改【分形杂色】特效的参数，设置【对比度】的值为100，【亮度】的值为-63，如图2.91所示。

图2.91　修改【分形杂色】参数

(11) 展开【发光】特效，修改【发光】特效的参数，设置【颜色 A】为青色(R:0；G:255；B:255)，【颜色 B】为黄绿色(R:162；G:255；B:0)，如图2.92所示。

图2.92　修改【发光】参数

(12) 选择"蓝光"层，将其图层【模式】设置为【屏幕】，如图2.93所示；合成窗口效果如图2.94所示。

图2.93　设置图层模式

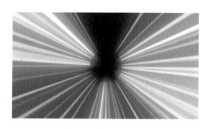

图2.94　图像效果

(13) 按Ctrl+Y组合键打开【纯色设置】对话框，设置纯色【名称】为"光斑"，【颜色】为黑色。

(14) 在时间线面板中选择"光斑"层，在【效果和预设】面板中，展开【生成】特效组，然后双击【镜头光晕】特效。

(15) 在【效果控件】面板中修改【镜头光晕】特效的参数，设置【光晕中心】的值为(360，201)，【光晕亮度】的值为92%，如图2.95所示。

(16) 在时间线面板中选择"光斑"层，按S键打开【缩放】属性，设置【缩放】的值为(200，

200)，并设置图层【模式】为【屏幕】，如图2.96所示。

图2.95　设置【镜头光晕】参数

图2.96　设置层【模式】及【缩放】

（17）这样就完成了动画的整体制作，按小键盘上的0键，即可在合成窗口中预览动画。

实战019　制作霓虹灯效果

实例解析

本例主要讲解利用【色相/饱和度】和【灯光】特效制作霓虹灯效果，完成的动画流程画面如图2.97所示。

💻 难易程度：★★☆☆☆	
✏️ 工程文件：工程文件\第2章\霓虹灯效果	
💿 视频文件：视频教学\实战019　利用【色相/饱和度】特效制作霓虹灯效果.avi	

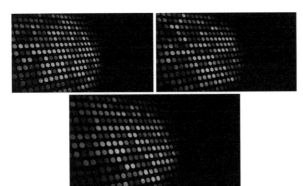

图2.97　动画流程画面

知识点

1.【分形杂色】特效
2.【色相/饱和度】特效
3.【灯光】特效

操作步骤

（1）执行菜单栏中的【合成】|【新建合成】命令，打开【合成设置】对话框，设置【合成名称】为"动态背景"，【宽度】为720px，【高度】为405px，【帧速率】为25，并设置【持续时间】为0:00:06:00秒。

（2）按Ctrl+Y组合键打开【纯色设置】对话框，设置纯色【名称】为"载体"，【颜色】为蓝色(R:45；G:24；B:174)。

（3）为"载体"层添加【分形杂色】特效。在【效果和预设】面板中展开【杂色和颗粒】特效组，然后双击【分形杂色】特效。

（4）在【效果控件】面板中修改特效的参数，从【溢出】下拉列表框中选择【剪切】选项，如图2.98所示；合成窗口效果如图2.99所示。

图2.98　设置【分形杂色】参数

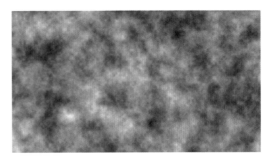

图2.99　设置参数后的效果

（5）为"载体"层添加【色相/饱和度】特效。

在【效果和预设】面板中展开【颜色校正】特效组，然后双击【色相/饱和度】特效。

(6) 在【效果控件】面板中修改特效的参数，选中【彩色化】复选框，设置【着色色相】的值为94，【着色饱和度】的值为100，如图2.100所示；合成窗口效果如图2.101所示。

图2.100 设置【色相/饱和度】参数

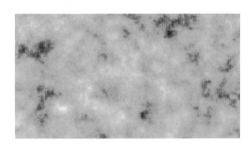

图2.101 设置参数后的效果

(7) 执行菜单栏中的【图层】|【新建】|【文本】命令，在合成窗口中输入多行"·······"。设置文字的字体为宋体，字号为24像素，字体颜色为红色(R:255；G:0；B:0)，如图2.102所示；合成窗口效果如图2.103所示。

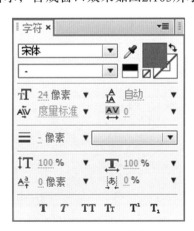

图2.102 设置字体

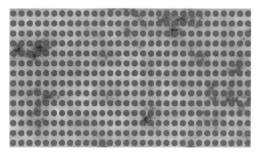

图2.103 设置字体后的效果

(8) 选择文字层，将该层重命名为"点阵"，将时间调整到0:00:00:00帧的位置，展开"点阵"层，单击【文本】右侧的【动画】按钮 动画:●，从菜单中选择【填充颜色】|【色相】命令，设置【填充色相】的值为169；单击【动画制作工具1】右侧的【添加】按钮 添加:●，从菜单中选择【选择器】|【摆动】命令，展开【摆动选择器1】选项组，设置【摇摆/秒】的值为1，如图2.104所示。合成窗口效果如图2.105所示。

图2.104 设置"点阵"图层参数

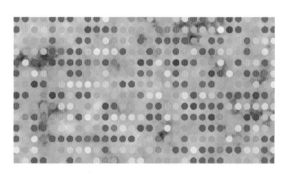

图2.105 设置参数后的效果

(9) 在时间线面板中，设置"载体"层的【轨道遮罩】为【亮度遮罩"点阵"】，如图2.106所示；合成窗口效果如图2.107所示。

(10) 执行菜单栏中的【图层】|【新建】|【文本】命令，在合成窗口中输入CG。在【字符】面板中设置文字的字体为Cooper Std，字号为350像素，文字颜色为黑色，如图2.108所示；合成窗口效果如图2.109所示。

图2.106　设置【轨道遮罩】

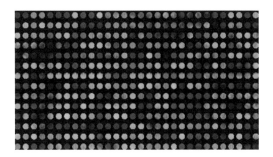

图2.107　设置遮罩后的效果

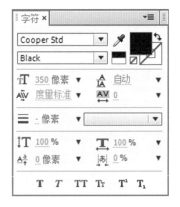

图2.108　设置字体

图2.109　设置字体后的效果

(11) 在时间线面板中选择CG层，设置【锚点】的值为(0，0)，【缩放】的值为(197，197)，【不透明度】的值为40%；将时间调整到0:00:00:00帧的位置，按P键打开【位置】属性，设置【位置】的值为(-738，466)，单击【位置】左侧的【码表】按钮，在当前位置设置关键帧。

(12) 将时间调整到0:00:05:24帧的位置，设置【位置】的值为(522，466)，系统会自动设置关键帧，如图2.110所示；合成窗口效果如图2.111所示。

图2.110　设置0:00:05:24帧处的参数

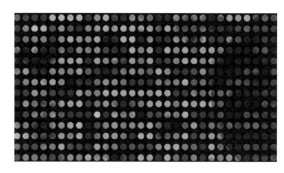

图2.111　设置参数后的效果

(13) 执行菜单栏中的【合成】|【新建合成】命令，打开【合成设置】对话框，设置【合成名称】为"霓虹灯效果"，【宽度】为720px，【高度】为405px，【帧速率】为25，并设置【持续时间】为0:00:06:00秒。

(14) 在【项目】面板中，选择"动态背景"合成，将其拖动到"霓虹灯效果"合成中。打开三维开关，设置【缩放】的值为(104，104，104)，【X轴旋转】的值为-29，【Y轴旋转】的值为-36，【Z轴旋转】的值为-21，如图2.112所示；合成窗口效果如图2.113所示。

图2.112　设置背景的参数

图2.113 设置参数后的效果

(15) 执行菜单栏中的【图层】|【新建】|【灯光】命令，打开【灯光设置】对话框，设置【名称】为"灯光1"，从【灯光类型】下拉列表框中选择【聚光】选项，设置【颜色】为蓝色(R:4；G:128；B:192)，【强度】的值为450%，【锥形角度】的值为99，【锥形羽化】的值为83%，如图2.114所示。添加灯光图层后的时间线面板如图2.115所示。

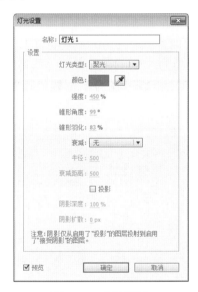

图2.114 设置灯光

图2.115 图层排列

(16) 展开"灯光1"的【变换】选项组，设置【目标点】的值为(85，255，98)，【位置】的值为(515，115，-200)，如图2.116所示；合成窗口效果如图2.117所示。

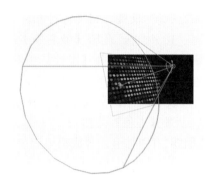

图2.116 设置灯光的参数

图2.117 设置灯光后的效果

(17) 这样就完成了动画的整体制作，按小键盘上的0键，即可在合成窗口中预览动画。

实战020 制作动画文字

实例解析

本例主要讲解利用【写入】特效制作动画文字效果，完成的动画流程画面如图2.118所示。

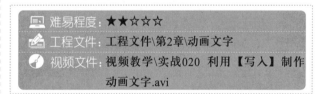

难易程度：★★☆☆☆
工程文件：工程文件\第2章\动画文字
视频文件：视频教学\实战020 利用【写入】制作动画文字.avi

图2.118 动画流程画面

知识点

【写入】特效

操作步骤

(1) 执行菜单栏中的【文件】|【打开项目】命令，选择配套素材中的"工程文件\第2章\动画文字\动画文字练习.aep"文件，将文件打开。

(2) 为"山川"层添加【颜色键】特效。在【效果和预设】面板中展开【键控】特效组，然后双击【颜色键】特效。

(3) 在【效果控件】面板中修改【颜色键】特效的参数，设置【主色】为白色，【颜色容差】的值为255，如图2.119所示；合成窗口效果如图2.120所示。

图2.119　设置【颜色键】参数

图2.120　设置【颜色键】参数后的效果

(4) 为"山川"层添加【简单阻塞工具】特效。在【效果和预设】面板中展开【遮罩】特效组，然后双击【简单阻塞工具】特效。

(5) 在【效果控件】面板中修改【简单阻塞工具】特效的参数，设置【阻塞遮罩】的值为1，如图2.121所示；合成窗口效果如图2.122所示。

(6) 为"山川"层添加【写入】特效。在【效果和预设】面板中展开【生成】特效组，然后双击【写入】特效。

图2.121　设置【简单阻塞工具】参数

图2.122　设置【简单阻塞工具】参数后的效果

(7) 在【效果控件】面板中修改【写入】特效的参数，设置【画笔大小】的值为16，从【绘画样式】右侧的下拉列表框中选择【显示原始图像】选项；将时间调整到0:00:00:00帧的位置，设置【画笔位置】的值为(175，23)，单击【画笔位置】左侧的【码表】按钮，在当前位置设置关键帧，如图2.123所示。

图2.123　设置【写入】参数

(8) 根据文字的笔画效果多次调整时间，设置不同的画笔位置，直到将所有的文字写入，系统会自动设置关键帧，如图2.124所示。

图2.124　关键帧设置1

(9) 选中"山川"层，将时间调整到0:00:00:00帧的位置，按S键展开【缩放】属性，设置【缩放】的值为(200，200)，单击【缩放】左侧的【码表】按钮 ○，在当前位置设置关键帧。

(10) 将时间调整到0:00:01:00帧的位置，设置【缩放】的值为(100，100)，系统会自动设置关键帧，如图2.125所示。

图2.125 关键帧设置2

(11) 选中"山水画"层，将时间调整到0:00:00:00帧的位置，按P键打开【位置】属性，设置【位置】的值为(223，202)，单击【位置】左侧的【码表】按钮 ○，在当前位置设置关键帧。

(12) 将时间调整到0:00:04:24帧的位置，设置【位置】的值为(497，202)，系统会自动设置关键帧，如图2.126所示；合成窗口效果如图2.127所示。

图2.126 设置【位置】关键帧

图2.127 设置【位置】后的效果

(13) 这样就完成了动画文字的整体制作，按小键盘上的0键，即可在合成窗口中预览动画。

实战021 制作放大镜效果

 实例解析

本例主要讲解利用【放大】特效制作放大镜效果，完成的动画流程画面如图2.128所示。

<table>
<tr><td>📖 难易程度：★☆☆☆☆</td></tr>
<tr><td>📝 工程文件：工程文件\第2章\放大镜效果</td></tr>
<tr><td>🌐 视频文件：视频教学\实战021 利用【放大】制作
放大镜效果.avi</td></tr>
</table>

图2.128 动画流程画面

知识点

1. 【放大】特效
2. 【位置】属性

操作步骤

(1) 执行菜单栏中的【文件】|【打开项目】命令，选择配套素材中的"工程文件\第2章\放大镜效果\放大镜效果练习.aep"文件，将文件打开。

(2) 选中"放大镜"层，按A键打开【锚点】属性，设置【锚点】的值为(175，192)；按S键打开【缩放】属性，设置【缩放】的值为(61，61)；将时间调整到0:00:00:00帧的位置，按P键打开【位置】属性，设置【位置】的值为(134，87)，单击【位置】左侧的【码表】按钮 ○，在当前位置设置关键帧，如图2.129所示。合成窗口效果如图2.130所示。

图2.129 设置【位置】关键帧

图2.130 设置【位置】参数后的效果

(3) 将时间调整到0:00:01:16帧的位置，设置【位置】的值为(113，236)，系统会自动设置关键帧。

(4) 将时间调整到0:00:03:00帧的位置，设置【位置】的值为(374，295)。

(5) 将时间调整到0:00:03:23帧的位置，设置【位置】的值为(597，154)，如图2.131所示；合成窗口效果如图2.132所示。

图2.131 设置【位置】关键帧

图2.132 设置【位置】关键帧后的效果

(6) 为"办公"层添加【放大】特效。在【效果和预设】面板中展开【扭曲】特效组，然后双击【放大】特效。

(7) 在【效果控件】面板中修改特效的参数，设置【放大率】的值为394，【大小】的值为58;将时间调整到0:00:00:00帧的位置，设置【中心】的值为(135，83)，单击【中心】左侧的【码表】按钮 ，在当前位置设置关键帧。

(8) 将时间调整到0:00:01:16帧的位置，设置【中心】的值为(113，236)，系统会自动设置关键帧，如图2.133所示；合成窗口效果如图2.134所示。

图2.133 设置【放大】参数

图2.134 设置【放大】后的效果

(9) 将时间调整到0:00:03:00帧的位置，设置【中心】的值为(374，295)。

(10) 将时间调整到0:00:03:23帧的位置，设置【中心】的值为(597，154)，如图2.135所示；合成窗口效果如图2.136所示。

图2.135 设置中心关键帧参数

图2.136 设置关键帧后的效果

(11) 这样就完成了动画的整体制作，按小键盘上的0键，即可在合成窗口中预览动画。

AE

第3章

音频、灯光与摄像机

本章介绍

　　本章主要讲解音频特效的使用方法，以及【音频波形】、【音频频谱】、【无线电波】特效的应用，通过电光线，音频参数的修改及设置，了解灯光的动画运用，建立及创建三维空间的动画效果，并掌握摄像机的创建与使用。

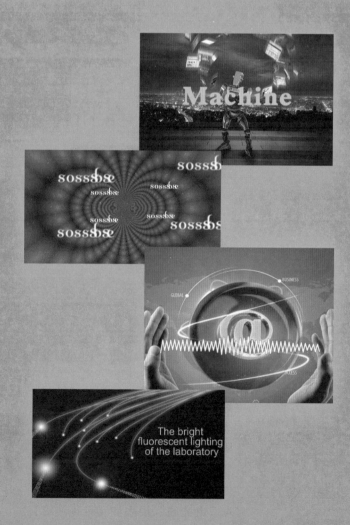

要点索引

◆ 掌握三维空间的动画运用
◆ 掌握【音频波形】特效的使用方法
◆ 掌握【音频频谱】特效的使用方法
◆ 掌握【无线电波】特效的使用方法
◆ 掌握摄像机的使用技巧

实战022 制作电光线效果

实例解析

本例主要讲解利用【音频波形】特效制作电光线效果，完成的动画流程画面如图3.1所示。

> 难易程度：★☆☆☆☆
> 工程文件：工程文件\第3章\电光线效果
> 视频文件：视频教学\实战022 利用音频波形制作电光线效果.avi

图3.1 动画流程画面

知识点

1. 纯色层创建
2. 【音频波形】特效

操作步骤

(1) 执行菜单栏中的【文件】|【打开项目】命令，选择配套素材中的"工程文件\第3章\电光线效果\电光线效果练习.aep"文件，将文件打开。

(2) 执行菜单栏中的【图层】|【新建】|【纯色】命令，打开【纯色设置】对话框，设置【名称】为"电光线"，【颜色】为黑色。

(3) 为"电光线"层添加【音频波形】特效。在【效果和预设】面板中展开【生成】特效组，然后双击【音频波形】特效。

(4) 在【效果控件】面板中，修改【音频波

形】特效的参数，在【音频层】下拉列表框中选择【音频.mp3】选项，设置【起始点】的值为(64，366)，【结束点】的值为(676，370)，【显示的范例】的值为80，【最大高度】的值为300，【音频持续时间(毫秒)】的值为900，【厚度】的值为6，【内部颜色】为白色，【外部颜色】为青色(R:0；G:174；B:255)，如图3.2所示；合成窗口效果如图3.3所示。

图3.2 设置【音频波形】参数

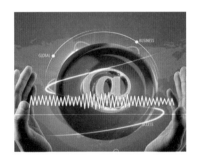

图3.3 设置【音频波形】后的效果

(5) 这样就完成了电光线效果的整体制作，按小键盘上的0键，即可在合成窗口中预览动画。

实战023 制作频谱旋律

实例解析

本例主要讲解利用【音频频谱】和Particular(粒子)特效制作频谱旋律效果，完成的动画流程画面如图3.4所示。

> 难易程度：★★☆☆☆
> 工程文件：工程文件\第3章\频谱旋律
> 视频文件：视频教学\实战023 利用【音频频谱】制作频谱旋律.avi

图3.4 动画流程画面

知识点

1.【音频频谱】特效
2. Particular(粒子)特效

操作步骤

(1) 执行菜单栏中的【文件】|【打开项目】命令,选择配套素材中的"工程文件\第3章\频谱旋律\频谱旋律练习.aep"文件,将文件打开。

(2) 打开"音波"时间线面板,执行菜单栏中的【图层】|【新建】|【纯色】命令,打开【纯色设置】对话框,设置【名称】为"音频",【颜色】为白色。

(3) 为"音频"层添加【音频频谱】特效。在【效果和预设】面板中展开【生成】特效组,然后双击【音频频谱】特效。

(4) 在【效果控件】面板中修改【音频频谱】特效的参数,从【音频层】下拉列表框中选择【音乐.mp3】选项,设置【起始点】的值为(255,407),【结束点】的值为(710,407),【起始频率】的值为2,【结束频率】的值为500,【频段】的值为114,【最大高度】的值为1550,【音频持续时间(毫秒)】的值为70,【内部颜色】为橙黄色(R:253;G:208;B:36),【外部颜色】也为橙黄色(R:253;G:208;B:36),从【面选项】下拉列表框中选择【A面】,如图3.5所示;合成窗口效果如图3.6所示。

(5) 打开"频谱旋律"合成,在【项目】面板中选择"音波"合成和"音符"素材,将其拖动到"频谱旋律"合成的时间线面板中。

图3.5 设置【音频频谱】参数

图3.6 设置【音频频谱】参数后的效果

(6) 执行菜单栏中的【图层】|【新建】|【纯色】命令,打开【纯色设置】对话框,设置【名称】为"粒子",【颜色】为白色。

(7) 为"粒子"层添加Particular(粒子)特效。在【效果和预设】面板中,展开Trapcode特效组,然后双击Particular(粒子)特效。

(8) 在【效果控件】面板中修改特效的参数,展开Emitter(发射器)选项组,设置Particles/sec (每秒发射粒子数)的值为30,Position XY(XY轴位置)的值为(194,314),从Direction(方向)下拉列表框中选择Disc(圆盘)选项,设置Direction Spread(方向扩散)的值为1,Velocity Distribution(速度分布)的值为1,如图3.7所示。

图3.7　设置Emitter参数

（9）展开Particle(粒子)选项组，设置Life[sec] (生命)的值为2，Life Random[%](生命随机)的值为2，从Particle Type(粒子类型)下拉列表框中选择Sprite Fill(精灵填充)选项；展开Texture(纹理)选项组，从Layer(图层)下拉列表框中选择【3.音符.png】选项；展开Size over Life(寿命大小)选项组，调整形状，从Set Color(颜色设置)下拉列表框中选择Random from Gradient(渐变随机)选项，如图3.8所示。

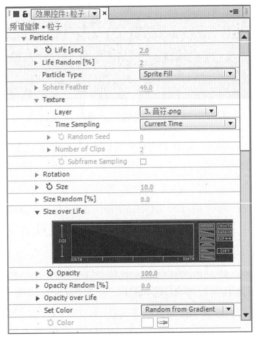

图3.8　设置【粒子】参数

（10）展开Physics(物理学)选项组，设置Gravity(重力)的值为-580；展开Air(空气)选项组，设置Wind X(X轴风向)的值为918，Wind Y(Y轴风

向)的值为-40；展开Turbulence Field(湍流场)选项组，设置Affect Size(影响大小)的值为92，Affect Position(影响位置)的值为141，从Fade-in Curve下拉列表框中选择Linear(线性)选项，设置Scale(缩放)的值为42，如图3.9所示；合成窗口效果如图3.10所示。

图3.9　设置【物理学】参数

图3.10　设置参数后的效果

（11）这样就完成了动画的整体制作，按小键盘上的0键，即可在合成窗口中预览动画。

实战024　制作跳动的音符

 实例解析

本例主要讲解利用【音频频谱】和【梯度渐变】特效制作跳动的音符效果，完成的动画流程画面如图3.11所示。

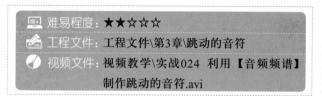

難易程度：★★☆☆☆

工程文件：工程文件\第3章\跳动的音符

视频文件：视频教学\实战024　利用【音频频谱】
制作跳动的音符.avi

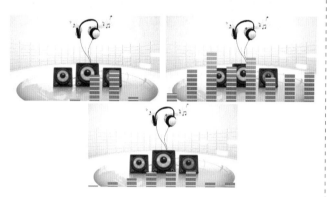

图3.11　动画流程画面

知识点

1.【音频频谱】特效

2.【梯度渐变】特效

3.【网格】特效

 操作步骤

(1) 执行菜单栏中的【文件】|【打开项目】命令，选择配套素材中的"工程文件\第3章\跳动的音符\跳动的音符练习.aep"文件，将文件打开。

(2) 执行菜单栏中的【图层】|【新建】|【纯色】命令，打开【纯色设置】对话框，设置【名称】为"声谱"，【颜色】为黑色。

(3) 为"声谱"层添加【音频频谱】特效。在【效果和预设】面板中展开【生成】特效组，然后双击【音频频谱】特效。

(4) 在【效果控件】面板中修改【音频频谱】特效的参数，从【音频层】右侧的下拉列表框中选择【音频】选项，设置【起始点】的值为(30，408)，【结束点】的值为(682，408)，【起始频率】的值为10，【结束频率】的值为100，【频段】的值为8，【最大高度】的值为4500，【厚度】的值为50，如图3.12所示；合成窗口效果如图3.13所示。

(5) 在时间线面板中，在"声谱"层右侧的属性栏中单击【品质】按钮，该按钮将变为按钮，如图3.14所示；合成窗口效果如图3.15所示。

图3.12　设置【音频频谱】参数

图3.13　设置后的效果

图3.14　单击【品质】按钮

图3.15　单击【品质】按钮后的效果

(6) 执行菜单栏中的【图层】|【新建】|【纯色】命令，打开【纯色设置】对话框，设置【名称】为"渐变"，【颜色】为黑色，将其拖动到"声谱"层下边。

(7) 为"渐变"层添加【梯度渐变】特效。在【效果和预设】面板中展开【生成】特效组，然后双击【梯度渐变】特效。

(8) 在【效果控件】面板中修改特效的参数，设置【渐变起点】的值为(372，228)，【起始颜色】为青色(R:24；G:183；B:255)，【渐变终点】的值为(372，376)，【结束颜色】为紫色(R:247；G:2；B:183)，如图3.16所示；合成窗口效果如图3.17所示。

图3.16　设置【梯度渐变】参数

图3.17　设置渐变后的效果

(9) 为"渐变"层添加【网格】特效。在【效果和预设】面板中展开【生成】特效组，然后双击【网格】特效。

(10) 在【效果控件】面板中修改特效的参数，设置【锚点】的值为(-10，0)，【边角】的值为(720，20)，设置【边界】的值为18，选中【反转网格】复选框，设置【颜色】为白色，从【混合模式】右侧的下拉列表框中选择【正常】选项，如图3.18所示；合成窗口效果如图3.19所示。

图3.18　设置【网格】参数

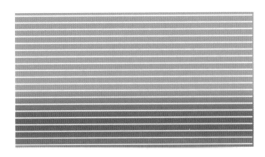

图3.19　设置【网格】参数后的效果

(11) 在时间线面板中，设置"渐变"层的【轨道遮罩】为【Alpha 遮罩 "[声谱]"】，如图3.20所示；合成窗口效果如图3.21所示。

图3.20　遮罩设置

图3.21　设置遮罩后的效果

(12) 这样就完成了动画的整体制作，按小键盘上的0键，即可在合成窗口中预览动画。

实战025　制作照明显字效果

 实例解析

本例主要讲解利用【灯光】特效制作照明显字效果，完成的动画流程画面如图3.22所示。

難易程度：★☆☆☆☆

工程文件：工程文件\第3章\照明显字效果

视频文件：视频教学\实战025　利用灯光制作照明显字效果.avi

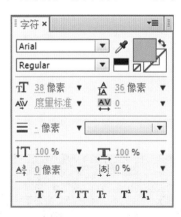

图3.22　动画流程画面

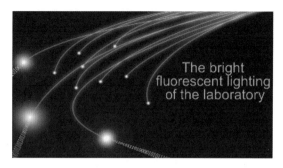

图3.24　输入文字后的效果

知识点

1.【灯光】特效
2.【文本】命令

操作步骤

(1) 执行菜单栏中的【文件】|【打开项目】命令，选择配套素材中的"工程文件\第3章\照明显字效果\照明显字效果练习.aep"文件，将文件打开。

(2) 执行菜单栏中的【图层】|【新建】|【文本】命令，新建文字层，在合成窗口中输入The bright fluorescent lighting of the laboratory，设置文字的文字为Arial，字号为38像素，【行距】为36像素，文字颜色为青色(R:2；G:206；B:243)，如图3.23所示；合成窗口效果如图3.24所示。

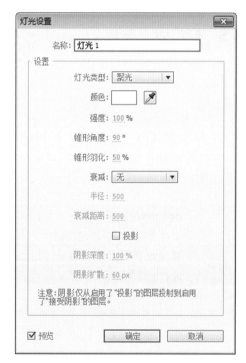

图3.25　【灯光设置】对话框

(4) 打开文字层的三维属性，将时间调整到0:00:00:00帧的位置，选中"灯光 1"层，设置【目标点】的值为(538，255，0)，【位置】的值为(566，223，12)，单击【位置】左侧的【码表】按钮，在当前位置设置关键帧，如图3.26所示。

图3.26　在0:00:00:00帧的位置设置关键帧

(5) 将时间调整到0:00:02:00帧的位置，设置【位置】的值为(560，160，-341)，系统会自动设

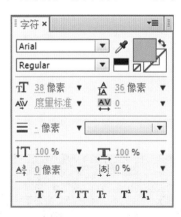

图3.23　字符设置

(3) 执行菜单栏中的【图层】|【新建】|【灯光】命令，打开【灯光设置】对话框，设置【名称】为"灯光 1"，【灯光类型】为【聚光】，【颜色】为白色，【强度】的值为100%，【锥形角度】的值为90°，【锥形羽化】的值为50%，如

置关键帧，如图3.27所示。

图3.27　0:00:02:00帧的位置参数设置

（6）这样就完成了动画的整体制作，按小键盘上的0键，即可在合成窗口中预览动画。

实战026　制作波浪涟漪

实例解析

本例主要讲解利用【无线电波】和CC Glass【CC 玻璃】特效制作波浪涟漪效果，完成的动画流程画面如图3.28所示。

🖥 难易程度：★★☆☆☆	
✏ 工程文件：工程文件\第3章\波浪涟漪	
🎬 视频文件：视频教学\实战026 利用【无线电波】 　　　　　制作波浪涟漪.avi	

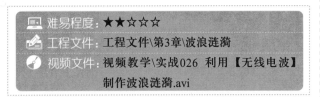

图3.28　动画流程画面

知识点

1. 【分形杂色】特效
2. 【无线电波】特效
3. 【快速模糊】特效
4. CC Glass(CC 玻璃)特效

操作步骤

step 01　制作杂波

（1）执行菜单栏中的【合成】|【新建合成】命令，打开【合成设置】对话框，设置【合成名称】为"波浪纹理"，【宽度】为720px，【高度】为405px，【帧速率】为25，并设置【持续时间】为0:00:10:00秒。

（2）执行菜单栏中的【图层】|【新建】|【纯色】命令，打开【纯色设置】对话框，设置【名称】为"杂波"，【颜色】为黑色。

（3）为"杂波"层添加【分形杂色】特效。在【效果和预设】面板中展开【杂色和颗粒】特效组，然后双击【分形杂色】特效。

（4）在【效果控件】面板中修改特效的参数，从【分形类型】右侧的下拉列表框中选择【涡旋】选项，设置【对比度】的值为110，【亮度】的值为-50；将时间调整到0:00:00:00帧的位置，设置【演化】的值为0，单击【演化】左侧的【码表】按钮 ⏱，在当前位置设置关键帧。

（5）将时间调整到0:00:09:24帧的位置，设置【演化】的值为3x，系统会自动设置关键帧，如图3.29所示；合成窗口效果如图3.30所示。

图3.29　设置【分形杂色】参数

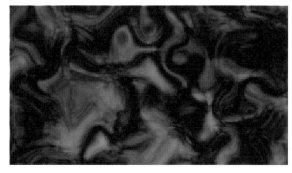

图3.30　设置【分形杂色】后的效果

step 02 **制作波纹**

(1) 执行菜单栏中的【图层】|【新建】|【纯色】命令，打开【纯色设置】对话框，设置【名称】为"波纹"，【颜色】为黑色。

(2) 为"波纹"层添加【无线电波】特效。在【效果和预设】面板中展开【生成】特效组，然后双击【无线电波】特效。

(3) 在【效果控件】面板中修改特效的参数，展开【波动】选项组，将时间调整到0:00:00:00帧的位置，设置【频率】的值为2，【扩展】的值为5，【寿命】的值10，分别单击【频率】、【扩展】和【寿命】左侧的【码表】按钮⏱，在当前位置设置关键帧，合成窗口效果如图3.31所示。

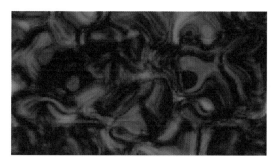

图3.31 设置0:00:00:00处关键帧后的效果

(4) 将时间调整到0:00:09:24帧的位置，设置【频率】、【扩展】和【寿命】的值为0，如图3.32所示。

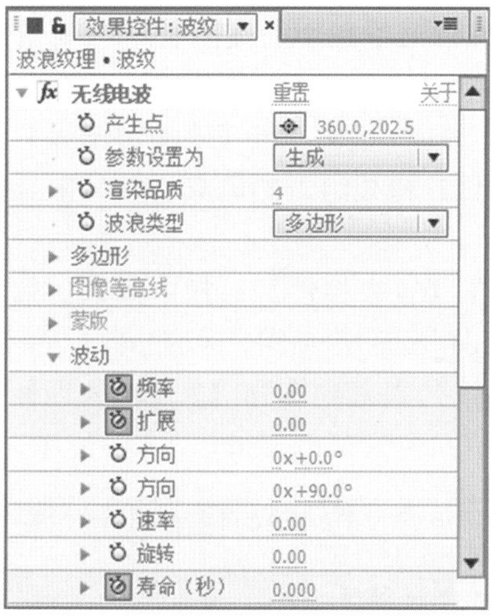

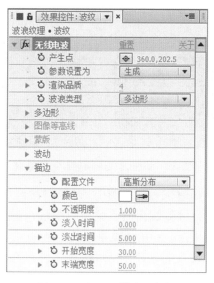

图3.33 设置【描边】参数

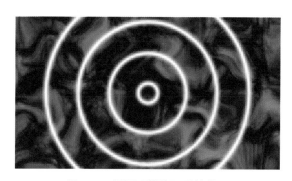

图3.34 设置【描边】后的效果

(6) 执行菜单栏中的【图层】|【新建】|【调整图层】命令，新建一个"调整图层 1"层，为其添加【快速模糊】特效。在【效果和预设】面板中展开【模糊和锐化】特效组，然后双击【快速模糊】特效。

(7) 在【效果控件】面板中修改【快速模糊】特效的参数，选中【重复边缘像】复选框，将时间调整到0:00:00:00帧的位置，设置【模糊度】的值为10，单击【模糊度】左侧的【码表】按钮⏱，在当前位置设置关键帧。

(8) 将时间调整到0:00:09:24帧的位置，设置【模糊度】的值为50，系统会自动设置关键帧，如图3.35所示；合成窗口效果如图3.36所示。

图3.32 设置【波动】参数

(5) 展开【描边】选项组，从【配置文件】右侧的下拉列表框中选择【高斯分布】选项，设置【颜色】为白色，【开始宽度】的值为30，【末端宽度】的值为50，如图3.33所示；合成窗口效果如图3.34所示。

图3.35 设置【快速模糊】参数

图3.36　设置【快速模糊】后的效果

(9) 在时间线面板中，选择"波纹"层，按Ctrl+D组合键复制出另一个新的图层，将该图层命名为"波纹2"。在【效果控件】面板中修改【无线电波】特效的参数，从【配置文件】右侧的下拉列表框中选择【入点锯齿】选项，如图3.37所示；合成窗口效果如图3.38所示。

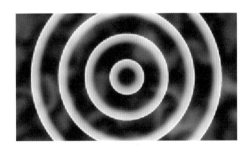

图3.37　修改【无线电波】参数

图3.38　修改【无线电波】后的效果

(10) 为"波纹2"层添加【快速模糊】特效。在【效果和预设】面板中展开【模糊和锐化】特效组，然后双击【快速模糊】特效。

(11) 在【效果控件】面板中修改【快速模糊】特效的参数，设置【模糊度】的值为3。

step 03　制作"波浪涟漪"

(1) 执行菜单栏中的【合成】|【新建合成】命令，打开【合成设置】对话框，设置【合成名称】为"波浪涟漪"，【宽度】为720px，【高度】为405px，【帧速率】为25，并设置【持续时间】为0:00:10:00秒。

(2) 执行菜单栏中的【图层】|【新建】|【纯色】命令，打开【纯色设置】对话框，设置【名称】为"渐变"，【颜色】为黑色。

(3) 为"渐变"层添加【梯度渐变】特效。在【效果和预设】面板中展开【生成】特效组，然后双击【梯度渐变】特效。

(4) 在【效果控件】面板中修改【渐变】特效的参数，设置【渐变起点】为青色(R:0；G:255；B:246)，【结束颜色】为绿色(R:1；G:101；B:36)，将时间调整到0:00:00:00帧的位置，单击【结束颜色】左侧的【码表】按钮，在当前位置设置关键帧。

(5) 将时间调整到0:00:01:20帧的位置，设置【结束颜色】为蓝色(R:0；G:168；B:255)，系统会自动设置关键帧。将时间调整到0:00:09:24帧的位置，设置【结束颜色】为淡蓝色(R:0；G:140；B:212)，如图3.39所示。

图3.39　设置【渐变】关键帧

(6) 在【项目】面板中，选择"波浪纹理"合成，将其拖动到"波浪涟漪"合成的时间线面板中。

(7) 执行菜单栏中的【图层】|【新建】|【调整图层】命令，创建"调整图层2"层，为其添加CC Glass(CC 玻璃)特效。在【效果和预设】面板中展开【风格化】特效组，然后双击CC Glass(CC 玻璃)特效。

(8) 在【效果控件】面板中修改特效的参数，展开Surface(表面)选项组，从Bump Map(凹凸贴图)右侧的下拉列表框中选择【2.波浪纹理】选项，如图3.40所示；合成窗口效果如图3.41所示。

图3.40　设置CC Glass参数

图3.41 设置CC Glass后的效果

（9）这样就完成了动画的整体制作，按小键盘上的0键，即可在合成窗口中预览动画。

实战027 制作网格空间

 实例解析

本例主要讲解利用【网格】特效制作网格，利用【空对象】来制作动态效果，完成的动画流程画面如图3.42所示。

💻 难易程度：	★★★☆☆
✒️ 工程文件：	工程文件\第3章\网格空间
🖌️ 视频文件：	视频教学\实战027 网格空间.avi

图3.42 动画流程画面

 知识点

1.【网格】特效

2.【父级】属性

3.【空对象】属性

操作步骤

'step 01 制作网格

（1）执行菜单栏中的【合成】|【新建合成】命令，打开【合成设置】对话框，设置【合成名称】为"网格"，【宽度】为1900px，【高度】为480px，【帧速率】为25，并设置【持续时间】为0:00:08:00秒，如图3.43所示。

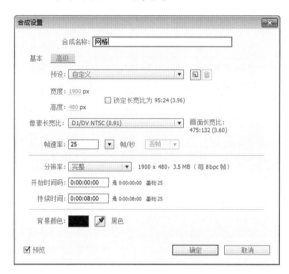

图3.43 【合成设置】对话框

（2）执行菜单栏中的【图层】|【新建】|【纯色】命令，打开【纯色设置】对话框，设置【名称】为"网格"，【颜色】为黑色，如图3.44所示。

图3.44 【纯色设置】对话框

（3）选中"网格"层，在【效果和预设】面板中展开【生成】特效组，双击【网格】特效，为其添加【网格】特效，如图3.45所示。

图3.45 添加【网格】特效

(4) 在【效果控件】面板中设置【锚点】的值为(0，160)，【边角】的值为(1600，195)，【边界】的值为3，【不透明度】的值为50%，如图3.46所示。

图3.46 【网格】参数设置

step 02 制作网格空间

(1) 执行菜单栏中的【合成】|【新建合成】命令，打开【合成设置】对话框，设置【合成名称】为"空间网格"，【宽度】为720px，【高度】为480px，【帧速率】为25，并设置【持续时间】为0:00:08:00秒，如图3.47所示。

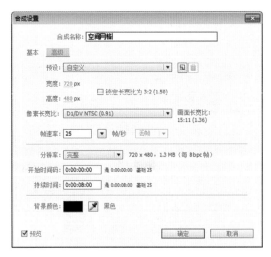

图3.47 【合成设置】对话框

(2) 执行菜单栏中的【文件】|【导入】|【文件】命令，打开【导入文件】对话框，选择配套

素材中的"工程文件\第3章\网格空间\背景.jpg"素材，单击【导入】按钮，"背景.jpg"素材将导入到【项目】面板中，如图3.48所示。

图3.48 【导入文件】对话框

(3) 在【项目】面板中，选择"网格"合成和"背景.jpg"素材，将其拖动到"网格空间"合成的时间线面板中，单击"网格"层右侧的三维图层按钮，打开三维图层开关，如图3.49所示。

图3.49 添加素材

(4) 选中"网格"层，按P键展开【位置】属性，设置【位置】的值为(265，90，0)；按R键打开方向属性，设置【Y轴旋转】的值为90°，如图3.50所示。

图3.50 修改【位置】和旋转参数

(5) 在时间线面板中选择"网格"层，按Ctrl + D组合键复制图层，并将复制后的图层重命名为"网格2"。按P键打开【位置】属性，修改【位置】的值为(73，90，0)，如图3.51所示。

(6) 在时间线面板中选择"网格2"层，按Ctrl + D组合键复制图层，系统会自动重命名为"网格

3"。按P键打开【位置】属性，修改【位置】的值为(162，90，-115)；按R键打开【方向】属性，设置【Y轴旋转】的值为0，如图3.52所示。

图3.51 修改【位置】参数

图3.52 修改【位置】和旋转参数

(7) 在时间线面板中选择"网格3"层，按Ctrl + D组合键复制图层，系统会自动重命名为"网格4"。按P键打开【位置】属性，修改【位置】的值为(73，90，170)，如图3.53所示。

图3.53 修改【位置】参数

step 03 制作动态效果

(1) 选择工具栏中的【横排文字工具】 T ，在合成窗口中输入文字Machine，在【字符】面板中设置文字的字体为【华康俪金黑W8(P)】，字符的大小为118像素，字体的填充颜色为蓝色(R:138；G:206；B:248)，如图3.54所示。

图3.54 文字设置

(2) 选中Machine层，在合成窗口中调整文字的位置，效果如图3.55所示。

图3.55 效果图

(3) 执行菜单栏中的【图层】|【新建】|【空对象】命令，单击"[空1]"层右侧的三维图层按钮 ，打开三维图层开关，如图3.56所示。

图3.56 新建空物体并打开三维空间

(4) 选中"网格""网格2""网格3""网格4"和Machine层，在右侧的【父级】属性栏中选择【1.空1】选项，如图3.57所示。

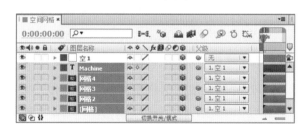

图3.57 设置父子关系

(5) 将时间调整到0:00:00:00帧的位置，选中"[空1]"层，按P键打开【位置】属性，设置【位置】的值为(187，150，-903)，单击【位置】左侧的【码表】按钮 ，在当前位置添加关键帧；按R键打开方向属性，单击【Y轴旋转】左侧的【码表】按钮 ，在当前位置添加关键帧，如图3.58所示。

图3.58 0:00:00:00帧的位置关键帧设置

(6) 将时间调整到0:00:01:21帧的位置，设置【位置】的值为(187，150，195)，系统会自动添加关键帧，如图3.59所示。

图3.59　0:00:01:21帧的位置关键帧设置

(7) 将时间调整到0:00:05:24帧的位置，设置【位置】的值为(220，150，0)，【Y轴旋转】的值为1x，系统会自动添加关键帧，如图3.60所示。

图3.60　0:00:05:24帧的位置关键帧设置

(8) 将时间调整到0:00:07:20帧的位置，设置【位置】的值为(220，150，98)，单击"[空1]"层左侧的【图层开关】按钮 👁，隐藏"[空1]"层，如图3.61所示。

图3.61　0:00:07:20帧的位置关键帧设置

(9) 这样就完成了网格空间的整体制作，按小键盘上的0键，即可在合成窗口中预览当前动画效果。

实战028　制作时空穿梭

 实例解析

本例主要讲解利用CC Flo Motion(CC两点扭曲)和【摄像机】特效制作时空穿梭效果，完成的动画流程画面如图3.62所示。

📖 难易程度：★★☆☆☆
🗂 工程文件：工程文件\第3章\时空穿梭
🎬 视频文件：视频教学\实战028 利用【摄像机】制作时空穿梭.avi

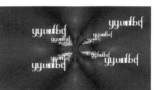

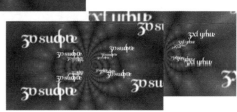

图3.62　动画流程画面

✍ 知识点

1. 【梯度渐变】特效
2. CC Flo Motion(CC 两点扭曲) 特效
3. 【摄像机】特效

📝 操作步骤

step 01 制作文字动画

(1) 执行菜单栏中的【合成】|【新建合成】命令，打开【合成设置】对话框，设置【合成名称】为"文字动画"，【宽度】为720px，【高度】为405px，【帧速率】为25，并设置【持续时间】为0:00:15:00秒。

(2) 执行菜单栏中的【图层】|【新建】|【文本】命令，在合成窗口中输入possible。在【字符】面板中设置文字的字体为Anna Nicole NF，字号为40像素，文本颜色为白色，如图3.63所示；合成窗口效果如图3.64所示。

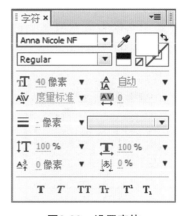

图3.63　设置字体

(3) 将时间调整到0:00:00:00帧的位置，展开文字层，单击【文本】右侧的【动画】按钮 动画:▶，

从菜单中选择【缩放】和【字符位移】命令，设置【缩放】的值为(120，120)，【字符位移】的值为10；展开【文本】|【动画制作工具 1】|【范围选择器1】选项组，设置【偏移】的值为0%，单击【偏移】左侧的【码表】按钮◎，在当前位置设置关键帧。

图3.64　设置字体后的效果

(4) 将时间调整到0:00:10:00帧的位置，设置【偏移】的值为100%，系统会自动设置关键帧，如图3.65所示；合成窗口效果如图3.66所示。

图3.65　设置关键帧

图3.66　设置关键帧后的效果

(5) 展开【动画制作工具 1】|【范围选择器1】|【高级】选项组，从【形状】下拉列表框中选择【平滑】选项，设置【随机顺序】为【开】，如图3.67所示；合成窗口效果如图3.68所示。

(6) 执行菜单栏中的【合成】|【新建合成】命

令，打开【合成设置】对话框，设置【合成名称】为"文字位置"，【宽度】为720px，【高度】为405px，【帧速率】为25，并设置【持续时间】为0:00:15:00秒。

图3.67　设置【高级】参数

图3.68　设置随机文字后的效果

(7) 在【项目】面板中选择"文字动画"合成，将其拖动到"文字位置"合成的时间线面板中。选中"文字动画"层，按Ctrl+D组合键制作出3个副本图层，并将所有图层依次向上进行重命名操作，分别更改为"文字动画1""文字动画2""文字动画3"和"文字动画4"。然后分别设置文字层，设置"文字动画1"层【位置】的值为(511，135)，"文字动画2"层【位置】的值为(292，255)，"文字动画3"层【位置】的值为(293，158)，"文字动画4"层【位置】的值为(499，240)，如图3.69所示；合成窗口效果如图3.70所示。

图3.69　设置【位置】参数

图3.70　设置【位置】后的效果

`step 02` 制作时空穿梭

(1) 执行菜单栏中的【合成】|【新建合成】命令，打开【合成设置】对话框，设置【合成名称】为"时空穿梭"，【宽度】为720px，【高度】为405px，【帧速率】为25，并设置【持续时间】为0:00:05:00秒。

(2) 执行菜单栏中的【图层】|【新建】|【纯色】命令，打开【纯色设置】对话框，设置【名称】为"渐变"，【颜色】为黑色。

(3) 为"渐变"层添加【梯度渐变】特效。在【效果和预设】面板中展开【生成】特效组，然后双击【梯度渐变】特效。

(4) 在【效果控件】面板中修改特效的参数，设置【渐变起点】的值为(364，205)，【起始颜色】为红色(R:255；G:0；B:0)，【渐变终点】的值为(364，805)，【结束颜色】为黑色，从【渐变形状】右侧的下拉列表框中选择【径向渐变】选项，如图3.71所示；合成窗口效果如图3.72所示。

图3.71　设置【渐变】参数

(5) 为"渐变"层添加CC Flo Motion(CC 两点扭曲)特效。在【效果和预设】面板中展开【扭曲】特效组，然后双击CC Flo Motion(CC 两点扭曲)特效。

(6) 在【效果控件】面板中修改特效的参数，设置Knot1(结头1)的值为(364，204)，Knot2(结头2)的值为(540，303)；将时间调整到0:00:00:00帧的位置，设置Amount 1(数量1)的值为473，单击Amount 1(数量1)左侧的【码表】按钮 ，在当前位置设置关键帧。

图3.72　设置【渐变】后的效果

(7) 将时间调整到0:00:04:24帧的位置，设置Amount 1(数量1)的值为473，如图3.73所示；合成窗口效果如图3.74所示。

图3.73　设置CC Flo Motion关键帧

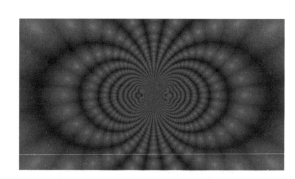

图3.74　设置关键帧后的效果

(8) 在【项目】面板中选择"文字位置"合成，将其拖动到"时空穿梭"合成的时间线面板中。

(9) 选中"文字位置"层，打开三维开关，按P键打开【位置】属性，按Alt键，单击【位置】左侧的【码表】按钮 ，在右侧的表达式空白处输入transform.position+[0,0,(index*500)]，如图3.75所示。

图3.75　设置表达式

（10）选中"文字位置"层，按Ctrl+D组合键复制出4个副本图层，将所有图层依次向下重命名为"文字位置 1""文字位置 2""文字位置 3""文字位置 4"和"文字位置 5"，如图3.76所示；合成窗口效果如图3.77所示。

图3.76　复制图层并命名

图3.77　合成预览

（11）执行菜单栏中的【图层】|【新建】|【摄像机】命令，打开【摄像机设置】对话框，选中【启用景深】复选框，如图3.78所示。

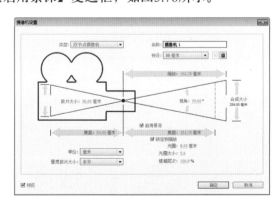

图3.78　【摄像机设置】对话框

（12）调整摄像机，先将时间调整到0:00:00:00帧的位置，展开摄像机层属性，将【目标点】设置

为(360，202，1000)，【位置】设置为(360，202，0)，并且都打开关键帧开关，如图3.79所示；参数设置后的效果如图3.80所示。

图3.79　设置摄像机

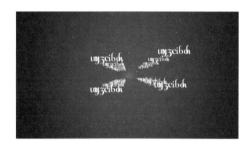

图3.80　图像效果

（13）将时间调整到0:00:04:24帧的位置，将【目标点】设置为(360，202，3000)【位置】设置为(360，202，2000)，如图3.81所示；合成窗口效果如图3.82所示。

图3.81　设置摄像机

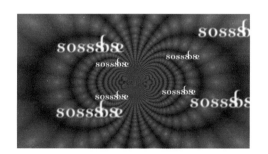

图3.82　图像效果

（14）这样就完成了动画的整体制作，按小键盘上的0键，即可在合成窗口中预览动画。

AE

第4章

摇摆器、画面稳定与跟踪控制

本章介绍

　　本章主要讲解After Effects内置的动画辅助工具。合理地运用动画辅助工具可以有效地提高动画的制作效率并达到预期的效果。

要点索引

◆ 掌握【摇摆器】面板的使用方法
◆ 掌握【画面稳定】面板的使用方法
◆ 掌握【跟踪器】面板的使用方法

实战029　制作随机动画

实例解析

本例主要讲解【摇摆器】面板的应用，并利用【摇摆器】面板制作随机的动画。完成的动画流程画面如图4.1所示。

难易程度：★★☆☆☆
工程文件：工程文件\第4章\随机动画
视频文件：视频教学\实战029　随机动画.avi

图4.1　动画流程画面

知识点

1.【矩形工具】
2.【摇摆器】面板

操作步骤

（1）执行菜单栏中的【合成】|【新建合成】命令，打开【合成设置】对话框，参数设置如图4.2所示。

（2）执行菜单栏中的【文件】|【导入】|【文件】命令，打开【导入文件】对话框，选择配套素材中的"工程文件\ 第4章 \随机动画\花朵.jpg"文件，然后将其添加到时间线中。

（3）在时间线面板中选择"花朵.jpg"层，然后按Ctrl + D组合键为其复制一个副本，并重命名为

"花朵2"，如图4.3所示。

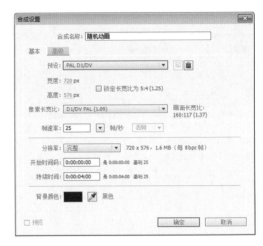

图4.2　【合成设置】对话框

图4.3　复制图层

（4）选择工具栏中的【矩形工具】，然后在合成窗口的中间位置拖动绘制一个矩形蒙版，为了更好地看到绘制效果，将最下面的层隐藏，如图4.4所示。

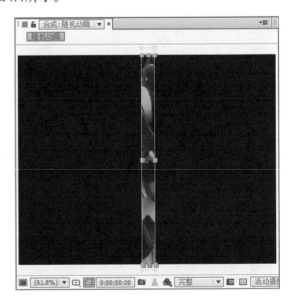

图4.4　绘制矩形蒙版

（5）在时间线面板中，将时间调整到0:00: 00:00帧的位置，分别单击【位置】和【缩放】左侧的【码表】按钮，在当前位置添加关键帧，如图4.5所示。

图4.5　在0:00:00:00帧处添加关键帧

（6）按End键，将时间调整到结束位置，即0:00:03:24帧的位置，在时间线面板中单击【位置】和【缩放】属性左侧的【在当前时间添加或移除关键帧】按钮，在0:00:03:24时间帧处添加一个延时帧，如图4.6所示。

图4.6　在0:00:03:24帧处添加延时帧

（7）下面来制作位置随机移动动画。在【位置】名称处单击，选择【位置】属性中的所有关键帧，如图4.7所示。

图4.7　选择关键帧

（8）执行菜单栏中的【窗口】|【摇摆器】命令，打开【摇摆器】面板，在【应用到】右侧的下拉列表框中选择【空间路径】选项，在【杂色类型】下拉列表框中选择【平滑】选项；在【维数】下拉列表框中选择X选项，表示动画产生在水平位置，并设置【频率】的值为5，【数量级】的值为300，如图4.8所示。

（9）设置完成后单击【应用】按钮，在选择的两个关键帧中将自动建立关键帧，以产生摇摆动画的效果，如图4.9所示。

（10）此时，从合成窗口中可以看到蒙版矩形的直线运动轨迹，并可以看到很多的关键帧控制点，如图4.10所示。

图4.8　【摇摆器】参数设置

图4.9　使用【摇摆器】后的效果

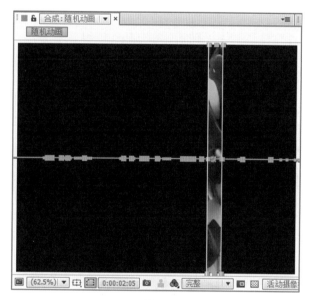

图4.10　关键帧控制点

（11）利用上面的方法，选择【缩放】右侧的两个关键帧，设置【摇摆器】的参数，将【数量级】设置为120，以减小变化的幅度，如图4.11所示。

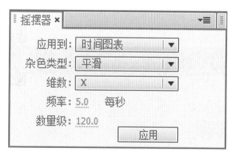

图4.11　【摇摆器】参数设置

(12) 设置完成后单击【应用】按钮，在选择的两个关键帧中将自动建立关键帧，以产生摇摆动画的效果，如图4.12所示。

图4.12 缩放关键帧后的效果

(13) 将隐藏的层显示，然后设置上层的【模式】为【屏幕】，以产生较亮的效果，如图4.13所示。

图4.13 修改层模式

(14) 这样，就完成了随机动画的制作，按空格键或小键盘上的0键，可以预览动画的效果，其中的几帧画面，如图4.14所示。

图4.14 动画预览效果

实战030 制作稳定动画

 实例解析

本例主要讲解利用【变形稳定器 VFX】特效稳定动画画面的方法，完成的动画流程画面如图4.15

所示。

难易程度：★☆☆☆☆
工程文件：工程文件\第4章\稳定动画
视频文件：视频教学\实战030 稳定动画效果.avi

图4.15 动画流程画面

知识点

【变形稳定器 VFX】特效

操作步骤

(1) 执行菜单栏中的【文件】|【打开项目】命令，选择配套素材中的"工程文件\第4章\稳定动画\稳定动画练习.aep"文件，将文件打开。

(2) 为"视频素材.avi"层添加【变形稳定器VFX】特效。在【效果和预设】面板中展开【扭曲】特效组，然后双击【变形稳定器 VFX】特效，合成窗口效果如图4.16所示。

图4.16 添加特效后的效果

(3) 在【效果控件】面板中，可以看到【变形稳定器 VFX】特效的参数，系统会自动进行稳定计算，如图4.17所示；计算完成后的合成窗口效果如图4.18所示。

　图4.17　自动计算中　　图4.18　计算后的稳定处理

(4) 这样就完成了稳定动画的整体制作，按小键盘上的0键，即可在合成窗口中预览动画。

实战031　制作旋转跟踪动画

 实例解析

本例主要讲解利用【跟踪运动】制作旋转跟踪动画效果，完成的动画流程画面如图4.19所示。

- 难易程度：★★★☆☆
- 工程文件：工程文件\第4章\旋转跟踪动画
- 视频文件：视频教学\实战031 利用【跟踪运动】制作旋转跟踪动画.avi

图4.19　动画流程画面

【跟踪运动】按钮

操作步骤

(1) 执行菜单栏中的【文件】|【打开项目】命令，选择配套素材中的"工程文件\第4章\旋转跟踪动画\旋转跟踪动画练习.aep"文件，将文件打开。

(2) 在时间线面板中，选择"宝剑.avi"层，单击【跟踪器】面板中的【跟踪运动】按钮，为"宝剑.avi"层添加跟踪器，选中【旋转】复选框，参数设置如图4.20所示。

图4.20　参数设置

(3) 按Home键，将时间调整到0:00:00:00帧的位置，然后在合成窗口中移动【跟踪点 1】跟踪范围框到剑柄的位置，并调整搜索区域和特征区域的位置，如图4.21所示。

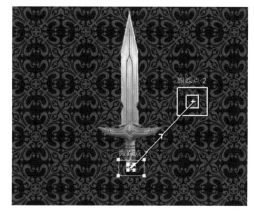

图4.21　跟踪点 1的位置

(4) 在合成窗口中移动【跟踪点 2】跟踪范围框到宝剑的旋转中心位置，并调整搜索区域和特征区域的位置，如图4.22所示。

图4.22　跟踪点2的位置

（5）在【跟踪器】面板中，单击【分析】右侧的【向前分析】按钮 ▶，对跟踪进行分析。分析完成后，可以通过拖动时间滑块来查看跟踪的效果。如果在某些位置跟踪出现错误，可以将时间滑块拖动到错误的位置，再次调整跟踪范围框的位置及大小，然后单击【分析】右侧的【向前分析】按钮 ▶，对跟踪进行再次分析，直到合适为止。分析后，在合成窗口中可以看到产生了很多关键帧，如图4.23所示。

图4.23　关键帧效果

（6）拖动时间滑块，可以看到跟踪已经达到满意效果，这时可以单击【跟踪器】面板中的【编辑目标】按钮，打开【运动目标】对话框，设置【图层】为【文字.psd】，如图4.24所示。

图4.24　【运动目标】对话框

（7）设置完成后单击【确定】按钮，完成跟踪目标的指定，然后单击【跟踪器】面板中的【应用】按钮，应用跟踪结果，这时将打开【动态跟踪器应用选项】对话框，如图4.25所示，直接单击【确定】按钮即可。

图4.25　【动态跟踪器应用选项】对话框

> **提示**
>
> 在应用完跟踪命令后，在时间线面板中展开参数列表时，跟踪关键帧处于选中状态，此时不能直接修改参数，因为这样会造成所有选择关键帧的连动作用，使动画产生错乱。这时，可以先在空白位置单击鼠标，取消对所有关键帧的选择，再单独修改某个参数即可。

（8）修改文字的角度。从合成窗口中可以看到文字的角度不太理想，在时间线面板中，首先展开"文字"层的【变换】参数，在空白位置单击，取消对所有关键帧的选择，将时间调整到0:00:00:00帧位置，然后选择【旋转】选项，将该项所有的关键帧选中，拖动修改它的值为2.8，如图4.26所示。

图4.26　修改参数

（9）这样就完成了动画的整体制作，按小键盘上的0键，即可在合成窗口中预览动画。

实战032　制作位置跟踪动画

 实例解析

本例主要讲解利用【跟踪运动】制作位置跟踪动画，完成的动画流程画面如图4.27所示。

图4.27 动画流程画面

 知识点

1. 【跟踪运动】按钮
2. 位置跟踪

操作步骤

(1) 执行菜单栏中的【文件】|【打开项目】命令，选择配套素材中的"工程文件\第4章\位置跟踪动画\跟踪动画练习.aep"文件，将文件打开。

(2) 执行菜单栏中的【图层】|【新建】|【纯色】命令，打开【纯色设置】对话框，设置【名称】为"镜头光晕"，【颜色】为黑色。

(3) 设置"镜头光晕"层的混合模式为【相加】，并暂时隐藏该层。

(4) 选中"视频素材.mov"层，执行菜单栏中的【动画】|【跟踪运动】命令，打开【跟踪器】面板，单击【跟踪运动】按钮，为"视频素材.mov"层添加跟踪，设置【运动源】为【视频素材.mov】，选中【位置】复选框，如图4.28所示。在合成窗口中移动跟踪范围框，并调整搜索区和特征区域的位置，合成窗口效果如图4.29所示。在【跟踪器】面板中单击【向前分析】按钮，对跟踪进行分析。

(5) 在【跟踪器】面板中，单击【应用】按钮。然后单击【编辑目标】按钮，在打开的【运动目标】对话框中设置应用跟踪结果，如图4.30所示。单击【确定】按钮，完成跟踪运动动画，如图4.31所示。

图4.28 设置【跟踪运动】参数

图4.29 镜头框显示

图4.30 【运动目标】对话框

图4.31 完成跟踪运动后的效果

(6) 为"视频素材.mov"文字层添加【曲线】特效。在【效果和预设】面板中展开【颜色校正】特效组，然后双击【曲线】特效。

(7) 在【效果控件】面板中修改【曲线】特效

的参数，如图4.32所示；合成窗口效果如图4.33所示。

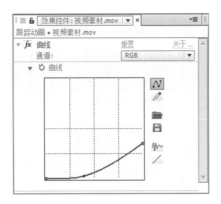

图4.32　设置曲线形状

图4.33　设置曲线后的效果

（8）显示"镜头光晕"层。为"镜头光晕"层添加【镜头光晕】特效。在【效果和预设】面板中展开【生成】特效组，然后双击【镜头光晕】特效。

（9）在【效果控件】面板中修改【镜头光晕】特效的参数，从【镜头类型】下拉列表框中选择【105毫米定焦】选项；将时间调整到0:00:00:00帧的位置，设置【光晕亮度】的值为41%，单击【光晕亮度】左侧的【码表】按钮，在当前位置设置关键帧。

（10）将时间调整到00:00:02:03帧的位置，设置【光晕亮度】的值为80%，系统会自动设置关键帧，如图4.34所示；合成窗口效果如图4.35所示。

图4.34　设置关键帧

图4.35　设置镜头光晕后的效果

（11）按照以上方法制作另一个车灯跟踪动画，这样就完成了位置跟踪动画的整体制作，按小键盘上的0键，即可在合成窗口中预览动画。

实战033　制作4点跟踪

实例解析

本例主要讲解利用【平行边角定位】特效制作4点跟踪效果，完成的动画流程画面如图4.36所示。

难易程度：★★☆☆☆	
工程文件：工程文件\第4章\4点跟踪	
视频文件：视频教学\实战033　利用【平行边角定位】特效制作4点跟踪.avi	

图4.36　动画流程画面

知识点

【平行边角定位】特效

操作步骤

(1) 执行菜单栏中的【文件】|【打开项目】命令，选择配套素材中的"工程文件\第4章\4点跟踪\4点跟踪练习.aep"文件，将文件打开。

(2) 选中"镜头推近.mov"层，执行菜单栏中的【窗口】|【跟踪器】命令，打开【跟踪器】面板，单击【跟踪运动】按钮，为"镜头推近.mov"层添加跟踪，设置【运动源】为【镜头推近.mov】，从【跟踪类型】下拉列表框中选择【平行边角定位】选项，如图4.37所示。在合成窗口中移动跟踪范围框，并调整搜索区和特征区域的位置，图层窗口效果如图4.38所示。

图4.37 设置跟踪参数　　图4.38 镜头框显示

(3) 单击【编辑目标】按钮，打开【运动目标】对话框，从【图层】下拉列表框中选择【图.jpg】选项，单击【确定】按钮，如图4.39所示。

图4.39 【运动目标】对话框

(4) 在【跟踪器】面板中，单击【分析】右侧的【向前分析】按钮▶，对跟踪进行分析，分析完成后，合成窗口效果如图4.40所示。单击【应用】按钮，确认跟踪动画，时间线面板中将产生很多关键帧，如图4.41所示。

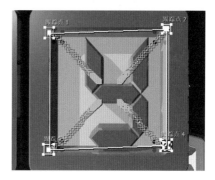

图4.40 应用后的效果

图4.41 分析后自动设置关键帧

(5) 这样就完成了动画的整体制作，按小键盘上的0键，即可在合成窗口中预览动画。

AE

第5章

精彩的文字特效

本章介绍

　　文字是一个动画的灵魂，一段动画中有了文字才能使动画的主题更为突出。所以对文字进行编辑，为文字添加特效能够给整体的动画添加点睛之笔。

要点索引

◆ 学习路径文字动画的制作方法
◆ 学习文字爆破效果的制作方法
◆ 学习缥缈出字动画的制作方法
◆ 掌握波浪文字动画的制作技巧
◆ 掌握机打字效果的制作技巧
◆ 掌握果冻字动画的制作技巧

实战034　制作路径文字动画

　实例解析

本例主要讲解利用【钢笔工具】及【路径选项】属性制作路径文字动画效果，完成的动画流程画面如图5.1所示。

- 难易程度：★☆☆☆☆
- 工程文件：工程文件\第5章\路径文字动画
- 视频文件：视频教学\实战034 路径文字动画.avi

图5.1　动画流程画面

　知识点

1. 【钢笔工具】🖊
2. 【路径选项】属性

　操作步骤

（1）执行菜单栏中的【文件】|【打开项目】命令，选择配套素材中的"工程文件\第5章\路径文字动画\路径文字动画练习.aep"文件，将文件打开。

（2）执行菜单栏中的【图层】|【新建】|【文本】命令，新建文字层，在合成窗口中输入Cease to struggle and you cease to live，设置文字的字体为Birch Std，字号为40像素，文本颜色为白色，如图5.2所示；合成窗口效果如图5.3所示。

（3）选中文字层，在工具栏中选择【钢笔工具】🖊，绘制一个路径，如图5.4所示。

（4）展开【文本】|【路径选项】选项组，在【路径】右侧的下拉列表框中选择【蒙版 1】选项；将时间调整到0:00:00:00帧的位置，设置【首

字边距】的值为-200，单击【首字边距】左侧的【码表】按钮🕐，在当前位置设置关键帧，效果如图5.5所示。

图5.2　设置字体参数

图5.3　设置字体后的效果

图5.4　绘制路径

图5.5　设置【首字边距】参数后的效果

（5）将时间调整到00:00:04:00帧的位置，设置【首字边距】的值为1800，系统会自动设置关键帧，如图5.6所示；合成窗口效果如图5.7所示。

图5.6 设置关键帧

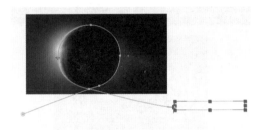

图5.7 设置关键帧后的效果

(6) 这样就完成了动画的整体制作,按小键盘上的0键,即可在合成窗口中预览动画。

实战035 制作文字爆破效果

实例解析

本例主要讲解利用CC Pixel Polly(CC像素多边形)特效制作文字爆破效果,完成的动画流程画面如图5.8所示。

🖥 难易程度:★☆☆☆☆	
📄 工程文件:工程文件\第5章\文字爆破效果	
🎬 视频文件:视频教学\实战035 文字爆破效果.avi	

图5.8 动画流程画面

知识点

1. 【梯度渐变】特效
2. CC Pixel Polly(CC像素多边形)特效

操作步骤

(1) 执行菜单栏中的【文件】|【打开项目】命令,选择配套素材中的"工程文件\第5章\文字爆破效果\文字爆破效果练习.aep"文件,将文件打开。

(2) 执行菜单栏中的【图层】|【新建】|【文本】命令,新建文字层,在合成窗口中输入Predator,设置文字的字体为Bitsumishi,字号为86像素,文字颜色为白色。

(3) 为Predator层添加【梯度渐变】特效。在【效果和预设】面板中展开【生成】特效组,然后双击【梯度渐变】特效。

(4) 在【效果控件】面板中,修改【梯度渐变】特效的参数,设置【渐变起点】的值为(460,137),【起始颜色】为白色,【渐变终点】的值为(460,160),【结束颜色】为深蓝色(R:23;G:47;B:92),如图5.9所示;合成窗口效果如图5.10所示。

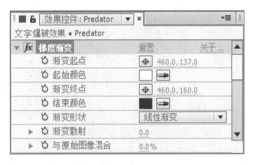

图5.9 设置【梯度渐变】参数

图5.10 设置渐变参数后的效果

(5) 为Predator层添加CC Pixel Polly(CC像素多边形)特效。在【效果和预设】面板中展开【模拟】特效组，然后双击CC Pixel Polly(CC像素多边形)特效。

(6) 在【效果控件】面板中，修改CC Pixel Polly(CC像素多边形)特效的参数，设置Force(力度)的值为200，Force Center(力度中心)的值为(450，156)，Grid Spacing(网格间距)的值为1，如图5.11所示；合成窗口效果如图5.12所示。

图5.11 设置CC Pixel Polly参数

图5.12 设置CC Pixel Polly后的效果

(7) 这样就完成了文字爆破效果的整体制作，按小键盘上的0键，即可在合成窗口中预览动画。

实战036 制作粉笔字

 实例解析

本例主要讲解利用【涂写】特效制作粉笔字动画效果，完成的动画流程画面如图5.13所示。

难易程度：★★☆☆☆
工程文件：工程文件\第5章\粉笔字
视频文件：视频教学\实战036 粉笔字.avi

图5.13 动画流程画面

知识点

1.【从文字创建蒙版】命令
2.【涂写】属性

操作步骤

(1) 执行菜单栏中的【合成】|【新建合成】命令，打开【合成设置】对话框，设置【合成名称】为"粉笔字"，【宽度】为720px，【高度】为480px，【帧速率】为25，并设置【持续时间】为0:00:05:00秒，如图5.14所示。

图5.14 【合成设置】对话框

(2) 执行菜单栏中的【文件】|【导入】|【文件】命令，打开【导入文件】对话框，选择配套素材中的"工程文件\第5章\粉笔字\背景.jpg"素材，

单击【导入】按钮，"背景.jpg"素材将导入到【项目】面板中。

（3）在【项目】面板中，选择"背景.jpg"素材，将其拖动到"粉笔字"合成的时间线面板中。

（4）选择工具栏中的【横排文字工具】 ，在合成窗口中输入文字"粉笔"，在【字符】面板中设置文字的字体为【华康海报体W12(P)】，字符的大小为175像素，文字的填充颜色为白色。

（5）选中"粉笔"层，执行菜单栏中的【图层】|【从文字创建蒙版】命令，在时间线面板中，系统会自动创建一个"文字轮廓"层，单击"粉笔"层前面【图层开关】按钮 👁，隐藏该层，效果如图5.15所示。

图5.15　效果图

（6）选中"文字轮廓"层，在【效果和预设】面板中展开【生成】特效组，双击【涂写】特效。

（7）在【效果控制】面板中，从【涂抹】右侧的下拉列表框中选择【所有蒙版】选项，设置【角度】的值为30，【描边宽度】的值为4，如图5.16所示。

图5.16　参数设置

（8）将时间调整到0:00:00:00帧的位置，设置【结束】的值为0，单击【码表】按钮 ⏱，在当前位置添加关键帧。将时间调整到0:00:04:00帧的位置，设置【结束】的值为100，系统会自动添加关键帧，如图5.17所示。

图5.17　关键帧设置

（9）这样就完成了粉笔字动画的整体制作，按小键盘上的0键，可在合成窗口中预览动画效果。

实战037　制作跳动的路径文字

🎓 实例解析

本例主要讲解利用【路径文本】特效制作跳动的路径文字效果，完成的动画流程画面如图5.18所示。

🖳 难易程度：★★☆☆☆	
✍ 工程文件：工程文件\第5章\跳动的路径文字	
🖊 视频文件：视频教学\实战037 跳动的路径文字.avi	

图5.18　动画流程画面

✎ 知识点

1.【路径文本】特效

2.【残影】特效

3.【彩色浮雕】特效

📝 操作步骤

(1) 执行菜单栏中的【合成】|【新建合成】命令，打开【合成设置】对话框，设置【合成名称】为"跳动的路径文字"，【宽度】为720px，【高度】为576px，【帧速率】为25，并设置【持续时间】为0:00:10:00秒。

(2) 执行菜单栏中的【图层】|【新建】|【纯色】命令，打开【纯色设置】对话框，设置【名称】为"路径文字"，【颜色】为黑色。

(3) 选中"路径文字"层，在工具栏中选择【钢笔工具】 ，在"路径文字"层上绘制一个路径，如图5.19所示。

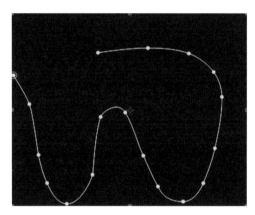

图5.19　绘制路径

(4) 为"路径文字"层添加【路径文本】特效。在【效果和预设】面板中展开【过时】特效组，然后双击【路径文本】特效，在【路径文本】对话框中输入Rainbow。

(5) 在【效果控件】面板中修改【路径文本】特效的参数，从【自定义路径】下拉列表框中选择【蒙版1】选项；展开【填充和描边】选项组，设置【填充颜色】为浅蓝色(R:0；G:255；B:246)；将时间调整到0:00:00:00帧的位置，设置【大小】的值为30，【左边距】的值为0，单击【大小】和【左边距】左侧的【码表】按钮 ，在当前位置设置关键帧，如图5.20所示；合成窗口效果如图5.21所示。

(6) 将时间调整到0:00:02:00帧的位置，设置【大小】的值为80，系统会自动设置关键帧，如图5.22所示；合成窗口效果如图5.23所示。

(7) 将时间调整到0:00:06:15帧的位置，设置【左边距】的值为2090，如图5.24所示；合成窗口效果如图5.25所示。

图5.20　设置【大小】和【左边距】关键帧

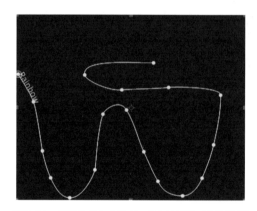

图5.21　设置【大小】和【左边距】后的效果

图5.22　设置【大小】关键帧

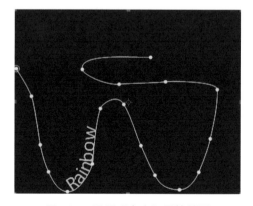

图5.23　设置【大小】后的效果

图5.24　设置【左边距】关键帧

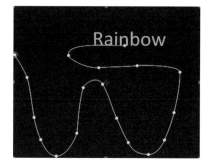

图5.25　设置【左边距】关键帧后的效果

(8) 展开【高级】|【抖动设置】选项组，将时间调整到0:00:00:00帧的位置，设置【基线抖动最大值】、【字偶间距抖动最大值】、【旋转抖动最大值】及【缩放抖动最大值】的值为0，单击【基线抖动最大值】、【字偶间距抖动最大】、【旋转抖动最大值】以及【缩放抖动最大值】左侧的【码表】按钮 ，在当前位置设置关键帧，如图5.26所示。

图5.26　设置0秒处关键帧

(9) 将时间调整到0:00:03:15帧的位置，设置【基线抖动最大值】的值为122，【字偶间距抖动最大值】的值为164，【旋转抖动最大值】的值为132，【缩放抖动最大值】的值为150，如图5.27所示。

图5.27　设置3秒15帧处关键帧

(10) 将时间调整到0:00:06:00帧的位置，设置【基线抖动最大值】、【字偶间距抖动最大值】、【旋转抖动最大值】以及【缩放抖动最大值】的值为0，系统会自动设置关键帧，如图5.28所示；合成窗口效果如图5.29所示。

图5.28　设置6秒处关键帧

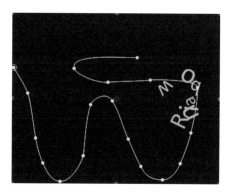

图5.29　设置【路径文本】特效后的效果

(11) 为"路径文字"层添加【残影】特效。在【效果和预设】面板中展开【时间】特效组，然后双击【残影】特效。

(12) 在【效果控件】面板中修改【残影】特效的参数，设置【残影数量】的值为12，【衰减】的值为0.7，如图5.30所示；合成窗口效果如图5.31所示。

图5.30　设置【残影】参数

(13) 为"路径文字"层添加【投影】特效。在【效果和预设】面板中展开【透视】特效组，然后双击【投影】特效。

(14) 在【效果控件】面板中修改【投影】特效的参数，设置【柔和度】的值为15，如图5.32所示；合成窗口效果如图5.33所示。

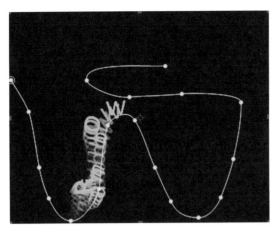

图5.31 设置【残影】后的效果

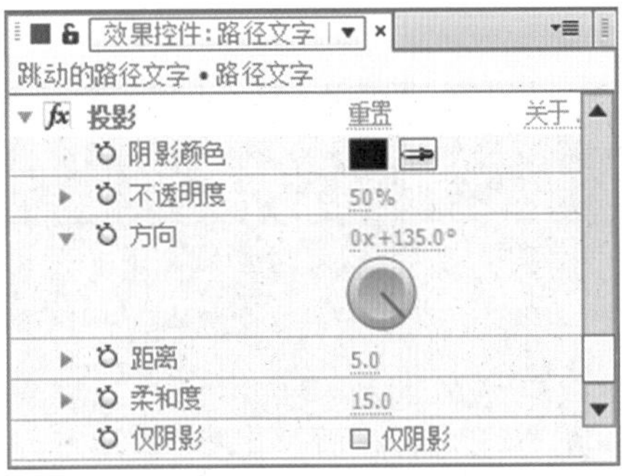

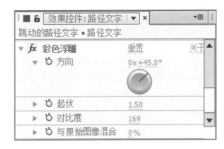

图5.34 设置【彩色浮雕】参数

图5.32 设置【投影】参数

图5.35 设置【彩色浮雕】后的效果

(18) 为"背景"层添加【梯度渐变】特效。在【效果和预设】面板中展开【生成】特效组，然后双击【梯度渐变】特效。

(19) 在【效果控件】面板中修改【梯度渐变】特效的参数，设置【起始颜色】为蓝色(R:11；G:170；B:252)，【渐变终点】的值为(380，400)，【结束颜色】为淡蓝色(R:221；G:253；B:253)，如图5.36所示；合成窗口效果如图5.37所示。

图5.33 设置【投影】后的效果

(15) 为"路径文字"层添加【彩色浮雕】特效。在【效果和预设】面板中展开【风格化】特效组，然后双击【彩色浮雕】特效。

(16) 在【效果控件】面板中修改【彩色浮雕】特效的参数，设置【起伏】的值为1.5，【对比度】的值为169，如图5.34所示；合成窗口效果如图5.35所示。

(17) 执行菜单栏中的【图层】|【新建】|【纯色】命令，打开【纯色设置】对话框，设置【名称】为"背景"，【颜色】为白色。

图5.36 设置【梯度渐变】参数

(20) 在时间线面板中将"背景"层拖动到"路径文字"层下面。这样就完成了跳动的路径文字的整体制作，按小键盘上的0键，即可在合成窗口中预览动画。

图5.37　设置渐变后的效果

实战038　制作波浪文字

 实例解析

本例主要讲解利用【波形环境】特效制作波浪文字效果，完成的动画流程画面如图5.38所示。

难易程度：★★☆☆☆
工程文件：工程文件\第5章\波浪文字
视频文件：视频教学\实战038 波浪文字.avi

图5.38　动画流程画面

 知识点

1.【波形环境】特效

2.【焦散】特效

3.【发光】特效

操作步骤

（1）执行菜单栏中的【合成】|【新建合成】命令，打开【合成设置】对话框，设置【合成名称】为"文字"，【宽度】为720px，【高度】为576px，【帧速率】为25，并设置【持续时间】为0:00:04:00秒。

（2）执行菜单栏中的【图层】|【新建】|【文本】命令，输入"相信梦想是价值的源泉，相信眼光决定未来的一切，相信成功的信念会比成功本身更重要，相信人生有挫折没有失败，相信生命的质量来自决不妥协的信念。"，设置文字的字体为【方正黄草简体】，字号为42像素，文字颜色为白色。

（3）执行菜单栏中的【合成】|【新建合成】命令，打开【合成设置】对话框，设置【合成名称】为"波纹"，【宽度】为720px，【高度】为576px，【帧速率】为25，并设置【持续时间】为0:00:04:00秒。

（4）执行菜单栏中的【图层】|【新建】|【纯色】命令，打开【纯色设置】对话框，设置【名称】为"水波"，【颜色】为黑色。

（5）为"水波"层添加【波形环境】特效。在【效果和预设】面板中展开【模拟】特效组，然后双击【波形环境】特效，如图5.39所示；合成窗口效果如图5.40所示。

图5.39　添加【波形环境】特效

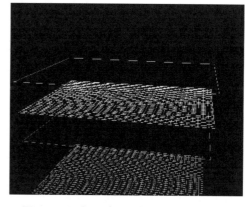

图5.40　添加【波形环境】特效后的效果

(6) 在【效果控件】面板中，修改【波形环境】特效的参数，从【视图】右侧的下拉列表框中选择【高度地图】选项；展开【线框控制】选项组，设置【水平旋转】的值为15，【垂直旋转】的值为15；展开【创建程序 1】选项组，设置【频率】的值为0；将时间调整到0:00:00:00帧的位置，设置【振幅】的值为0.4，单击【振幅】左侧的【码表】按钮 ，在当前位置设置关键帧。

(7) 将时间调整到0:00:03:15帧的位置，设置【振幅】的值为0，系统会自动设置关键帧，如图5.41所示；合成窗口效果如图5.42所示。

图5.41 设置【波形环境】参数

图5.42 设置【波形环境】特效后的效果

(8) 选中"水波"层，按T键展开【不透明度】属性，将时间调整到0:00:02:15帧的位置，设置【不透明度】的值为100%，单击【不透明度】左侧的【码表】按钮 ，在当前位置设置关键帧。

(9) 将时间调整到0:00:03:00帧的位置，设置【不透明度】的值为0%，系统会自动设置关键帧，如图5.43所示。

图5.43 设置【不透明度】关键帧

(10) 打开"文字"合成，在【项目】面板中，选择"波纹"合成将其拖动到"文字"合成的时间线面板中。

(11) 为文字层添加【焦散】特效。在【效果和预设】面板中展开【模拟】特效组，双击【焦散】特效。

(12) 在【效果控件】面板中，修改【焦散】特效的参数，展开【水】选项组，从【水面】右侧的下拉列表框中选择【2.波纹】选项，设置【波形高度】的值为0.8，【平滑】的值为10，【水深度】的值为0.25，【折射率】的值为1.5，【表面颜色】为白色，【表面不透明度】的值为0，【焦散强度】的值为0.8。

(13) 展开【天空】选项组，设置【强度】和【融合】的值为0，如图5.44所示；合成窗口效果如图5.45所示。

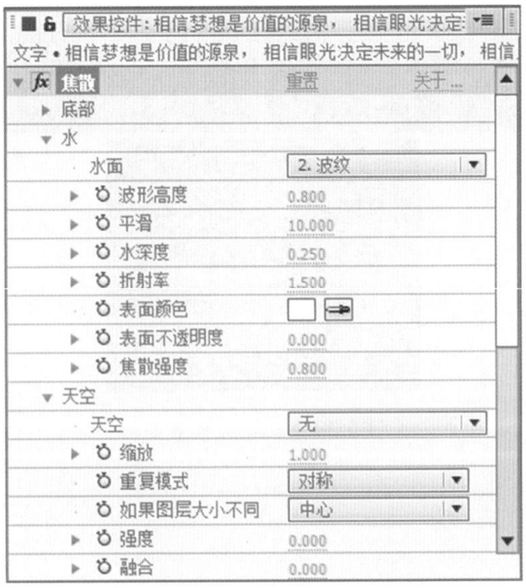

图5.44 设置【焦散】参数

(14) 展开【灯光】选项组，设置【灯光强度】的值为0，如图5.46所示；合成窗口效果如图5.47所示。

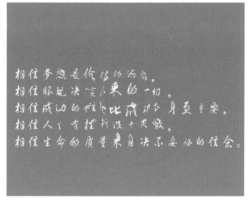

图5.45 设置【焦散】参数后的效果

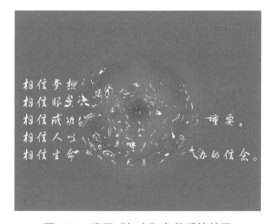

图5.46 设置【灯光】参数

图5.47 设置【灯光】参数后的效果

(15) 执行菜单栏中的【合成】|【新建合成】命令，打开【合成设置】对话框，设置【合成名称】为"波浪文字"，【宽度】为720px，【高度】为576px，【帧速率】为25，并设置【持续时间】为0:00:04:00秒。

(16) 在【项目】面板中，选择"文字"合成，将其拖动到"波浪文字"合成的时间线面板中。

(17) 为"文字"层添加【发光】特效。在【效果和预设】面板中展开【风格化】特效组，然后双击【发光】特效。

(18) 在【效果控件】面板中修改【发光】特效的参数，设置【发光阈值】的值为25%，【发光半径】的值为20，【发光强度】的值为2，从【发光颜色】右侧的下拉列表框中选择【A和B颜色】选项，设置【颜色A】为蓝色(R:0；G:42；B:255)，【颜色B】为浅蓝色(R:0；G:174；B:255)，如图5.48所示；合成窗口效果如图5.49所示。

图5.48 设置【发光】参数

图5.49 设置【发光】特效后的效果

(19) 这样就完成了波浪文字的整体制作，按小键盘上的0键，即可在合成窗口中预览动画。

实战039 制作机打字效果

实例解析

本例主要讲解利用【字符位移】属性制作机打字效果，完成的动画流程画面如图5.50所示。

难易程度：★☆☆☆☆
工程文件：工程文件\第5章\机打字效果
视频文件：视频教学\实战039 机打字效果.avi

图5.50 动画流程画面

✎ 知识点

1.【字符位移】属性
2.【不透明度】属性

✐ 操作步骤

(1) 执行菜单栏中的【文件】|【打开项目】命令，选择配套素材中的"工程文件\第5章\机打字效果\机打字效果练习.aep"文件，将文件打开。

(2) 选择工具栏中的【直排文字工具】▮T，在合成窗口中输入"大江东去，浪淘尽，千古风流人物。故垒西边，人道是，三国周郎赤壁。乱石穿空，惊涛拍岸，卷起千堆雪。江山如画，一时多少豪杰。"。在【字符】面板中设置文字的字体为【草檀斋毛泽东字体】，字号为32像素，文字颜色为黑色，其他参数如图5.51所示；合成窗口效果如图5.52所示。

图5.51 设置字体

图5.52 设置字体后的效果

(3) 将时间调整到0:00:00:00帧的位置，展开文字层，单击【文本】右侧的【动画】按钮，从菜单中选择【字符位移】命令，设置【字符位移】的值为20；单击【动画制作工具 1】右侧的【添加】按钮 ▶，从菜单中选择【属性】|【不透明度】命令，设置【不透明度】的值为0%。设置【起始】的值为0，单击【起始】左侧的【码表】按钮 ⏱，在当前位置设置关键帧，合成窗口效果如图5.53所示。

图5.53 设置0帧关键帧后的效果

(4) 将时间调整到0:00:02:00帧的位置，设置【起始】的值为100，系统会自动设置关键帧，如图5.54所示。

图5.54 设置【文本】参数

(5) 这样就完成了机打字效果的整体制作，按小键盘上的0键，即可在合成窗口中预览动画。

实战040 制作飘渺出字效果

🎓 实例解析

本例主要讲解利用Fractal Noise(分形噪波)和Turbulent Displace(动荡置换)特效制作飘渺出字效

果，完成的动画流程画面，如图5.55所示。

难易程度：★★★☆☆
工程文件：工程文件\第5章\飘渺出字
视频文件：视频教学\实战040 飘渺出字.avi

图5.55　动画流程画面

知识点

1.【分形杂色】特效
2.【线性擦除】特效
3.【复合模糊】特效
4.【湍流置换】特效

操作步骤

(1) 执行菜单栏中的【文件】|【打开项目】命令，选择配套素材中的"工程文件\第5章\飘渺出字\飘渺出字练习.aep"文件，将文件打开。

(2) 执行菜单栏中的【合成】|【新建合成】命令，打开【合成设置】对话框，设置【合成名称】为"噪波"，【宽度】为720px，【高度】为576px，【帧速率】为25，并设置【持续时间】为0:00:05:00秒。

(3) 执行菜单栏中的【图层】|【新建】|【纯色】命令，打开【纯色设置】对话框，设置【名称】为"载体"，【颜色】为黑色。

(4) 为"载体"层添加【分形杂色】特效。在【效果和预设】面板中展开【杂色和颗粒】特效组，然后双击【分形杂色】特效。

(5) 在【效果控件】面板中，修改【分形杂色】特效的参数，设置【对比度】的值为200，从【溢出】下拉列表框中选择【剪切】选项；展开【变换】选项组，取消选中【统一缩放】复选框，设置【缩放宽度】的值为200，【缩放高度】的值为150；将时间调整到0:00:00:00帧的位置，设置【偏移(湍流)】的值为(360，288)，单击【偏移(湍流)】左侧的【码表】按钮，在当前位置设置关键帧，如图5.56所示。

图5.56　设置0秒关键帧

(6) 将时间调整到0:00:04:24帧的位置，设置【偏移(湍流)】的值为(0，288)，系统会自动设置关键帧，如图5.57所示。

图5.57　设置4秒24帧关键帧

(7) 设置【复杂度】的值为5，展开【子设置】选项组，设置【子影响(%)】的值为50，【子缩放】的值为70；将时间调整到0:00:00:00帧的位置，设置【演化】的值为0，单击【演化】左侧的【码表】按钮，在当前位置设置关键帧。

(8) 将时间调整到0:00:04:24帧的位置，设置【演化】的值为2x，系统会自动设置关键帧，如图5.58所示；合成窗口效果如图5.59所示。

(9) 为"载体"层添加【线性擦除】特效。在【效果和预设】面板中展开【过渡】特效组，然后双击【线性擦除】特效。

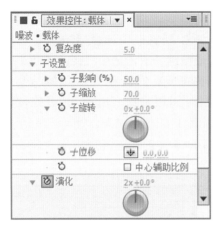

图5.58 设置关键帧

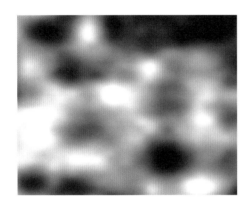

图5.59 设置关键帧后的效果

(10) 在【效果控件】面板中，修改【线性擦除】特效的参数，设置【擦除角度】的值为-90，【羽化】的值为850；将时间调整到0:00:00:00帧的位置，设置【过渡完成】的值为0%，单击【过渡完成】左侧的【码表】按钮 ō，在当前位置设置关键帧。

(11) 将时间调整到0:00:02:01帧的位置，设置【过渡完成】的值为100%，系统会自动设置关键帧。

(12) 将时间调整到0:00:04:24帧的位置，设置【过渡完成】的值为0%，如图5.60所示；合成窗口效果如图5.61所示。

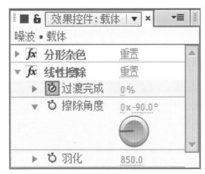

图5.60 设置参数

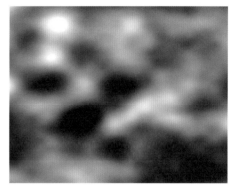

图5.61 设置【线性擦除】后的效果

(13) 打开"飘渺出字"合成，在【项目】面板中选择"噪波"合成，将其拖动到"飘渺出字"合成的时间线面板中。

(14) 执行菜单栏中的【图层】|【新建】|【文本】命令，新建文字层，在合成窗口中输入EXTINCTION，设置文字的字体为LilyUPC，字号为121像素，文本颜色为土黄色(R:195；G:150；B:41)，如图5.62所示；合成窗口效果如图5.63所示。

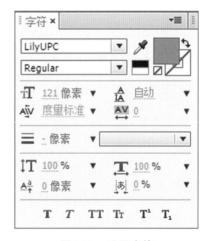

图5.62 设置字体

图5.63 设置字体后的效果

(15) 为EXTINCTION层添加【复合模糊】特效。在【效果和预设】面板中展开【模糊和锐化】

特效组，然后双击【复合模糊】特效。

(16) 在【效果控件】面板中修改【复合模糊】特效的参数，从【模糊图层】下拉列表框中选择【2.噪波】选项，设置【最大模糊】的值为100，取消选中【伸缩对应图以适合】复选框，如图5.64所示；合成窗口效果如图5.65所示。

图5.64　设置【复合模糊】参数

图5.65　设置【复合模糊】参数后的效果

(17) 为EXTINCTION层添加【湍流置换】特效。在【效果和预设】面板中展开【扭曲】特效组，然后双击【湍流置换】特效。

(18) 在【效果控件】面板中修改【湍流置换】特效的参数，设置【复杂度】的值为5；将时间调整到0:00:00:00帧的位置，设置【数量】的值为188，【大小】的值为125，【偏移(湍流)】的值为(360，288)，单击【数量】、【大小】和【偏移(湍流)】左侧的【码表】按钮，在当前位置设置关键帧，如图5.66所示。

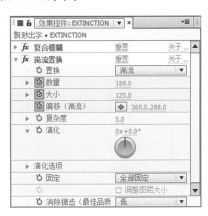

图5.66　设置【湍流置换】参数

(19) 将时间调整到0:00:01:22帧的位置，设置【数量】的值为0，【大小】的值为194，【偏移(湍流)】的值为(1014，288)，系统会自动设置关键帧，合成窗口效果如图5.67所示。

图5.67　设置【湍流置换】参数后的效果

(20) 执行菜单栏中的【图层】|【新建】|【调整图层】命令，创建一个调整图层，将该层重命名为"调节层"。

(21) 为"调节层"层添加【发光】特效。在【效果和预设】面板中展开【风格化】特效组，然后双击【发光】特效。

(22) 在【效果控件】面板中修改【发光】特效的参数，设置【发光阈值】的值为0%，【发光半径】的值为30，【发光强度】的值为0.9，从【发光颜色】下拉列表框中选择【A和B颜色】选项，从【颜色循环】下拉列表框中选择【三角形B>A>B】选项，设置【颜色A】为黄色(R:255；G:274；B:74)，【颜色B】为橘色(R:253；G:101；B:10)，如图5.68所示；合成窗口效果如图5.69所示。

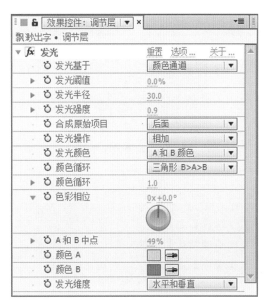

图5.68　设置【发光】参数

图5.69　设置【发光】参数后的效果

（23）这样就完成了飘渺出字的整体制作，按小键盘上的0键，即可在合成窗口中预览动画。

实战041　制作清新文字

 实例解析

本例主要讲解利用【缩放】属性制作清新文字效果，完成的动画流程画面如图5.70所示。

- 🖥 难易程度：★★☆☆☆
- 📖 工程文件：工程文件\第5章\清新文字
- 🎨 视频文件：视频教学\实战041 清新文字.avi

图5.70　动画流程画面

 知识点

1. 【缩放】属性
2. 【不透明度】属性
3. 【模糊】属性

 操作步骤

（1）执行菜单栏中的【文件】|【打开项目】命令，选择配套素材中的"工程文件\第5章\清新文字\清新文字练习.aep"文件，将文件打开。

（2）执行菜单栏中的【图层】|【新建】|【文本】命令，新建文字层，在合成窗口中输入FantasticEternity。在【字符】面板中设置文字的字体为ChopinScript，字号为94像素，文本颜色为白色，如图5.71所示；合成窗口效果如图5.72所示。

图5.71　设置字体

图5.72　文字效果

（3）选择文字层，在【效果和预设】面板中展开【生成】特效组，双击【梯度渐变】特效。

（4）在【效果控件】面板中修改【梯度渐变】特效的参数，设置【渐变起点】的值为(88，82)，【起始颜色】为绿色(R:156；G:255；B:86)，【渐变终点】的值为(596，267)，【结束颜色】为白色，如图5.73所示；合成窗口效果如图5.74所示。

图5.73　设置【梯度渐变】参数

图5.74 设置渐变后的效果

（5）选择文字层，在【效果和预设】面板中展开【透视】特效组，双击【投影】特效。

（6）在【效果控件】面板中修改【投影】特效的参数，设置【阴影颜色】为暗绿色(R:89；G:140；B:30)，【柔和度】的值为18，如图5.75所示；合成窗口效果如图5.76所示。

图5.75 设置【投影】参数

图5.76 设置【投影】后的效果

（7）在时间线面板中展开文字层，单击【文本】右侧的【动画】按钮 动画:▶ ，在弹出的菜单中选择【缩放】命令，设置【缩放】的值为(300，300)；单击【动画制作工具 1】右侧的【添加】按钮，从菜单中选择【属性】|【不透明度】命令和【属性】|【模糊】命令，设置【不透明度】的值为0%，【模糊】的值为(200，200)，如图5.77所示；合成窗口效果如图5.78所示。

（8）展开【动画制作工具 1】|【范围选择器1】|【高级】选项组，在【单位】右侧的下拉列表框中选择【索引】选项，在【形状】右侧的下拉列表框中选择【上斜坡】选项，设置【缓和低】的值

为100%，【随机排序】为【开】，如图5.79所示；合成窗口效果如图5.80所示。

图5.77 设置属性参数

图5.78 设置参数后的效果

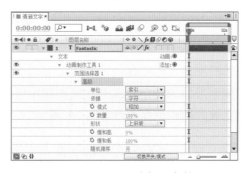

图5.79 设置【高级】参数

图5.80 设置参数后的效果

（9）调整时间到0:00:00:00帧的位置，展开【范围选择器 1】选项组，设置【结束】的值为10，【偏移】的值为-10，单击【偏移】左侧的【码表】按钮 ⏱ ，在此位置设置关键帧。

（10）调整时间到0:00:02:00帧的位置，设置【偏移】的值为23，系统自动添加关键帧，如图5.81所示；合成窗口效果如图5.82所示。

图5.81 添加关键帧

图5.82 设置关键帧后的效果

(11) 这样就完成了清新文字的整体制作,按小键盘上的0键,即可在合成窗口中预览动画。

实战042 制作聚散文字

 实例解析

本例主要讲解利用文本动画属性制作聚散文字效果,完成的动画流程画面如图5.83所示。

难易程度:★★★☆☆

工程文件:工程文件\第5章\聚散文字

视频文件:视频教学\实战042 聚散文字.avi

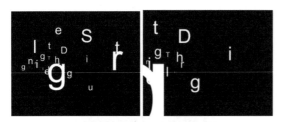

图5.83 动画流程画面

知识点

1.【钢笔工具】
2.【首字边距】

操作步骤

(1) 执行菜单栏中的【合成】|【新建合成】命令,打开【合成设置】对话框,设置【合成名称】为"飞出",【宽度】为720px,【高度】为576px,【帧速率】为25,并设置【持续时间】为0:00:03:00秒。

(2) 执行菜单栏中的【图层】|【新建】|【文本】命令,新建文字层,在合成窗口中输入Struggle,在【字符】面板中设置文字的字体为Arial,字号为100像素,文本颜色为白色。

(3) 打开文字层的三维开关,在工具栏中选择【钢笔工具】 ,绘制一个四边形路径,在【路径】下拉列表框中选择【蒙版1】选项,设置【反转路径】为【开】,【垂直于路径】为【关】,【强制对齐】为【开】,【首字边距】为200,分别调整单个字母的大小,使其参差不齐,如图5.84所示;合成窗口效果如图5.85所示。

图5.84 Struggle文字参数设置

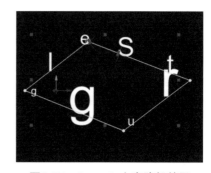

图5.85 Struggle文字路径效果

(4) 选择Struggle文字层,按Ctrl+D组合键复制出另一个文字层,将文字修改为Digent,设置【缩放】的值为(50，50，50)，修改【首字边距】的值为300，分别调整单个字母的大小，使其参差不齐，如图5.86所示。将Struggle文字层暂时关闭并查看效果，如图5.87所示。

图5.86 Digent文字参数设置

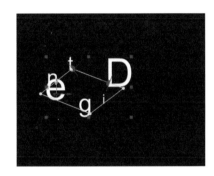

图5.87 Digent文字路径效果

(5) 以相同的方式建立文字层。选择Struggle文字层，按Ctrl+D组合键复制出另一个文字层，将文字修改为Thrilling，设置【缩放】的值为(25，25，25)，修改【首字边距】的值为90，分别调整单个字母的大小，使其参差不齐，如图5.88所示。将Digent文字层暂时关闭查看效果，如图5.89所示。

图5.88 Thrilling文字参数设置

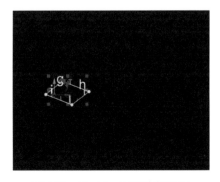

图5.89 Thrilling文字路径效果

(6) 选中Struggle文字层，将时间调整到0:00:00:00帧的位置，按P键展开Struggle文字层的【位置】属性，设置【位置】的值为(152，302，0)，单击【位置】左侧的【码表】按钮，在当前位置设置关键帧；将时间调整到0:00:01:00帧的位置，设置Struggle文字层【位置】的值为(149，302，-876)，系统会自动创建关键帧，如图5.90所示。

图5.90 Struggle文字层关键帧设置

(7) 选中Digent文字层，将时间调整到0:00:00:00帧的位置，按P键展开Digent文字层的【位置】属性，设置【位置】的值为(152，302，0)，单击【位置】左侧的【码表】按钮，在当前位置设置关键帧；将时间调整到0:00:01:15帧的位置，设置Digent文字层【位置】的值为(152，302，-1005)，系统会自动创建关键帧，如图5.91所示。

图5.91 Digent文字层关键帧的设置

(8) 选中Thrilling文字层，将时间调整到0:00:00:00帧的位置，按P键展开Thrilling文字层的【位置】属性，设置【位置】的值为(152，302，0)，单击【位置】左侧的【码表】按钮，在当前位置设置关键帧；将时间调整到0:00:02:00帧的位置，设置Thrilling文字层【位置】的值为(152，302，-788)，系统会自动创建关键帧，如图5.92所示。

图5.92 Thrilling文字层关键帧设置

(9) 这样就完成了"飞出"的制作，按小键盘上的0键，在合成窗口中预览动画，效果如

图5.93所示。

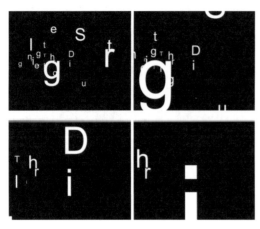

图5.93　"飞出"动画

（10）执行菜单栏中的【合成】|【新建合成】命令，打开【合成设置】对话框，设置【合成名称】为"飞入"，【宽度】为720px，【高度】为576px，【帧速率】为25，并设置【持续时间】为0:00:03:00秒。

（11）执行菜单栏中的【图层】|【新建】|【文本】命令，新建文字层，在合成窗口中输入Struggle，在【字符】面板中设置文字的字体为Arial，字号为100像素，文本颜色为白色。

（12）为Struggle文字层添加Alphabet Soup(字母汤)特效。将时间调整到0:00:00:00帧的位置，在【效果和预设】面板中展开【动画预设】|【文本】|Multi-Line(多行)特效组，然后双击Alphabet Soup(字母汤)特效。

（13）单击Struggle文字层左侧的灰色三角形按钮▼，展开【文本】选项组，删除【动画-随机缩放】选项。

（14）单击Struggle文字层左侧的灰色三角形按钮▼，展开【文本】|【动画-位置/旋转/不透明度】选项组，设置【位置】的值为(1000，−1000)，【旋转】的值为2x，【摆动选择器-(按字符)】选项组下的【摇摆/秒】的值为0，如图5.94所示；合成窗口效果如图5.95所示。

图5.94　Struggle文字参数设置

图5.95　Struggle文字聚散效果

（15）选择Struggle文字层，按Ctrl+D组合键复制出另一个文字层，将文字修改为Digent，按P键展开【位置】属性，设置【位置】的值为(24，189)；选中Struggle文字层，按P键展开【位置】属性，设置【位置】的值为(205，293)，如图5.96所示；合成窗口效果如图5.97所示。

图5.96　文字参数设置

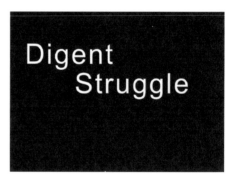

图5.97　文字【位置】设置后的效果

（16）选择Digent文字层，按Ctrl+D组合键复制出另一个文字层，将文字修改为Thrilling，按P键展开【位置】属性，设置【位置】的值为(350，423)，如图5.98所示；合成窗口效果如图5.99所示。

（17）这样就完成了"飞入"的制作，按小键盘上的0键，即可在合成窗口中预览动画，效果如图5.100所示。

图5.98 Thrilling文字【位置】设置

图5.99 Thrilling【位置】设置后的效果

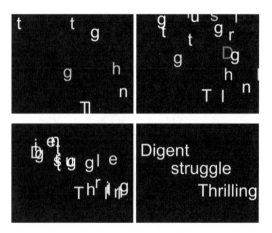

图5.100 "飞入"效果

(18) 执行菜单栏中的【合成】|【新建合成】命令，打开【合成设置】对话框，设置【合成名称】为"聚散的文字"，【宽度】为720px，【高度】为576px，【帧速率】为25，并设置【持续时间】为0:00:03:00秒。

(19) 在【项目】面板中，选择"飞出"和"飞入"合成，将其拖动到"聚散的文字"合成的时间线面板中。

(20) 选中"飞入"合成，将时间调整到0:00:01:00帧的位置，按[键，设置"飞入"合成的入点为0:00:01:00帧的位置，如图5.101所示。

图5.101 设置"飞入"合成的入点

(21) 选中"飞入"层，将时间调整到0:00:01:00帧的位置，按T键展开【不透明度】属性，设置【不透明度】的值为0%，单击左侧的【码表】按钮，在当前位置设置关键帧；将时间调整到00:00:02:00帧的位置，设置【不透明度】的值为100%，系统会自动设置关键帧，如图5.102所示。

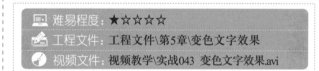

图5.102 关键帧设置

(22) 这样就完成了聚散文字的整体制作，按小键盘上的0键，即可在合成窗口中预览动画。

实战043 制作变色文字效果

实例解析

本例主要讲解利用【填充色相】属性制作变色文字效果，完成的动画流程画面如图5.103所示。

难易程度：★☆☆☆☆
工程文件：工程文件\第5章\变色文字效果
视频文件：视频教学\实战043 变色文字效果.avi

图5.103 动画流程画面

知识点

1.【填充色相】属性
2.【毛边】特效

（1）执行菜单栏中的【文件】|【打开项目】命令，选择配套素材中的"工程文件\第5章\变色文字效果\变色文字效果练习.aep"文件，将文件打开。

（2）执行菜单栏中的【图层】|【新建】|【文本】命令，新建文字层，在合成窗口中输入DO ONE THING AT A TIME, AND DO WELL.，设置文字的字体为Aparajita，字号为63像素，行距为36像素，文本颜色为红色(R:255；G:0；B: 0)，如图5.104所示；合成窗口效果如图5.105所示。

图5.104　设置字体

图5.105　设置字体后的效果

（3）将时间调整到0:00:00:00帧的位置，展开文字层，单击【文本】右侧的【动画】按钮，从菜单中选择【填充颜色】|【色相】命令，设置【填充色相】的值为0，单击【填充色相】左侧的【码表】按钮，在当前位置设置关键帧，如图5.106所示；合成窗口效果如图5.107所示。

图5.106　设置【填充色相】参数

图5.107　设置【填充色相】后的效果

（4）将时间调整到0:00:02:24帧的位置，设置【填充色相】的值为3x+164，系统会自动设置关键帧，如图5.108所示；合成窗口效果如图5.109所示。

图5.108　设置【填充色相】关键帧

图5.109　设置【填充色相】关键帧后的效果

（5）为了让文字有更好的效果，可为其添加【毛边】特效。在【效果和预设】面板中展开【风格化】特效组，然后双击【毛边】特效。

（6）在【效果控件】面板中修改特效的参数，从【边缘类型】下拉列表框中选择【刺状】选项，设置【边界】的值为3.6，【分形影响】的值为0.8，如图5.110所示；合成窗口效果如图5.111所示。

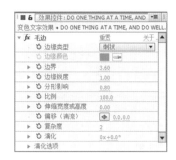

图5.110　修改参数

图5.111　合成窗口效果

（7）这样就完成了动画的整体制作，按小键盘上的0键，即可在合成窗口中预览动画。

实战044　制作被风吹走的文字

 实例解析

本例主要讲解利用【缩放】属性制作被风吹走的文字效果，完成的动画流程画面如图5.112所示。

> 难易程度：★★☆☆☆
> 工程文件：工程文件\第5章\被风吹走的文字.aep
> 视频文件：视频教学\实战044　被风吹走的文字.avi

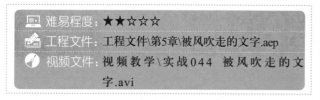

图5.112　动画流程画面

知识点

1.【模糊】属性

2.【不透明度】属性

3.【缩放】属性

 操作步骤

（1）执行菜单栏中的【文件】|【打开项目】命

令，选择配套素材中的"工程文件\第5章\被风吹走的文字\被风吹走的文字练习.aep"文件，将文件打开。

（2）执行菜单栏中的【图层】|【新建】|【文本】命令，新建文字层，在合成窗口中输入Whatever is worth doing is worth doing well，设置文字的字体为Microsoft JhengHei，字号为50像素，文本颜色为黄绿色(R:215；G:255；B:14)，如图5.113所示；合成窗口效果如图5.114所示。

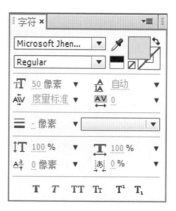

图5.113　设置字体

图5.114　设置字体后的效果

（3）展开文字层，单击【文本】右侧的【动画】按钮，从菜单中分别选择【旋转】和【启用逐字3D化】命令，设置【X轴旋转】的值为92，【Y轴旋转】的值为-11，【Z轴旋转】的值为151；展开【更多选项】选项组，设置【分组对齐】的值为(5000，-5000)，如图5.115所示。

图5.115　启用【逐字3D化】命令并修改参数

（4）展开【文本】|【动画制作工具 1】|【范围

选择器 1】|【高级】选项组，在【形状】右侧的下拉列表框中选择【下斜坡】选项，并将【随机排序】设置为【开】，如图5.116所示。

图5.116　设置【形状】和【随机排序】

（5）将时间调整到0:00:00:00帧的位置，展开【动画制作工具 1】|【范围选择器1】选项组，设置【偏移】的值为-100%，并单击【偏移】左侧的【码表】按钮，在此位置添加关键帧，如图5.117所示。

图5.117　设置关键帧

（6）调整时间到0:00:08:24帧的位置，设置【偏移】的值为100%，系统自动添加关键帧，如图5.118所示。

图5.118　在8秒24帧处添加关键帧

（7）调整时间到0:00:00:00帧的位置，按P键，展开【位置】属性，设置【位置】的值为(85，175，0)，并单击【位置】左侧的【码表】按钮，在此位置添加关键帧，如图5.119所示。

图5.119　0:00:00:00帧的【位置】参数设置

（8）调整时间到0:00:08:11帧的位置，设置【位置】的值为(76，190，0)，系统自动添加关键帧，如图5.120所示。

（9）这样就完成了动画的整体制作，按小键盘上的0键，即可在合成窗口中预览动画。

图5.120　设置【位置】关键帧

实战045　制作虚幻文字效果

实例解析

本例主要讲解利用【模糊】和【缩放】属性制作虚幻文字效果，完成的动画流程画面如图5.121所示。

难易程度：★☆☆☆☆
工程文件：工程文件\第5章\虚幻文字效果
视频文件：视频教学\实战045 虚幻文字效果.avi

图5.121　动画流程画面

知识点

1.【模糊】属性
2.【不透明度】属性
3.【缩放】属性
4.【投影】特效

操作步骤

（1）执行菜单栏中的【文件】|【打开项目】命令，选择配套素材中的"工程文件\第5章\虚幻文字

效果\虚幻文字效果练习.aep"文件,将文件打开。

(2)执行菜单栏中的【图层】|【新建】|【文本】命令,新建文字层,在合成窗口中输入Enrich your life today,yesterday is history,tomorrow is mystery.,设置文字的字体为Blandford Woodland NF,字号为49像素,文本颜色为浅蓝色(R:213;G:247;B:254),如图5.122所示;文字效果如图5.123所示。

图5.122 文字设置

图5.123 文字效果

(3)展开文字层,单击【文本】右侧的【动画】按钮,从菜单中选择【模糊】命令,设置【模糊】的值为(20,20);单击【动画制作工具1】右侧的【添加】按钮,从菜单中分别选择【属性】|【缩放】命令和【属性】|【不透明度】命令,设置【缩放】的值为(806,806),【不透明度】的值为0%,如图5.124所示。

图5.124 修改参数

(4)将时间调整到0:00:00:00帧的位置,展开【文本】|【动画制作工具1】|【范围选择器1】|【高级】选项组,设置【单位】为【索引】,从【形状】右侧的下拉列表框中选择【上斜坡】选项,设置【缓和低】的值为100%,【随机排序】为【开】,【随机植入】的值为257,设置【偏移】的值为-120,单击【偏移】左侧的【码表】按钮,在当前位置设置关键帧,如图5.125所示;此时合成窗口中的图像如图5.126所示。

图5.125 0:00:00:00帧的【高级】参数设置

图5.126 图像效果

(5)将时间调整到0:00:04:24帧的位置,设置【偏移】的值为70,系统会自动设置关键帧,如图5.127所示;合成窗口效果如图5.128所示。

图5.127 设置【偏移】参数

图5.128 文字效果

(6)为文字层添加【投影】特效。在【效果和预设】面板中展开【透视】特效组,然后双击【投影】特效。

(7) 在【效果控件】面板中修改【投影】特效的参数，设置【距离】的值为8，【柔和度】为10，如图5.129所示；合成窗口效果如图5.130所示。

图5.129　设置【投影】参数

图5.130　设置【投影】后的效果

(8) 这样就完成了动画的整体制作，按小键盘上的0键，即可在合成窗口中预览动画。

实战046　制作果冻字

 实例解析

本例主要讲解利用【倾斜】属性制作果冻字效果，完成的动画流程画面如图5.131所示。

难易程度：★★☆☆☆
工程文件：工程文件\第5章\果冻字
视频文件：视频教学\实战046 果冻字.avi

图5.131　动画流程画面

知识点

【倾斜】属性

操作步骤

(1) 执行菜单栏中的【文件】|【打开项目】命令，选择配套素材中的“工程文件\第5章\果冻字\果冻字练习.aep”文件，将文件打开。

(2) 执行菜单栏中的【图层】|【新建】|【文本】命令，新建文字层，在合成窗口中输入APPALOOSA，设置文字的字体为Bookman Old Style，字号为72像素，单击【加粗】按钮，设置文本颜色为白色。

(3) 将时间调整到0:00:00:00帧的位置，展开APPALOOSA层，单击【文本】右侧的【动画】按钮，从菜单中选择【倾斜】命令，设置【倾斜】的值为70，【倾斜轴】的值为150；展开【文本】|【动画制作工具 1】|【范围选择器 1】选项组，设置【起始】的值为0%，单击【起始】左侧的【码表】按钮，在当前位置设置关键帧，合成窗口效果如图5.132所示。

图5.132　0帧关键帧合成窗口效果

(4) 将时间调整到0:00:02:00帧的位置，设置【起始】的值为100%，系统会自动设置关键帧，如图5.133所示。

图5.133　设置2秒关键帧

(5) 这样就完成了果冻字的整体制作，按小键盘上的0键，即可在合成窗口中预览动画。

实战047　制作颗粒文字

 实例解析

本例主要讲解利用CC Ball Action(CC 滚珠操作)特效制作颗粒文字效果，完成的动画流程画面如图5.134所示。

🖥 难易程度：★★☆☆☆	
📝 工程文件：工程文件\第5章\颗粒文字	
🎬 视频文件：视频教学\实战047 颗粒文字.avi	

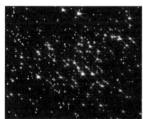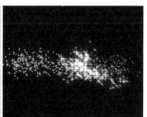

图5.134　动画流程画面

✍ 知识点

1. CC Ball Action(CC 滚珠操作)特效
2. 【四色渐变】特效
3. Starglow(星光)特效

📝 操作步骤

(1) 执行菜单栏中的【合成】|【新建合成】命令，打开【合成设置】对话框，设置【合成名称】为"颗粒文字"，【宽度】为720px，【高度】为576px，【帧速率】为25，并设置【持续时间】为0:00:05:00秒。

(2) 执行菜单栏中的【图层】|【新建】|【文

本】命令，新建文字层，在合成窗口中输入Color，设置文字的字体为【汉仪圆叠体简】，字号为191像素，文本颜色为白色，如图5.135所示；合成窗口效果如图5.136所示。

图5.135　设置字体

图5.136　设置字体后的效果

(3) 为Color层添加【四色渐变】特效。在【效果和预设】面板中展开【生成】特效组，然后双击【四色渐变】特效。

(4) 在【效果控件】面板中修改【四色渐变】特效的参数，设置【点 1】的值为(118，218)，【点 2】的值为(132，276)，【点 3】的值为(596，270)，【颜色 3】为红色(R:250；G:0；B:0)，【点 4】的值为(592，368)，【颜色 4】为黄绿色(R:156；G:255；B:0)，如图5.137所示；合成窗口效果如图5.138所示。

图5.137　设置【四色渐变】参数

图5.138　设置【四色渐变】后的效果

（5）为Color层添加【发光】特效。在【效果和预设】面板中展开【风格化】特效组，然后双击【发光】特效。

（6）在【效果控件】面板中修改【发光】特效的参数，从【发光颜色】下拉列表框中选择【A 和 B 颜色】选项。

（7）为Color层添加CC Ball Action(CC 滚珠操作)特效。在【效果和预设】面板中展开【模拟】特效组，然后双击CC Ball Action(CC 滚珠操作)特效。

（8）在【效果控件】面板中修改CC Ball Action(CC 滚珠操作)特效的参数，设置Grid Spacing(网格间隔)的值为4，Ball Size(滚球大小)的值为45；将时间调整到0:00:00:00帧的位置，设置Scatter(散布)的值为187，Twist Angle(扭曲角度)的值为1x+295，单击Scatter(散布)和Twist Angle(扭曲角度)左侧的【码表】按钮，在当前位置设置关键帧，如图5.139所示。合成窗口效果如图5.140所示。

图5.139　设置滚珠0秒关键帧

（9）将时间调整到0:00:04:07帧的位置，设置Scatter(散布)和Twist Angle(扭曲角度)的值为0，系统会自动设置关键帧，如图5.141所示；合成窗口效

果如图5.142所示。

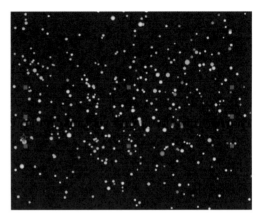

图5.140　设置关键帧后的效果

图5.141　设置4秒7帧关键帧

图5.142　设置【CC滚珠操作】后的效果

（10）为Color层添加Starglow(星光)特效。在【效果和预设】面板中展开Trapcode特效组，然后双击Starglow(星光)特效。

（11）在【效果控件】面板中修改Starglow(星光)特效的参数，设置Boost Light(光线亮度)的值为12；展开Individual Colors(各个方向光线颜色)选项组，分别从Down(下)、Left(左)、UP Right(右上)和Down Left(左下)下拉列表框中选择Colormap B(颜色贴图B)选项，如图5.143所示。

（12）展开Colormap A(颜色贴图A)选项组，从Preset(预设)下拉列表框中选择3-Color Gradient(三色渐变)选项，设置Highlights(高光)为白色，Midtones(中间色)为淡绿色(R:166；G:255；B:0)，

Shadows(阴影色)为绿色(R:0；G:255；B:0)，如图5.144所示。

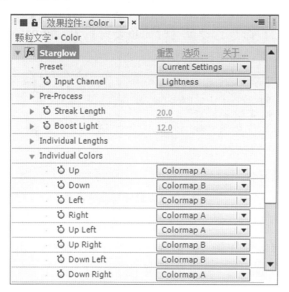

图5.143　设置Starglow参数

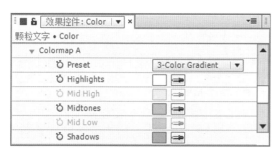

图5.144　设置Colormap A参数

(13) 展开Colormap B(颜色贴图 B)选项组，从Preset(预设)下拉列表框中选择3-Color Gradient(三色渐变)选项，设置Highlights(高光)为白色，Midtones(中间色)为橙色(R:255；G:166；B:0)，Shadows(阴影色)为红色(R:255；G:0；B:0)，如图5.145所示。

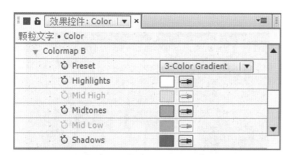

图5.145　设置Colormap B参数

(14) 这样就完成了颗粒文字的整体制作，按小键盘上的0键，即可在合成窗口中预览动画。

实战048　制作3D文字

实例解析

本例主要讲解利用【残影】特效制作3D文字效果，完成的动画流程画面如图5.146所示。

难易程度：★★☆☆☆	
工程文件：工程文件\第5章\3D文字	
视频文件：视频教学\实战048 3D文字.avi	

图5.146　动画流程画面

知识点

1.【残影】特效
2. Starglow(星光)特效

操作步骤

(1) 执行菜单栏中的【合成】|【新建合成】命令，打开【合成设置】对话框，设置【合成名称】为"3D字"，【宽度】为720px，【高度】为576px，【帧速率】为25，并设置【持续时间】为0:00:03:00秒。

(2) 执行菜单栏中的【图层】|【新建】|【文本】命令，新建文字层，在合成窗口中输入Fashion。在【字符】面板中设置字号为100像素，文本颜色为浅蓝色(R:11；G:153；B:170)。

(3) 选中Fashion文字层，将时间调整到0:00:00:00

帧的位置，按P键展开Fashion文字层的【位置】属性，设置【位置】的值为(181，323)，单击【位置】左侧的【码表】按钮 ⏱，在当前位置设置关键帧。

(4) 将时间调整到00:00:01:00帧的位置，设置Fashion文字层【位置】的值为(207，341)，系统会自动创建关键帧，如图5.147所示。

图5.147 设置【位置】参数

(5) 选择Fashion文字层，按Ctrl+D组合键复制出另一文字层，将该图层重命名为Fashion1。

(6) 为Fashion1文字层添加【残影】特效。在【效果和预设】面板中展开【时间】特效组，然后双击【残影】特效。

(7) 在【效果控件】面板中，修改【残影】特效的参数，设置【残影数量】的值为8，如图5.148所示；合成窗口效果如图5.149所示。

图5.148 【残影】参数设置

图5.149 设置后的字体效果

(8) 执行菜单栏中的【合成】|【新建合成】命令，打开【合成设置】对话框，设置【合成名称】为"3D文字"，【宽度】为720px，【高度】为576px，【帧速率】为25，并设置【持续时间】为0:00:03:00秒，将"3D文字"合成拖动到时间线面板中。

(9) 选中"3D文字"层，将时间调整到0:00:00:00帧的位置，执行菜单栏中的【图层】|【时间】|【冻结帧】命令，设置【时间重映射】为0:00:01:00帧的位置，如图5.150所示。

图5.150 【冻结帧】命令设置

(10) 为"3D文字"层添加Starglow(星光)特效。在【效果和预设】面板中展开Trapcode特效组，然后双击Starglow(星光)特效。

(11) 在【效果控件】面板中，修改Starglow(星光)特效的参数，从Preset(预设) 右侧的下拉列表框中选择Blue(蓝色)选项，如图5.151所示；合成窗口效果如图5.152所示。

图5.151 设置Starglow参数

图5.152 设置参数后的效果

(12) 执行菜单栏中的【图层】|【新建】|【摄像机】命令，打开【摄像机设置】对话框，设置【名字】为"摄像机1"，在【预设】下拉列表框中选择【35毫米】选项，然后单击【确定】按钮，如图5.153所示。

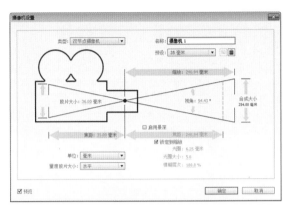

图5.153　【摄像机设置】对话框

(13) 选中"摄像机"层，将时间调整到0:00:00:00帧的位置，设置【位置】的值为(360，288，-700)，【目标点】的值为(360，288，0)，单击【位置】和【目标点】左侧的【码表】按钮🕙，在当前位置设置关键帧，如图5.154所示。

图5.154　摄像机0秒关键帧设置

(14) 将时间调整到0:00:00:15帧的位置，设置【位置】的值为(360，288，-307)；将时间调整到0:00:01:00帧的位置，设置【目标点】的值为(960，336，0)，【位置】的值为(960，336，-710)。

(15) 将时间调整到0:00:01:10帧的位置，设置【目标点】的值为(512，348，237)，【位置】的值为(179，317，-388)。

(16) 将时间调整到0:00:02:00帧的位置，设置【位置】的值为(393，337，14)，系统会自动设置关键帧，如图5.155所示；合成窗口效果如图5.156所示。

图5.155　摄像机关键帧设置

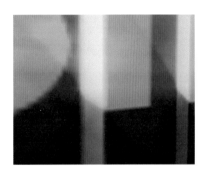

图5.156　设置关键帧后的效果

(17) 这样就完成了3D文字的整体制作，按小键盘上的0键，即可在合成窗口中预览动画。

AE

第6章

常见自然特效的表现

本章介绍

本章主要讲解利用CC Rainfall(CC 下雨)、CC Mr.
Mercury(CC 水银滴落)和CC Snowfall(CC 下雪)特效
在影视动画中来模拟现实生活中的下雨、下雪和打
雷等的方法，使场景更加生动逼真。

要点索引

◆ 了解CC Rainfall(CC 下雨)特效的使用方法
◆ 了解CC Mr. Mercury(CC 水银滴落)特效的使用方法
◆ 了解CC Snowfall(CC 下雪)特效的使用方法
◆ 掌握【摄像机镜头模糊】特效的使用技巧

实战049 制作暴雨效果

实例解析

本例主要讲解利用CC Rainfall(CC 下雨)特效制作暴雨效果，完成的动画流程画面如图6.1所示。

- 难易程度：★☆☆☆☆
- 工程文件：工程文件\第6章\暴雨效果
- 视频文件：视频教学\实战049 暴雨效果.avi

图6.1 动画流程画面

知识点

1. CC Rainfall(CC 下雨)特效
2. 【摄像机镜头模糊】特效

操作步骤

(1) 执行菜单栏中的【文件】|【打开项目】命令，选择配套素材中的"工程文件\第6章\暴雨效果\暴雨效果练习.aep"文件，将文件打开。

(2) 为"背景"层添加【摄像机镜头模糊】特效。在【效果和预设】面板中展开【模糊和锐化】特效组，然后双击【摄像机镜头模糊】特效，如图6.2所示；合成窗口效果如图6.3所示。

图6.2 添加【摄像机镜头模糊】特效

图6.3 添加特效后的效果

(3) 在【效果控件】面板中修改特效的参数，将时间调整到0:00:00:00帧的位置，设置【模糊半径】的值为0，单击【模糊半径】左侧的【码表】按钮 ，在当前位置设置关键帧，如图6.4所示；合成窗口效果如图6.5所示。

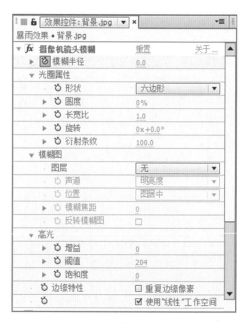

图6.4 设置【模糊半径】参数

图6.5 设置参数后的效果

(4) 将时间调整到0:00:03:00帧的位置，设置【模糊半径】的值为8，系统会自动设置关键帧，如图6.6所示；合成窗口效果如图6.7所示。

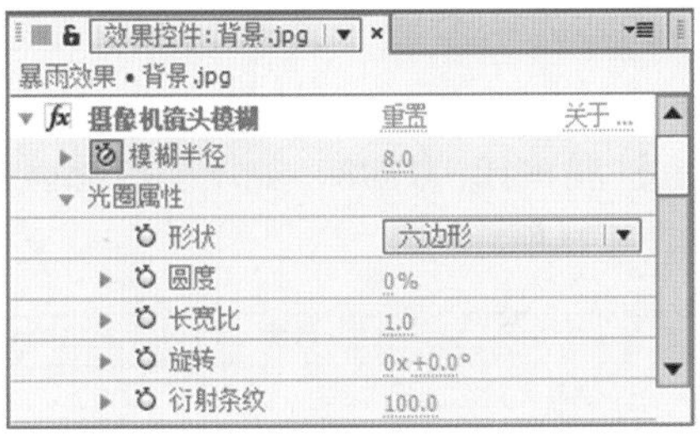

图6.6　设置【模糊半径】关键帧

图6.10　设置CC Rainfall参数

图6.7　设置关键帧后的效果

(5) 为"背景"层添加CC Rainfall(CC 下雨)特效。在【效果和预设】面板中展开【模拟】特效组，然后双击CC Rainfall(CC 下雨)特效，如图6.8所示；合成窗口效果如图6.9所示。

图6.8　添加CC Rainfall特效

图6.11　设置参数后的效果

(7) 将时间调整到0:00:03:00帧的位置，设置Size(大小)的值为5，Wind(风力)的值为900，系统会自动设置关键帧，如图6.12所示；合成窗口效果如图6.13所示。

图6.12　设置CC Rainfall关键帧

图6.9　添加CC Rainfall特效后的效果

(6) 在【效果控件】面板中修改特效的参数，将时间调整到0:00:00:00帧的位置，设置Size(大小)的值为3，Wind(风力)的值为0，并单击Size(大小)和Wind(风力)左侧的【码表】按钮，在当前位置设置关键帧，如图6.10所示；合成窗口效果如图6.11所示。

图6.13　设置关键帧后的效果

(8) 这样就完成了动画的整体制作，按小键盘上的0键，即可在合成窗口中预览动画。

实战050 制作水波纹效果

 实例解析

本例主要讲解利用CC Drizzle(CC 细雨滴)特效制作水波纹效果，完成的动画流程画面如图6.14所示。

```
难易程度：★★☆☆☆
工程文件：工程文件\第6章\水波纹效果
视频文件：视频教学\实战050 水波纹效果.avi
```

图6.14 动画流程画面

 知识点

CC Drizzle(CC 细雨滴)特效

操作步骤

(1) 执行菜单栏中的【文件】|【打开项目】命令，选择配套素材中的"工程文件\第6章\水波纹效果\水波纹效果练习.aep"文件，将文件打开。

(2) 为"文字扭曲效果"层添加CC Drizzle(CC 细雨滴)特效。在【效果和预设】面板中展开【模拟】特效组，然后双击CC Drizzle(CC 细雨滴)特效。

(3) 在【效果控件】面板中修改CC Drizzle

(CC细雨滴)特效的参数，设置Displacement(置换)的值为28，Ripple Height(波纹高度)的值为156，Spreading(扩展)的值为148，如图6.15所示；合成窗口效果如图6.16所示。

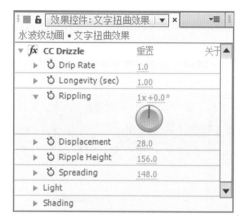

图6.15 设置CC Drizzle参数

图6.16 设置CC Drizzle后的效果

(4) 这样就完成了水波纹效果的整体制作，按小键盘上的0键，即可在合成窗口中预览动画。

实战051 制作万花筒效果

 实例解析

本例主要讲解利用CC Kaleida(CC 万花筒)特效制作万花筒效果，完成的动画流程画面如图6.17所示。

```
难易程度：★☆☆☆☆
工程文件：工程文件\第6章\万花筒效果
视频文件：视频教学\实战051 万花筒效果.avi
```

图6.17　动画流程画面

 知识点

CC Kaleida(CC 万花筒)特效

操作步骤

(1) 执行菜单栏中的【文件】|【打开项目】命令，选择配套素材中的"工程文件\第6章\万花筒效果\万花筒效果练习.aep"文件，将文件打开。

(2) 为"花.jpg"层添加CC Kaleida(CC 万花筒)特效。在【效果和预设】面板中展开【风格化】特效组，然后双击CC Kaleida(CC 万花筒)特效。

(3) 将时间调整到0:00:00:00帧的位置，在【效果控件】面板中修改CC Kaleida(CC 万花筒)特效的参数，设置Size(大小)的值为20，Rotation(旋转)的值为0，单击Size(大小)和Rotation(旋转)左侧的【码表】按钮，在当前位置设置关键帧。

(4) 将时间调整到0:00:02:24帧的位置，设置Size(大小)的值为37，Rotation(旋转)的值为212，系统会自动设置关键帧，如图6.18所示；合成窗口效果如图6.19所示。

图6.18　设置CC Kaleida参数

图6.19　设置CC Kaleida后的效果

(5) 这样就完成了万花筒效果的整体制作，按小键盘上的0键，即可在合成窗口中预览动画。

实战052　制作墨滴扩散效果

实例解析

本例主要讲解利用CC Burn Film(CC 燃烧效果)特效制作墨滴扩散效果，完成的动画流程画面如图6.20所示。

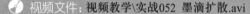

难易程度：★★☆☆☆
工程文件：工程文件\第6章\墨滴扩散
视频文件：视频教学\实战052 墨滴扩散.avi

图6.20　动画流程画面

知识点

1.【曲线】特效
2. CC Burn Film(CC 燃烧效果)特效

操作步骤

(1) 执行菜单栏中的【合成】|【新建合成】命令，打开【合成设置】对话框，设置【合成名称】为"墨滴扩散"，【宽度】为720px，【高度】为480px，【帧速率】为25，并设置【持续时间】为0:00:05:00秒，如图6.21所示。

图6.21 【合成设置】对话框

(2) 执行菜单栏中的【文件】|【导入】|【文件】命令，打开【导入文件】对话框，选择配套素材中的"工程文件\第6章\墨滴扩散\水墨.jpg"和"工程文件\第6章\墨滴扩散\宣纸.jpg"素材，单击【导入】按钮，"水墨.jpg"和"宣纸.jpg"素材将导入【项目】面板中，如图6.22所示。

图6.22 【导入文件】对话框

(3) 在【项目】面板中选择"水墨.jpg"和"宣纸.jpg"素材，将其拖动到"墨滴扩散"合成的时间线面板中，设置"宣纸"层的【模式】为【相乘】，如图6.23所示。

图6.23 添加素材

(4) 选择"水墨.jpg"层，在【效果和预设】面板中展开【颜色校正】特效组，双击【曲线】特效，如图6.24所示。

图6.24 双击【曲线】特效

(5) 在【效果控件】面板中调整曲线，如图6.25所示。

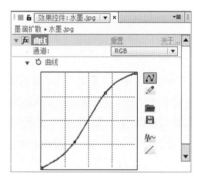

图6.25 调整曲线

(6) 选择"水墨.jpg"层，在【效果和预设】面板中展开【风格化】特效组，双击CC Burn Film(CC 燃烧效果)特效，如图6.26所示。

图6.26 双击CC Burn Film(CC 燃烧效果)特效

(7) 在【效果控件】面板中，设置Center(中心)的值为(459，166)，将时间调整到0:00:01:00帧的位置，单击Burn(燃烧)左侧的【码表】按钮 ⊙，在此位置设置关键帧，如图6.27所示。

(8) 将时间调整到0:00:04:00帧的位置，设置Burn(燃烧)的值为15，系统会自动创建关键帧，如图6.28所示。

图6.27　设置特效关键帧

图6.28　关键帧设置

(9) 在【效果控件】面板中，选中CC Burn Film (CC 燃烧效果)特效，按Ctrl+D快捷键复制出一个 CC Burn Film 2(CC 燃烧效果2)特效，如图6.29 所示。

图6.29　复制CC Burn Film(CC 燃烧效果)特效

(10) 选择CC Burn Film 2(CC 燃烧效果2) 特效，将时间调整到0:00:04:00帧的位置，修改 Burn(燃烧)的值为13，如图6.30所示。

图6.30　关键帧设置

(11) 在【效果控件】面板中，选中CC Burn Film (CC 燃烧效果)特效，按Ctrl+D快捷键复制出一个CC Burn Film 3(CC 燃烧效果3)特效，如图6.31所示。

图6.31　复制CC Burn Film3(CC 燃烧效果3)特效

(12) 选择CC Burn Film 3(CC 燃烧效果3) 特效，将时间调整到0:00:04:00帧的位置，修改 Burn(燃烧)的值为10，系统会自动创建关键帧，如 图6.32所示。

图6.32　关键帧设置

(13) 这样就完成了墨滴扩散效果的整体制作，按小键盘上的0键即可预览动画。

实战053　制作水痕效果

实例解析

本例主要讲解利用CC Mr.Mercury(CC水银滴落)特效制作水痕效果，完成的动画流程画面如图6.33所示。

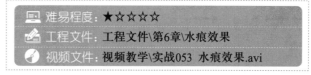

难易程度：★☆☆☆☆
工程文件：工程文件\第6章\水痕效果
视频文件：视频教学\实战053 水痕效果.avi

图6.33　动画流程画面

知识点

1. CC Mr. Mercury(CC 水银滴落)特效
2. 【彩色浮雕】特效
3. 【叠加】模式

📝 操作步骤

（1）执行菜单栏中的【文件】|【打开项目】命令，选择配套素材中的"工程文件\第6章\水痕效果\水痕效果练习.aep"文件，将文件打开。

（2）执行菜单栏中的【图层】|【新建】|【文本】命令，新建文字层，在合成窗口中输入WATER，设置文字的字体为Cooper Std，字号为121px，文本颜色为白色，如图6.34所示；合成窗口效果如图6.35所示。

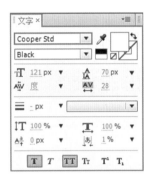

图6.34　设置字体

图6.35　设置字体后的效果

（3）为文字层添加【彩色浮雕】特效。在【效果和预设】面板中展开【风格化】特效组，然后双击【彩色浮雕】特效，如图6.36所示；合成窗口效果如图6.37所示。

图6.36　添加【彩色浮雕】特效

图6.37　添加【彩色浮雕】后的效果

（4）在【效果控件】面板中修改【彩色浮雕】特效的参数，设置【起伏】的值为5，【对比度】的值为132，如图6.38所示；合成窗口效果如图6.39所示。

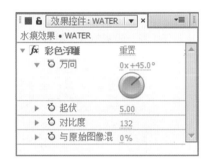

图6.38　设置【彩色浮雕】参数

图6.39　设置【彩色浮雕】后的效果

（5）为"蒙版"层添加CC Mr. Mercury(CC水银滴落)特效。在【效果和预设】面板中展开【模拟】特效组，然后双击CC Mr. Mercury(CC水银滴落)特效，如图6.40所示；合成窗口效果如图6.41所示。

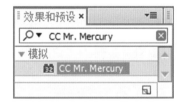

图6.40　添加CC Mr. Mercury特效

图6.41　添加CC Mr. Mercury特效后的效果

（6）在【效果控件】面板中，修改CC Mr. Mercury (CC水银滴落)特效的参数，设置Producer(产生点)的值为(357，116)，如图6.42所示；合成窗口效果如图6.43所示。

图6.42 设置CC Mr. Mercury参数

图6.43 设置参数后的效果

（7）在时间线面板中，设置文字层的【轨道遮罩】为【Alpha 遮罩"[蒙版.jpg]"】，并设置【不透明度】的值为66%，【模式】为【叠加】，如图6.44所示；合成窗口效果如图6.45所示。

图6.44 设置轨道蒙版

图6.45 设置轨道蒙版后的效果

（8）这样就完成了水痕效果的整体制作，按小键盘上的0键，即可在合成窗口中预览动画。

实战054 制作气泡

实例解析

本例主要讲解利用【泡沫】特效制作气泡效果，完成的动画流程画面如图6.46所示。

难易程度：★★☆☆☆
工程文件：工程文件\第6章\气泡
视频文件：视频教学\实战054 制作气泡.avi

图6.46 动画流程画面

知识点

1.【泡沫】特效
2.【分形杂色】特效
3.【置换图】特效

操作步骤

（1）执行菜单栏中的【文件】|【打开项目】命令，选择配套素材中的"工程文件\第6章\气泡\气泡练习.aep"文件，将文件打开。

（2）选择"海底世界"图层，按Ctrl+D组合键复制出另一个图层，将该图层重命名为"海底背景"。

（3）为"海底背景"层添加【泡沫】特效。在

【效果和预设】面板中展开【模拟】特效组，然后双击【泡沫】特效。

（4）在【效果控件】面板中修改【泡沫】特效的参数，从【视图】下拉列表框中选择【已渲染】选项，展开【制作者】选项组，设置【产生点】的值为(345，580)，【产生X大小】的值为0.45，【产生Y大小】的值为0.45，【产生速率】的值为2。

（5）展开【气泡】选项组，设置【大小】的值为1，【大小差异】的值为0.65，【寿命】的值为170，【气泡增长速度】的值为0.01，如图6.47所示；合成窗口效果如图6.48所示。

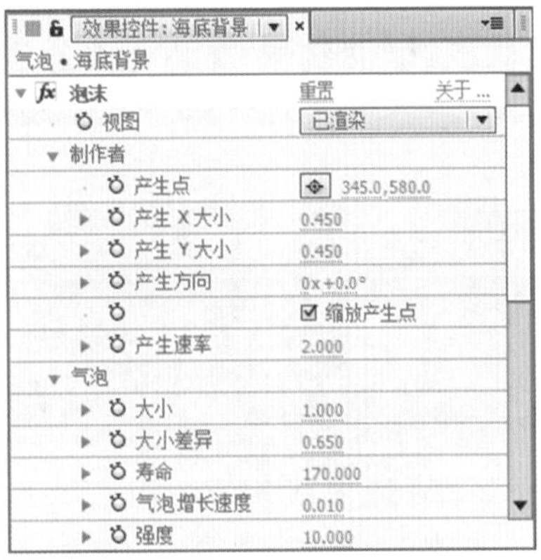

图6.47　【泡沫】参数设置

图6.49　渲染和物理属性参数设置

图6.48　调整参数后的效果

（6）展开【物理学】选项组，设置【初始速度】的值为3.3，【摇摆量】的值为0.07。

（7）展开【正在渲染】选项组，从【气泡纹理】下拉列表框中选择【水滴珠】选项，设置【反射强度】的值为1，【反射融合】值为1，如图6.49所示；合成效果如图6.50所示。

（8）执行菜单栏中的【合成】|【新建合成】命令，打开【合成设置】对话框，设置【合成名称】为"置换图"，【宽度】为720px，【高度】为576px，【帧速率】为25，并设置【持续时间】为0:00:20:00秒。

图6.50　调整水泡后的效果

（9）执行菜单栏中的【图层】|【新建】|【纯色】命令，打开【纯色设置】对话框，设置【名称】为"噪波"，【颜色】为黑色。

（10）为"噪波"层添加【分形杂色】特效。在【效果和预设】面板中展开【杂色和颗粒】特效组，然后双击【分形杂色】特效。

（11）选中"噪波"层，按S键展开【缩放】属性，单击【缩放】右侧的【约束比例】按钮取消约束，设置【缩放】的值为(200，209)，如图6.51所示；合成窗口效果如图6.52所示。

图6.51　【缩放】参数设置

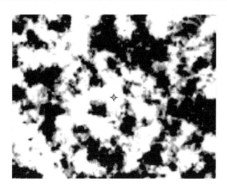

图6.52　【缩放】设置后的效果

(12) 在【效果控件】面板中修改【分形杂色】特效的参数，设置【对比度】的值为448，【亮度】的值为22；展开【变换】选项组，设置【缩放】的值为42，如图6.53所示；合成窗口效果如图6.54所示。

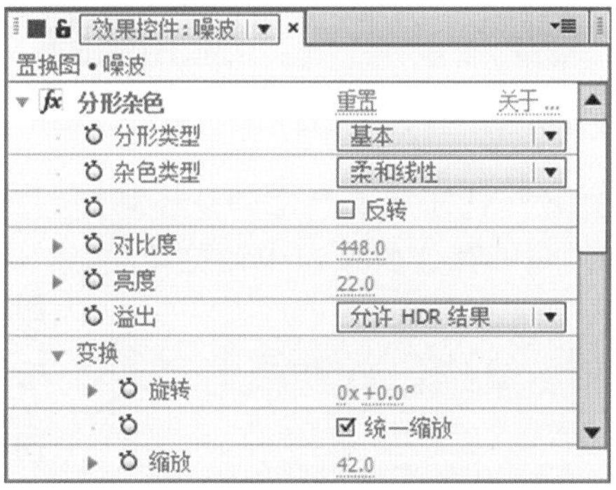

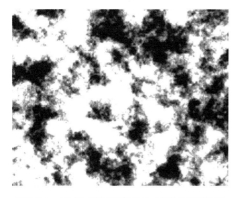

图6.53　【分形杂色】参数设置

图6.54　添加【分形杂色】特效后的效果

(13) 为"噪波"层添加【色阶】特效。在【效果和预设】面板中展开【颜色校正】特效组，然后双击【色阶】特效。

(14) 在【效果控件】面板中修改【色阶】特效的参数，设置【输入黑色】的值为95，【灰度系数】的值为0.28，如图6.55所示；合成窗口效果如图6.56所示。

图6.55　【色阶】参数设置

图6.56　添加【色阶】后的效果

(15) 选中"噪波"层，将时间调整到0:00:00:00帧的位置，按P键展开【位置】属性，设置【位置】的值为(2，288)，单击【位置】左侧的【码表】按钮，在当前位置设置关键帧。

(16) 将时间调整到0:00:18:24帧的位置，设置【位置】的值为(718，288)，系统会自动设置关键帧，如图6.57所示。

图6.57　设置【位置】参数

(17) 执行菜单栏中的【图层】|【新建】|【调整图层】命令，创建一个调节层。

(18) 选中"调整图层 1"层，在工具栏中选择【矩形工具】，在合成窗口中拖动可绘制一个矩形蒙版区域，合成窗口效果如图6.58所示。按F键展开【蒙版羽化】属性，设置【蒙版羽化】的值为(15，15)。

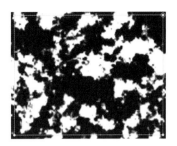

图6.58 蒙版效果

（19）在时间线面板中，设置"噪波"层的【轨道遮罩】为【Alpha 遮罩"调整图层 1"】，如图6.59所示；合成窗口效果如图6.60所示。

图6.59 设置【轨道遮罩】参数

图6.60 设置【轨道遮罩】后的效果

（20）打开"气泡"合成，在【项目】面板中选择"置换图"合成，将其拖动到"气泡"合成的时间线面板中，并放置在底层，如图6.61所示。

图6.61 图层设置

（21）选中"海底世界"层，在【效果和预设】面板中展开【扭曲】特效组，然后双击【置换图】特效。

（22）在【效果控件】面板中修改【置换图】特效的参数，从【置换图层】下拉列表框中选择【3.置换图】选项，如图6.62所示；合成窗口效果如图6.63所示。

图6.62 【置换图】参数设置

图6.63 修改【置换图】参数后的效果

（23）这样就完成了气泡的整体制作，按小键盘上的0键，即可在合成窗口中预览动画。

实战055 制作白云动画

实例解析

本例主要讲解利用【分形杂色】特效制作白云动画效果，完成的动画流程画面如图6.64所示。

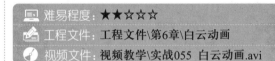
难易程度：★★☆☆☆
工程文件：工程文件\第6章\白云动画
视频文件：视频教学\实战055 白云动画.avi

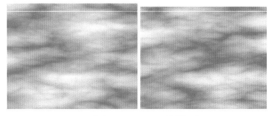

图6.64 动画流程画面

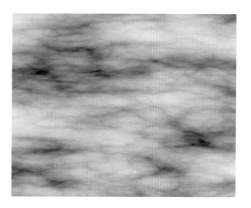

图6.66 设置偏移后的效果

【分形杂色】特效

操作步骤

(1) 执行菜单栏中的【合成】|【新建合成】命令，打开【合成设置】对话框，设置【合成名称】为"白云动画"，【宽度】为720px，【高度】为576px，【帧速率】为25，并设置【持续时间】为0:00:04:00秒。

(2) 执行菜单栏中的【图层】|【新建】|【纯色】命令，打开【纯色设置】对话框，设置【名称】为"天空"，【颜色】为白色。

(3) 为"天空"层添加【分形杂色】特效。在【效果和预设】面板中展开【杂色和颗粒】特效组，然后双击【分形杂色】特效。

(4) 在【效果控件】面板中修改【分形杂色】特效的参数，从【分形类型】下拉列表框中选择【湍流锐化】选项，从【杂色类型】下拉列表框中选择【样条】选项，从【溢出】下拉列表框中选择【剪切】选项；展开【变换】选项组，取消选中【统一缩放】复选框，设置【缩放宽度】的值为350，将时间调整到0:00:00:00帧的位置，设置【偏移(湍流)】的值为(91，288)，单击【偏移(湍流)】左侧的【码表】按钮 Ö，在当前位置设置关键帧。

(5) 将时间调整到0:00:03:24帧的位置，设置【偏移(湍流)】的值为(523，288)，系统会自动设置关键帧，如图6.65所示；合成窗口效果如图6.66所示。

图6.65 设置【偏移(湍流)】参数

(6) 展开【子设置】选项组，设置【子影响(%)】的值为60；将时间调整到0:00:00:00帧的位置，设置【子旋转】和【演化】的值为0，单击【3.子旋转】左侧的【码表】按钮 Ö，在当前位置设置关键帧。

(7) 将时间调整到0:00:03:24帧的位置，设置【子旋转】的值为10，【演化】的值为240，系统会自动设置关键帧，如图6.67所示；合成窗口效果如图6.68所示。

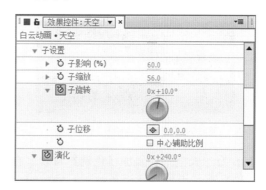

图6.67 设置参数

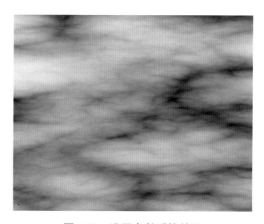

图6.68 设置参数后的效果

(8) 为"天空"层添加【色阶】特效。在【效果和预设】面板中展开【颜色校正】特效组，然后双击【色阶】特效。

(9) 在【效果控件】面板中修改【色阶】特效的参数，设置【输入黑色】的值为77，【输入白色】的值为237，如图6.69所示；合成窗口效果如图6.70所示。

图6.69 设置【色阶】参数

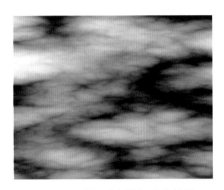

图6.70 设置【色阶】后的效果

(10) 为"天空"层添加【色调】特效。在【效果和预设】面板中展开【颜色校正】特效组，然后双击【色调】特效。

(11) 在【效果控件】面板中修改【色调】特效的参数，设置【将黑色映射到】的颜色为蓝色 (R:2；G:131；B:205)，如图6.71所示；合成窗口效果如图6.72所示。

图6.71 设置【色调】参数

图6.72 设置【色调】后的效果

(12) 这样就完成了白云动画的整体制作，按小键盘上的0键，即可在合成窗口中预览动画。

实战056 制作闪电动画

实例解析

本例主要讲解利用【高级闪电】特效制作闪电动画效果，完成的动画流程画面如图6.73所示。

- 难易程度：★★☆☆☆
- 工程文件：工程文件\第6章\闪电动画
- 视频文件：视频教学\实战056 闪电动画.avi

图6.73 动画流程画面

知识点

【高级闪电】特效

操作步骤

(1) 执行菜单栏中的【文件】|【打开项目】命令，选择配套素材中的"工程文件\第6章\闪电动画\闪电动画练习.aep"文件，将文件打开。

(2) 为"背景.jpg"层添加【高级闪电】特效。在【效果和预设】面板中展开【生成】特效组，然后双击【高级闪电】特效。

(3) 在【效果控件】面板中修改【高级闪电】

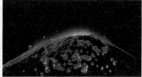

特效的参数，设置【源点】的值为(301，108)，【方向】的值为(327，412)，【衰减】的值为0.4，选中【主核心衰减】和【在原始图像上合成】复选框；将时间调整到0:00:00:00帧的位置，设置【传导率状态】的值为0，单击【传导率状态】左侧的【码表】按钮 ◦，在当前位置设置关键帧。

(4) 将时间调整到0:00:04:24帧的位置，设置【传导率状态】的值为18，系统会自动设置关键帧，如图6.74所示；合成窗口效果如图6.75所示。

图6.74　设置【高级闪电】参数

图6.75　设置闪电后的效果

(5) 这样就完成了闪电动画的整体制作，按小键盘上的0键，即可在合成窗口中预览动画。

实战057　制作流淌的岩浆

实例解析

本例主要讲解利用CC Mr. Mercury(CC 水银滴落)特效制作流淌的岩浆效果，完成的动画流程画面如图6.76所示。

🖥 难易程度：★☆☆☆☆	
✏ 工程文件：工程文件\第6章\流淌的岩浆	
💿 视频文件：视频教学\实战057 流淌的岩浆.avi	

图6.76　动画流程画面

知识点

1. CC Mr. Mercury(CC 水银滴落)特效
2. 【曲线】特效

操作步骤

(1) 执行菜单栏中的【文件】|【打开项目】命令，选择配套素材中的"工程文件\第6章\流淌的岩浆\流淌的岩浆练习.aep"文件，将文件打开。

(2) 为"岩浆"层添加CC Mr. Mercury(CC 水银滴落)特效。在【效果和预设】面板中展开【模拟】特效组，然后双击CC Mr. Mercury(CC 水银滴落)特效，如图6.77所示；合成窗口效果如图6.78所示。

图6.77　添加特效

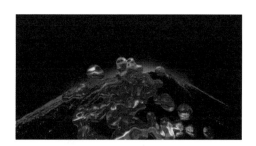

图6.78　添加特效后的效果

(3) 在【效果控件】面板中修改特效的参数，设置Radius X(X 轴半径)的值为45，Radius Y(Y 轴半径)的值为0，Producer(产生点)的值为(383，203)，

Longevity(sec)(寿命)的值为3，Resistance(阻力)的值为0.38，从Influence Map(影响映射)右侧的下拉列表框中选择Blob in(滴入)选项，设置Blob Birth Size(圆点生长大小)的值为0.04，Blob Death Size(圆点消失大小)的值为0.47，如图6.79所示；合成窗口效果如图6.80所示。

图6.79　设置CC Mr.Mercury参数

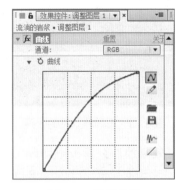

图6.80　设置CC Mr.Mercury后的效果

(4) 执行菜单栏中的【图层】|【新建】|【调整图层】命令，创建一个"调整图层1"层，为"调整图层1"层添加【曲线】特效。在【效果和预设】面板中展开【颜色校正】特效组，然后双击【曲线】特效。

(5) 在【效果控件】面板中修改特效的参数，调整曲线效果如图6.81所示；合成窗口效果如图6.82所示。

图6.81　设置曲线

图6.82　设置曲线后的效果

(6) 这样就完成了动画的整体制作，按小键盘上的0键，即可在合成窗口中预览动画。

实战058　制作玻璃球

实例解析

本例主要讲解利用CC Radial ScaleWipe(CC放射状缩放擦除)特效和【发光】特效制作玻璃球效果，完成的动画流程画面如图6.83所示。

📺 难易程度：★★☆☆☆
📝 工程文件：工程文件\第6章\玻璃球
🖌 视频文件：视频教学\实战058 玻璃球.avi

图6.83　动画流程画面

知识点

1. CC Radial ScaleWipe(CC放射状缩放擦除)特效
2. 【发光】特效

操作步骤

(1) 执行菜单栏中的【合成】|【新建合成】

命令，打开【合成设置】对话框，设置【合成名称】为"背景"，【宽度】为720px，【高度】为480px，【帧速率】为25，并设置【持续时间】为0:00:03:00秒，如图6.84所示。

图6.84　【合成设置】对话框

(2) 执行菜单栏中的【文件】|【导入】|【文件】命令，打开【导入文件】对话框，选择"工程文件\第6章\玻璃球\背景.jpg"素材，单击【导入】按钮，将"背景.jpg"素材导入到【项目】面板中，如图6.85所示。

图6.85　【导入文件】对话框

(3) 将"背景.jpg"素材拖动到时间线面板中，选中"[背景.jpg]"层，按Ctrl+D组合键复制图层并重命名为"玻璃球"，如图6.86所示。

图6.86　时间线面板

(4) 在【效果和预设】特效面板中展开【过渡】特效组，双击CC Radial ScaleWipe(CC放射状缩放擦除)特效，如图6.87所示。

图6.87　添加CC Radial ScaleWipe特效

(5) 将时间调整到0:00:00:00帧的位置，在【效果控件】面板中，设置Completion(完成)的值为90%，设置Center(中心)的值为(-70，74)。单击Center(中心)左侧的【码表】按钮 ，设置一个关键帧，选中Reverse Transition(反转变换)复选框，如图6.88所示。

图6.88　0:00:00:00帧参数设置

(6) 将时间调整到0:00:01:00帧的位置，修改Center(中心)的值为(192，466)；将时间调整到0:00:02:00帧的位置，修改Center(中心)的值为(494，46)；将时间调整到0:00:02:24帧的位置，修改Center(中心)的值为(814，556)，系统会自动设置关键帧，如图6.89所示。

图6.89　0:00:02:24帧的参数设置

(7) 在【效果和预设】面板中展开【风格化】特效组，双击【发光】特效，如图6.90所示。

图6.90　添加【发光】特效

(8) 在【效果控件】面板中，设置【发光阈值】的值为50%，【发光半径】的值为30，如图6.91所示。

图6.91 参数设置

（9）这样就完成了玻璃球效果的整体制作，按小键盘上的0键，即可在合成窗口中预览动画。

实战059 制作下雪效果

 实例解析

本例主要讲解利用CC Snowfall(CC下雪)特效制作下雪效果，完成的动画流程画面如图6.92所示。

- 难易程度：★☆☆☆☆
- 工程文件：工程文件\第6章\下雪效果
- 视频文件：视频教学\实战059 下雪效果.avi

图6.92 动画流程画面

 知识点

CC Snowfall(CC下雪)特效

 操作步骤

（1）执行菜单栏中的【文件】|【打开项目】命令，选择配套素材中的"工程文件\第6章\下雪效果

\下雪效果练习.aep"文件，将文件打开。

（2）为"背景.jpg"层添加CC Snowfall(CC下雪)特效。在【效果和预设】面板中展开【模拟】特效组，然后双击CC Snowfall(CC下雪)特效。

（3）在【效果控件】面板中修改CC Snowfall (CC下雪)特效的参数，设置Size(大小)的值为12，Speed(速度)的值为250，Wind(风力)的值为80，Opacity(不透明度)的值为100，如图6.93所示；合成窗口效果如图6.94所示。

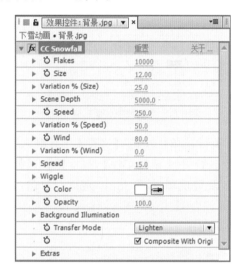

图6.93 设置CC Snowfall参数

图6.94 下雪效果

（4）这样就完成了下雪效果的整体制作，按小键盘上的0键，即可在合成窗口中预览动画。

实战060 制作撕纸效果

 实例解析

本例主要讲解利用CC Page Turn(CC 卷页)特效制作撕纸效果，完成的动画流程画面如图6.95所示。

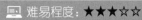

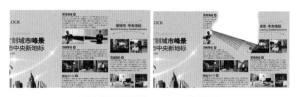

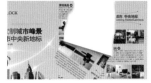

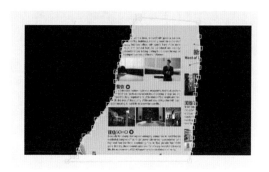

难易程度：★★★☆☆
工程文件：工程文件\第6章\撕纸效果
视频文件：视频教学\实战060 撕纸效果.avi

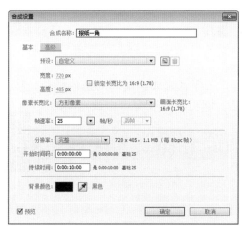

图6.95 动画流程画面

知识点

1. CC Page Turn(CC 卷页)特效
2. 【投影】特效
3. 【钢笔工具】

操作步骤

(1) 执行菜单栏中的【文件】|【打开项目】命令，选择配套素材中的“工程文件\第6章\撕纸效果\撕纸效果练习.aep”文件，将文件打开。

(2) 执行菜单栏中的【合成】|【新建合成】命令，打开【合成设置】对话框，设置【合成名称】为“报纸一角”，【宽度】为720px，【高度】为405px，【帧速率】为25，并设置【持续时间】为0:00:10:00秒，如图6.96所示。

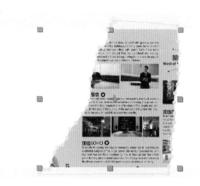

图6.96 【合成设置】对话框

(3) 在【项目】面板中选择“报纸”素材，将其拖动到“报纸一角”合成的时间线面板中。

(4) 在时间线面板中选择“报纸.jpg”层，然后选择工具栏中的【钢笔工具】，在“报纸一角”合成窗口中绘制封闭路径，如图6.97所示。

图6.97 绘制路径

(5) 打开“撕纸效果”合成，选择“报纸一角”合成，将其拖动到“撕纸效果”合成的时间线面板中。

(6) 执行菜单栏中的【图层】|【新建】|【纯色】命令，打开【纯色设置】对话框，设置【名称】为“背景”，【颜色】为白色，并将其移动到所有层的下方，如图6.98所示。

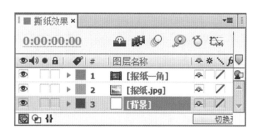

图6.98 设置层

(7) 打开“报纸一角”合成，选择“报纸.jpg”层，按M键显示蒙版选项，选择【蒙版 1】，按Ctrl + C组合键将路径复制，切换到“撕纸效果”合成面板中，选择“报纸.jpg”层，按Ctrl+V组合键将刚才复制的路径粘贴过来，如图6.99所示。

图6.99 粘贴路径

(8) 选择"报纸.jpg"层，按M键，显示蒙版选项，选中【反转】复选框，如图6.100所示；合成窗口效果如图6.101所示。

图6.100 选中【反转】复选框

图6.101 合成窗口效果

(9) 为"报纸.jpg"层添加【投影】特效。在【效果和预设】面板中展开【透视】特效组，然后双击【投影】特效。

(10) 在【效果控件】面板中修改特效的参数，设置【不透明度】的值为30%，【方向】的值为192，【距离】的值为11，【柔和度】的值为41，如图6.102所示；合成窗口效果如图6.103所示。

图6.102 设置【投影】参数

图6.103 设置【投影】后的效果

(11) 为"报纸一角"合成添加CC Page Turn(CC 卷页)特效。在【效果和预设】面板中展开【扭曲】特效组，然后双击CC Page Turn(CC 卷页)特效。

(12) 在【效果控件】面板中修改特效的参数，设置Fold Direction(折叠方向)的值为197，Light Direction(照明方向)的值为-6，Back Opacity(背面不透明度)的值为100；将时间调整到0:00:00:00帧的位置，设置Fold Position(折叠位置)的值为(470，-35)，单击Fold Position(折叠位置)左侧的【码表】按钮，在当前位置设置关键帧，如图6.104所示。

图6.104 设置关键帧

(13) 将时间调整到0:00:07:00帧的位置，设置Fold Position(折叠位置)的值为(248，494)，系统会自动设置关键帧，图像效果如图6.105所示。

图6.105 图像效果

(14) 这样就完成了动画的整体制作，按小键盘上的0键，即可在合成窗口中预览动画。

实例061 制作细胞运动效果

 实例解析

本例主要讲解利用【分形杂色】和CC Vector

Blur(CC 矢量模糊)特效制作细胞运动效果，完成的动画流程画面如图6.106所示。

难易程度：★★☆☆☆
工程文件：工程文件\第6章\细胞运动效果
视频文件：视频教学\实例061 细胞运动效果.avi

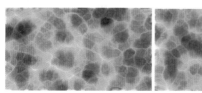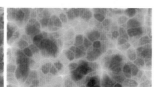
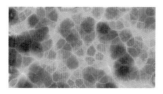

图6.106　动画流程画面

知识点

1.【分形杂色】特效
2.【曲线】特效
3. CC Vector Blur(CC 矢量模糊)特效
4.【色相/饱和度】特效

操作步骤

（1）执行菜单栏中的【合成】|【新建合成】命令，打开【合成设置】对话框，设置【合成名称】为"细胞运动效果"，【宽度】为720px，【高度】为405px，【帧速率】为25，并设置【持续时间】为0:00:10:00秒。

（2）执行菜单栏中的【图层】|【新建】|【纯色】命令，打开【纯色设置】对话框，设置【名称】为"背景"，【颜色】为白色。

（3）执行菜单栏中的【图层】|【新建】|【纯色】命令，打开【纯色设置】对话框，设置【名称】为"细胞"，【颜色】为白色。

（4）为"细胞"层添加【分形杂色】特效。在【效果和预设】中展开【杂色和颗粒】特效组，然后双击【分形杂色】特效，如图6.107所示；合成窗口效果如图6.108所示。

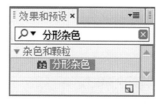

图6.107　添加【分形杂色】特效

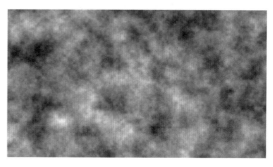

图6.108　设置【分形杂色】后的效果

（5）在【效果控件】面板中修改【分形杂色】特效的参数，将时间调整到0:00:00:00帧的位置，按Alt键并单击【演化】左侧的【码表】按钮，输入表达式time*500，如图6.109所示；合成窗口效果如图6.110所示。

图6.109　设置表达式

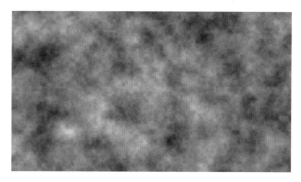

图6.110　设置表达式后的效果

（6）为"细胞"层添加CC Vector Blur(CC 矢量模糊)特效。在【效果和预设】面板中展开【模糊和锐化】特效组，然后双击CC Vector Blur(CC 矢量模糊)特效。

（7）在【效果控件】面板中修改CC Vector

Blur(CC 矢量模糊)特效的参数，设置Amount(数量)的值为25，如图6.111所示；合成窗口效果如图6.112所示。

图6.111　设置CC Vector Blur参数

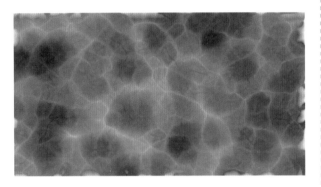

图6.112　设置参数后的效果

(8) 为"细胞"层添加【色相/饱和度】特效。在【效果和预设】面板中展开【颜色校正】特效组，然后双击【色相/饱和度】特效。

(9) 在【效果控件】面板中修改【色相/饱和度】特效的参数，选中【彩色化】复选框，设置【着色色相】的值为200，【着色饱和度】的值为54，如图6.113所示；合成窗口效果如图6.114所示。

图6.113　设置参数

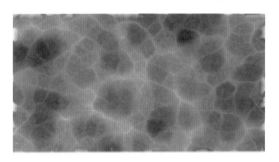

图6.114　设置参数后的效果

(10) 为"细胞"层添加【曲线】特效。在【效果和预设】面板中展开【颜色校正】特效组，然后双击【曲线】特效。

(11) 在【效果控件】面板中修改【曲线】特效的参数，调整曲线效果如图6.115所示，合成窗口效果如图6.116所示。

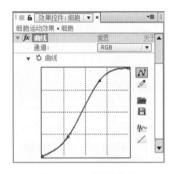

图6.115　设置曲线

图6.116　设置曲线后的效果

(12) 这样就完成了动画的整体制作，按小键盘上的0键，即可在合成窗口中预览动画。

AE

第7章

常见插件特效风暴

本章介绍

  After Effects CC除了内置了非常丰富的特效外，还支持相当多的第三方特效插件，通过对第三方插件的应用，可以使动画的制作更为简便，动画的效果也更为绚丽。本章主要讲解外挂插件的应用方法，详细讲解3D Stroke(3D笔触)、Particular(粒子)、Shine(光)、Starglow(星光)等常见外挂插件的使用及实战案例。通过本章的学习，读者可掌握常见外挂插件的动画运用技巧。

要点索引

◆ 了解Particular(粒子)特效的功能
◆ 学习Particular(粒子)特效的参数设置
◆ 掌握Starglow(星光)特效的使用方法
◆ 掌握3D Stroke(3D笔触)特效的使用方法
◆ 掌握利用Shine(光)特效制作扫光文字的方法和技巧

实战062 制作动态背景

实例解析

本例主要讲解利用3D Stroke(3D笔触)特效制作动态背景效果，完成的动画流程画面如图7.1所示。

- 💻 难易程度：★★☆☆☆
- 📝 工程文件：工程文件\第7章\动态背景效果
- 🎬 视频文件：视频教学\实战062 制作动态背景.avi

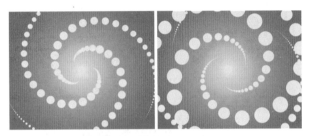

图7.1 动画流程画面

知识点

3D Stroke(3D笔触)特效

操作步骤

(1) 执行菜单栏中的【合成】|【新建合成】命令，打开【合成设置】对话框，设置【合成名称】为"动态背景效果"，【宽度】为720px，【高度】为576px，【帧速率】为25，并设置【持续时间】为0:00:02:00秒。

(2) 执行菜单栏中的【图层】|【新建】|【纯色】命令，打开【纯色设置】对话框，设置【名称】为"背景"，【颜色】为黑色。

(3) 为"背景"层添加【梯度渐变】特效。在【效果和预设】面板中展开【生成】特效组，然后

双击【梯度渐变】特效。

(4) 在【效果控件】面板中修改【梯度渐变】特效的参数，设置【渐变起点】的值为(356，288)，【起始颜色】为黄色(R:255；G:252；B:0)，【渐变终点】的值为(712，570)，【结束颜色】为红色(R:255；G:0；B:0)，从【渐变形状】下拉列表框中选择【径向渐变】选项，如图7.2所示；合成窗口效果如图7.3所示。

图7.2 设置【梯度渐变】参数

图7.3 设置渐变后的效果

(5) 执行菜单栏中的【图层】|【新建】|【纯色】命令，打开【纯色设置】对话框，设置【名称】为"旋转"，【颜色】为黑色。

(6) 选中"旋转"层，在工具栏中选择【椭圆工具】⬭，在图层上绘制一个圆形路径，如图7.4所示。

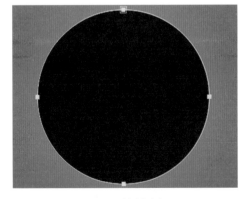

图7.4 绘制路径

(7) 为"旋转"层添加3D Stroke(3D 笔触)特效。在【效果和预设】面板中展开Trapcode特效组，然后双击3D Stroke(3D 笔触)特效，如图7.5所示。

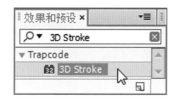

图7.5　添加3D Stroke特效

(8) 在【效果控件】面板中修改3D Stroke(3D 笔触)特效的参数，设置Color(颜色)为黄色(R:255；G:253；B:68)，Thickness(厚度)的值为8，End(结束)的值为25；将时间调整到0:00:00:00帧的位置，设置Offset(偏移)的值为0，单击Offset(偏移)左侧的【码表】按钮 ，在当前位置设置关键帧，合成窗口效果如图7.6所示。

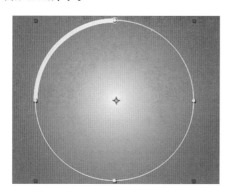

图7.6　设置关键帧前的效果

(9) 将时间调整到0:00:01:24帧的位置，设置Offset(偏移)的值为201，系统会自动设置关键帧，如图7.7所示。

图7.7　设置Offset关键帧后的效果

(10) 展开Taper(锥度)选项组，选中Enable(启用)复选框，如图7.8所示。

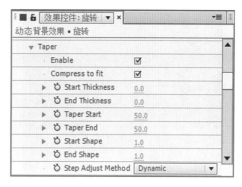

图7.8　设置Taper参数

(11) 展开Transform(转换)选项组，设置Bend(弯曲)的值为4.5，Bend Axis(弯曲轴)的值为90，选中Bend Around Center(弯曲重置点)复选框，设置Z Position(Z轴位置)的值为-40，Y Rotation(Y轴旋转)的值为90，如图7.9所示。

图7.9　设置Transform参数

(12) 展开Repeater(重复)选项组，选中Enable(启用)复选框，设置Instances(重复量)的值为2，Z Displace(Z轴移动)的值为30，X Rotation(X轴旋转)的值为120；展开Advanced(高级)选项组，设置Adjust Step(调节步幅)的值为1000，如图7.10所示；合成窗口效果如图7.11所示。

图7.10　设置Repeater和Advanced参数

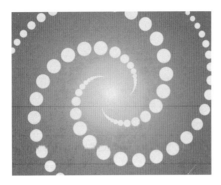

图7.11 合成窗口效果

(13) 这样就完成了动态背景的整体制作，按小键盘上的0键，即可在合成窗口中预览动画。

实战063 制作炫丽扫光文字

实例解析

本例主要讲解利用Shine(光)特效制作炫丽扫光文字效果，完成的动画流程画面如图7.12所示。

💻 难易程度：★☆☆☆☆
🎬 工程文件：工程文件\第7章\炫丽扫光文字
🎥 视频文件：视频教学\实战063 炫丽扫光文字.avi

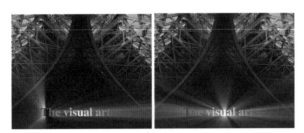

图7.12 动画流程画面

知识点

1. Shine(光)特效
2. 【梯度渐变】特效

(1) 执行菜单栏中的【文件】|【打开项目】命令，选择配套素材中的"工程文件\第7章\炫丽扫光文字\炫丽扫光文字练习.aep"文件，将文件打开。

(2) 执行菜单栏中的【图层】|【新建】|【文本】命令，新建文字层，在合成窗口中输入The visual arts。设置文字的字体为CTBiaoSongSJ，字号为60像素，文本颜色为白色。

(3) 为X-MEN ORIGINS层添加Shine(光)特效。在【效果和预设】面板中展开Trapcode特效组，然后双击Shine(光)特效。

(4) 在【效果控件】面板中修改Shine(光)特效的参数，设置Ray Length(光线长度)的值为12，从Colorize(着色)下拉列表框中选择One Color(单色)选项，并设置Color(颜色)为白色；将时间调整到0:00:00:00帧的位置，设置Source Point(源点)的值为(-784，496)，单击Source Point(源点)左侧的【码表】按钮🕐，在当前位置设置关键帧。

(5) 将时间调整到0:00:02:24帧的位置，设置Source Point(源点)的值为(1500，496)，系统会自动设置关键帧，如图7.13所示；合成窗口效果如图7.14所示。

图7.13 设置Shine参数

图7.14 设置Shine后的效果

(6) 选中文字层，按Ctrl+D组合键复制一个新的文字层，在【效果控件】面板中将Shine(光)特效删除。

(7) 为复制的文字层添加【梯度渐变】特效。在【效果和预设】面板中展开【生成】特效组，然后双击【梯度渐变】特效。

(8) 在【效果控件】面板中修改【梯度渐变】特效的参数，设置【渐变起点】的值为(355，500)，【起始颜色】为白色，【渐变终点】的值为(91，551)，【结束颜色】为黑色，从【渐变形状】右侧的下拉列表框中选择【径向渐变】选项，如图7.15所示；合成窗口效果如图7.16所示。

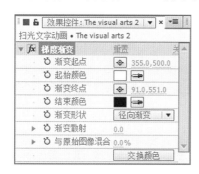

图7.15 设置渐变参数

图7.16 设置渐变后的效果

(9) 这样就完成了炫丽扫光文字动画的整体制作，按小键盘上的0键，即可在合成窗口中预览动画。

实战064 制作心形

实例解析

本例主要讲解利用3D Stroke(3D笔触)特效制作心形绘制效果，完成的动画流程画面如图7.17所示。

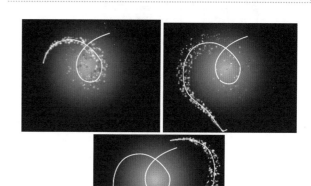

图7.17 动画流程画面

知识点

1.【梯度渐变】特效
2. 3D Stroke(3D笔触)特效
3.【曲线】特效

操作步骤

(1) 执行菜单栏中的【合成】|【新建合成】命令，打开【合成设置】对话框，设置【合成名称】为"心形绘制"，【宽度】为720px，【高度】为576px，【帧速率】为25，并设置【持续时间】为0:00:05:00秒。

(2) 执行菜单栏中的【图层】|【新建】|【纯色】命令，打开【纯色设置】对话框，设置【名称】为"背景"，【颜色】为黑色。

(3) 为"背景"层添加【梯度渐变】特效。在【效果和预设】面板中展开【生成】特效组，然后双击【梯度渐变】特效。

(4) 在【效果控件】面板中修改【梯度渐变】特效的参数，设置【渐变起点】的值为(336，242)，【起始颜色】为浅蓝色(R:0；G:192；B:255)，【渐变终点】为黑色，从【渐变形状】下拉列表框中选择【径向渐变】选项，如图7.18所示；合成窗口效果如图7.19所示。

图7.18 设置【梯度渐变】参数

图7.19 设置【梯度渐变】后的效果

(5) 执行菜单栏中的【图层】|【新建】|【纯色】命令,打开【纯色设置】对话框,设置【名称】为"描边",【颜色】为黑色,如图7.20所示。

图7.20 "描边"纯色层设置

(6) 选中"描边"层,在工具栏中选择【钢笔工具】 ,在文字层上绘制一个心形路径,如图7.21所示。

(7) 选择"描边"层,在【效果和预设】面板中展开Trapcode特效组,然后双击3D Stroke(3D笔触)特效。

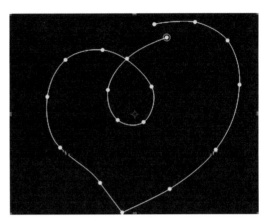

图7.21 绘制路径

(8) 将时间调整到0:00:00:00帧的位置,在【效果控件】面板中修改3D Stroke(3D笔触)特效的参数,设置Thickness(厚度)的值为3,End(结束)的值为0,单击End(结束)左侧的【码表】按钮 ,在当前位置设置关键帧,如图7.22所示;合成窗口效果如图7.23所示。

图7.22 设置0:00:00:00帧处的关键帧

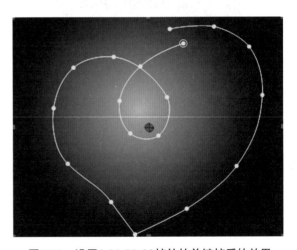

图7.23 设置0:00:00:00帧处的关键帧后的效果

(9) 将时间调整到0:00:04:24帧的位置,设置End(结束)的值为100,系统会自动设置关键帧,如图7.24所示;合成窗口效果如图7.25所示。

图7.24　设置0:00:04:24帧处的关键帧

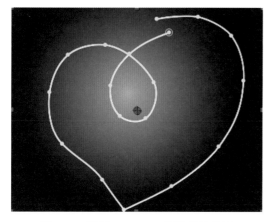

图7.25　设置3D Stroke参数后的效果

(10) 执行菜单栏中的【图层】|【新建】|【纯色】命令，打开【纯色设置】对话框，设置【名称】为"粒子"，【颜色】为黑色。

(11) 选择"粒子"层，在【效果和预设】面板中展开Trapcode特效组，然后双击Particular(粒子)特效。

(12) 在【效果控件】面板中，修改Particular(粒子)特效的参数，展开Emitter(发射器)选项组，设置Particles/sec(每秒发射粒子数)的值为200，Velocity(速率)的值为40，Velocity Random[%](速度随机)的值为0，Velocity Distribution(速度分布)的值为0，Velocity from Motion[(运动速度)的值为0，如图7.26所示。

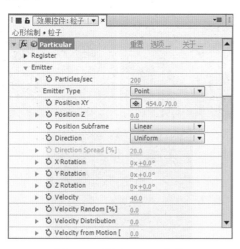

图7.26　设置Emitter参数

(13) 选中"描边"层，按M键，展开【蒙版路径】选项，选中【蒙版路径】选项，按Ctrl+C组合键将其复制，如图7.27所示。

图7.27　复制蒙版路径

(14) 将时间调整到0:00:00:00帧的位置，选中"粒子"层，展开【效果】| Particular(粒子) | Emitter(发射器)选项组，选中Position XY(X Y轴位置)选项，按Ctrl+V组合键将蒙版路径粘贴到Position XY(X Y轴位置)选项上，如图7.28所示。

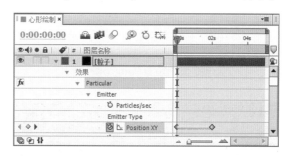

图7.28　粘贴蒙版路径

(15) 选中"粒子"层最后一个关键帧，拖动到0:00:04:24帧的位置，如图7.29所示。

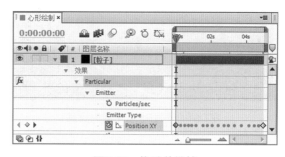

图7.29　拖动关键帧

(16) 展开Particle(粒子)选项组，设置Life[sec](生命)的值为2.5，Size(大小)的值为2；展开Size over Life(生命期内大小变化)选项组，调整其形状；展开Opacity over Life(生命期内不透明度变化)选项组，调整其形状；设置Color Random(颜色随机)的值为62，如图7.30所示。合成窗口效果如图7.31所示。

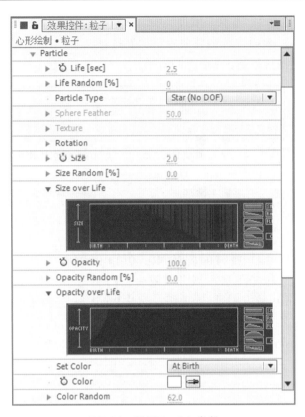

图7.30 设置Particle参数

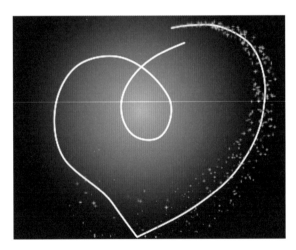

图7.31 设置Particle后的效果

(17) 为"粒子"层添加【发光】特效。在【效果和预设】面板中展开【风格化】特效组，双击【发光】特效。

(18) 执行菜单栏中的【图层】|【新建】|【调整图层】命令，创建一个调节层，将该图层重命名为"调节层"。

(19) 为"调节层"层添加【曲线】特效。在【效果和预设】面板中展开【颜色校正】特效组，双击【曲线】特效，如图7.32所示。

(20) 在【效果控件】面板中修改【曲线】特效的参数，如图7.33所示。

图7.32 添加【曲线】特效

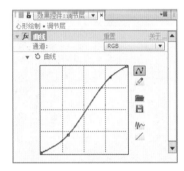

图7.33 修改【曲线】特效的参数

(21) 这样就完成了心形绘制的整体制作，按小键盘上的0键，即可在合成窗口中预览动画。

实战065　制作旋转粒子球

实例解析

本例主要讲解利用CC Ball Action(CC 滚珠操作)和Starglow(星光)特效制作旋转粒子球效果，完成的动画流程画面如图7.34所示。

🖥 难易程度：★☆☆☆☆	
✏ 工程文件：工程文件\第7章\旋转粒子球	
🎬 视频文件：视频教学\实战065 旋转粒子球.avi	

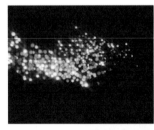
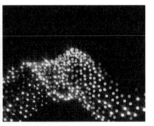
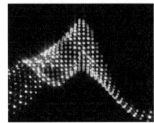

图7.34 动画流程画面

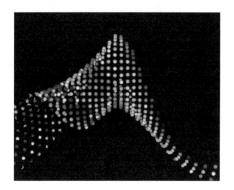

图7.36　设置CC Ball Action后的效果

1. CC Ball Action(CC 滚珠操作)特效
2. Starglow(星光)特效

操作步骤

(1) 执行菜单栏中的【文件】|【打开项目】命令，选择配套素材中的"工程文件\第7章\旋转粒子球\旋转粒子球练习.aep"文件，将文件打开。

(2) 为"彩虹"层添加CC Ball Action(CC 滚珠操作)特效。在【效果和预设】面板中展开【模拟】特效组，然后双击CC Ball Action(CC 滚珠操作)特效。

(3) 在【效果控件】面板中修改CC Ball Action(CC 滚珠操作)特效的参数，从Twist Property(扭曲特性)下拉列表框中选择Fast Top(固顶)选项，设置Grid Spacing(网格间隔)的值为10，Ball Size(滚珠大小)的值为35；将时间调整到0:00:00:00帧的位置，设置Scatter(散射)、Rotation(旋转)和Twist Angle(扭曲角度)的值为0，单击Scatter(散射)、Rotation(旋转)和Twist Angle(扭曲角度)左侧的【码表】按钮💍，在当前位置设置关键帧。

(4) 将时间调整到0:00:02:00帧的位置，设置Scatter(散射)的值为50，系统会自动设置关键帧。

(5) 将时间调整到0:00:04:24帧的位置，设置Scatter(散射)的值为0，Rotation(旋转)的值为3x，Twist Angle(扭曲角度)的值为300，如图7.35所示；合成窗口效果如图7.36所示。

图7.35　设置CC Ball Action参数

(6) 为"彩虹"层添加Starglow(星光)特效。在【效果和预设】面板中展开Trapcode特效组，然后双击Starglow(星光)特效。

(7) 这样就完成了旋转粒子球的整体制作，按小键盘上的0键，即可在合成窗口中预览动画。

实战066　制作纷飞粒子精灵

实例解析

本例主要讲解利用CC Particle World(CC 粒子世界)和【快速模糊】特效制作纷飞粒子精灵效果，完成的动画流程画面如图7.37所示。

📖 难易程度：★☆☆☆☆
🖊 工程文件：工程文件\第7章\纷飞粒子精灵
🎬 视频文件：视频教学\实战066 纷飞粒子精灵.avi

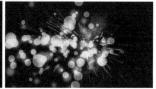

图7.37　动画流程画面

1. CC Particle World(CC 粒子世界)特效
2. 【快速模糊】特效

操作步骤

step 01　制作粒子

(1) 执行菜单栏中的【文件】|【打开项目】命

令，选择配套素材中的"工程文件\第7章\纷飞粒子精灵\纷飞粒子精灵练习.aep"文件，将文件打开。

(2) 执行菜单栏中的【图层】|【新建】|【纯色】命令，打开【纯色设置】对话框，设置【名称】为"粒子"，【颜色】为橙色(R:253；G:141；B:61)。

(3) 为"粒子"层添加CC Particle World(CC粒子世界)特效。在【效果和预设】面板中展开【模拟】特效组，然后双击CC Particle World(CC粒子世界)特效。

(4) 在【效果控件】面板中修改特效的参数，设置Birth Rate(生长速率)的值为0.6，Longevity(scc)(寿命)的值为2.09，展开Producer(产生点)选项组，设置Radius Z(Z轴半径)的值为0.435；将时间调整到0:00:00:00帧的位置，设置Position X(X轴位置)的值为-0.53，Position Y(Y轴位置)的值为0.03，同时单击Position X(X轴位置)和Position Y(Y轴位置)左侧的【码表】按钮，在当前位置设置关键帧。

(5) 将时间调整到0:00:03:00帧的位置，设置Position X(X轴位置)的值为0.78，Position Y(Y轴位置)的值为0.01，系统会自动设置关键帧，如图7.38所示；合成窗口效果如图7.39所示。

图7.38 设置Producer参数

图7.39 设置Producer参数后的效果

(6) 展开Physics(物理学)选项组，从Animation(动画)下拉列表框中选择Viscouse(粘性)选项，设置Velocity(速率)的值为1.06，Gravity(重力)的值为0；展开Particle(粒子)选项组，从Particle Type(粒子类型)下拉列表框中选择Lens Convex(凸透镜)选项，设置Birth Size(生长大小)的值为0.357，Death Size(消逝大小)的值为0.587，如图7.40所示；合成窗口效果如图7.41所示。

图7.40 设置参数

图7.41 设置参数后的效果

step 02 制作粒子2

(1) 选中"粒子"层，将其图层【模式】设置为【相加】，然后按Ctrl+D组合键复制一个图层，将该图层重命名为"粒子2"，为"粒子2"文字层添加【快速模糊】特效。在【效果和预设】面板中展开【模糊和锐化】特效组，然后双击【快速模糊】特效。

(2) 在【效果控件】面板中修改特效的参数，设置【模糊度】的值为15，如图7.42所示；合成窗口效果如图7.43所示。

图7.42 设置【快速模糊】参数

图7.43 设置【快速模糊】后的效果

（3）选中"粒子 2"层，在【效果控件】面板中修改特效的参数，展开Physics(物理学)选项组，设置Velocity(速率)的值为0.84，如图7.44所示；合成窗口效果如图7.45所示。

图7.44 设置Physics参数

图7.45 设置参数后的效果

（4）这样就完成了动画的整体制作，按小键盘上的0键，即可在合成窗口中预览动画。

实战067 制作旋转空间

 实例解析

本例主要讲解利用Particular(粒子)特效制作旋转空间效果，完成的动画流程画面如图7.46所示。

| 📺 难易程度：★★★☆☆ |
| 📝 工程文件：工程文件\第7章\旋转空间 |
| 🖌 视频文件：视频教学\实战067 旋转空间.avi |

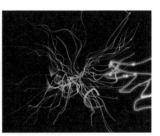

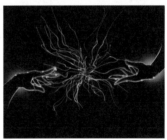

图7.46 动画流程画面

✏️ 知识点

1. Particular(粒子)特效
2. 【曲线】特效

📝 操作步骤

step 01 新建合成

（1）执行菜单栏中的【合成】|【新建合成】命令，打开【合成设置】对话框，设置【合成名称】为"旋转空间"，【宽度】为720px，【高度】为576px，【帧速率】为25，并设置【持续时间】为0:00:05:00秒，如图7.47所示。

（2）执行菜单栏中的【文件】|【导入】|【文件】命令，打开【导入文件】对话框，选择配套素材中的"工程文件\第7章\旋转空间\手背景.jpg"素材，单击【导入】按钮，"手背景.jpg"素材将导

入到【项目】面板中。

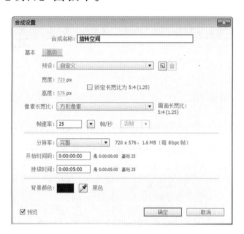

图7.47 【合成设置】对话框

step 02 制作粒子生长动画

(1) 打开"旋转空间"合成，在【项目】面板中选择"手背景.jpg"素材，将其拖动到"旋转空间"合成的时间线面板中，如图7.48所示。

图7.48 添加素材

(2) 在时间线面板中按Ctrl +Y组合键，打开【纯色设置】对话框，设置【名称】为"粒子"，【颜色】为白色，如图7.49所示。

图7.49 【纯色设置】对话框

(3) 单击【确定】按钮，在时间线面板中将会创建一个名为"粒子"的纯色层。选择"粒子"纯色层，在【效果和预设】面板中展开Trapcode特效组，然后双击Particular(粒子)特效。

(4) 在【效果控件】面板中修改Particular(粒子)特效的参数，展开Aux System(辅助系统)选项组，在Emit(发射器)右侧的下拉列表框中选择Continously(从主粒子)选项，设置Particles/sec(每秒发射粒子数量)的值为235，Life[sec](生命)的值为1.3，Size(大小)的值为1.5，Opacity(不透明度)的值为30，如图7.50所示。其中一帧的画面效果如图7.51所示。

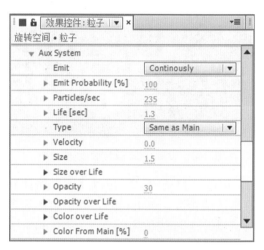

图7.50 Aux System(辅助系统)选项组的参数设置

图7.51 其中一帧的画面效果

(5) 将时间调整到0:00:01:00帧的位置，展开Physics(物理学)选项组，然后单击Physics Time Factor(物理时间因素)左侧的【码表】按钮，在当前位置设置关键帧；然后再展开Air(空气)选项组中的Turbulence Field(扰乱场)选项，设置Affect Position(影响位置)的值为155，如图7.52所示。此时的画面效果如图7.53所示。

(6) 将时间调整到0:00:01:10帧的位置，修改Physics Time Factor(物理时间因素)的值为0，如图7.54所示。此时的画面效果如图7.55所示。

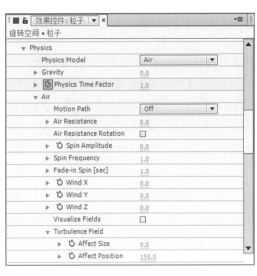

图7.52　在0:00:01:00帧的位置设置关键帧

图7.53　0:00:01:00帧的画面

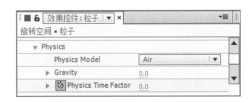

图7.54　修改Physics Time Factor的值

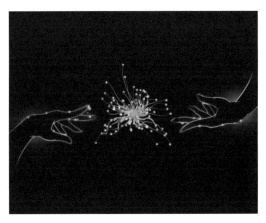

图7.55　0:00:01:10帧的画面

(7) 展开Particle(粒子)选项组，设置Size(大小)的值为0，此时白色粒子球消失，其他参数设置如图7.56所示。此时的画面效果如图7.57所示。

图7.56　设置Size的值

图7.57　白色粒子球消失

提示

在【效果控件】面板中使用快捷键Ctrl＋Shift＋E可以移除所有添加的特效。

(8) 将时间调整到0:00:00:00帧的位置，展开Emitter(发射器)选项组，设置Particles/sec(每秒发射粒子数量)的值为1800，然后单击Particles/sec(每秒发射粒子数量)左侧的【码表】按钮，在当前位置设置关键帧；设置Velocity(速度)的值为160，Velocity Random[%](速度随机)的值为40，如图7.58所示。此时的画面效果如图7.59所示。

图7.58 设置Emitter(发射器)选项组的参数

图7.59 0:00:00:00帧的画面

(9) 将时间调整到0:00:00:01帧的位置,修改Particles/sec(每秒发射粒子数量)的值为0,系统将在当前位置自动设置关键帧。这样就完成了粒子生长动画的制作,拖动时间滑块,预览动画,其中几帧的画面效果如图7.60所示。

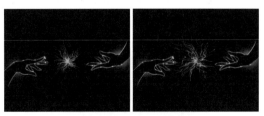

图7.60 其中几帧的画面效果

step 03 制作摄像机动画

(1) 添加摄像机。执行菜单栏中的【图层】|【新建】|【摄像机】命令,打开【摄像机设置】对话框,设置【预设】为【24毫米】,其他参数设置如图7.61所示。单击【确定】按钮,在时间线面板中将会创建一台摄像机。

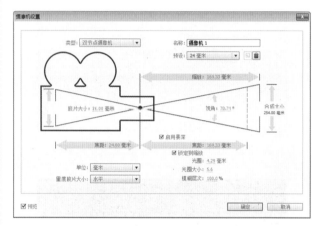

图7.61 【摄像机设置】对话框

(2) 在时间线面板中,打开"手背景.jpg"层的三维属性开关。将时间调整到0:00:00:00帧的位置,选择"摄像机1"层,单击其左侧的灰色三角形按钮▼,将展开【变换】选项组,然后分别单击【目标点】和【位置】左侧的【码表】按钮⏱,在当前位置设置关键帧,如图7.62所示。

图7.62 为摄像机设置关键帧

(3) 将时间调整到0:00:01:00帧的位置,修改【目标点】的值为(320,288,0),【位置】的值为(-165,360,530),如图7.63所示。此时的画面效果如图7.64所示。

图7.63 修改【目标点】和【位置】的值

(4) 将时间调整到0:00:02:00帧的位置,修改【目标点】的值为(295,288,180),【位置】的值为(560，288，-480)，如图7.65所示。此时的画面效果如图7.66所示。

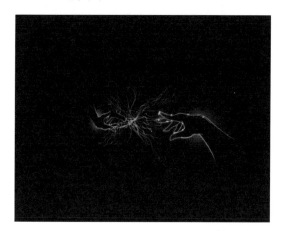

图7.64　0:00:01:00帧的画面效果

图7.65　在0:00:02:00帧的位置修改参数

图7.66　0:00:02:00帧的画面效果

（5）将时间调整到0:00:03:04帧的位置，修改【目标点】的值为(360，288，0)，【位置】的值为(360，288，-480)，如图7.67所示。此时的画面效果如图7.68所示。

图7.67　在0:00:03:04帧的位置修改参数

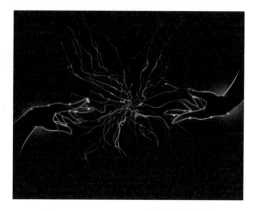

图7.68　0:00:03:04帧的画面效果

（6）调整画面颜色。执行菜单栏中的【图层】|【新建】|【调整图层】命令，在时间线面板中将会创建一个"调整图层1"层，如图7.69所示。

图7.69　添加调整层

（7）为调整图层添加【曲线】特效。选择"调整图层1"层，在【效果和预设】面板中展开【颜色校正】特效组，然后双击【曲线】特效。

（8）在【效果控件】面板中调整曲线的形状，如图7.70所示。

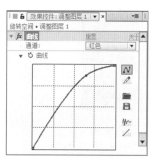
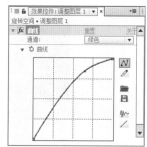

图7.70　调整曲线形状

（9）调整曲线的形状后，在合成窗口中观察画面的色彩变化，调整前的画面效果如图7.71所示，调整后的画面效果如图7.72所示。

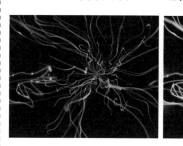

图7.71　调整前　　　　图7.72　调整后

(10) 这样就完成了旋转空间的整体制作，按小键盘上的0键，在合成窗口中预览动画。

实战068　制作流光线条

实例解析

本例主要讲解流光线条动画的制作。首先利用【分形杂色】特效制作出线条效果，通过调节【贝塞尔曲线变形】特效制作出光线的变形，然后添加第二方插件Particular(粒子)特效，制作上升的圆环从而完成动画。完成的动画流程画面如图7.73所示。

难易程度：★★★☆☆
工程文件：工程文件\第7章\流光线条
视频文件：视频教学\实战068 流光线条.avi

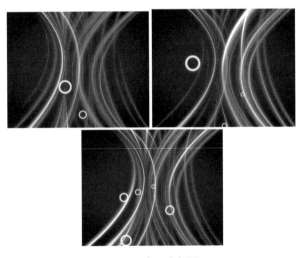

图7.73　动画流程画面

知识点

1. 【分形杂色】特效
2. 【贝塞尔曲线变形】特效

操作步骤

 利用蒙版制作背景

(1) 执行菜单栏中的【合成】|【新建合成】命令，打开【合成设置】对话框，设置【合成名称】为"流光线条效果"，【宽度】为720px，【高度】为576px，【帧速率】为25，并设置【持续时间】为0:00:05:00秒，如图7.74所示。

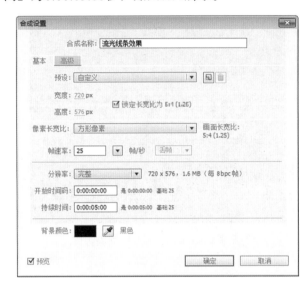

图7.74　【合成设置】对话框

(2) 执行菜单栏中的【文件】|【导入】|【文件】命令，打开【导入文件】对话框，选择配套素材中的"工程文件\第7章\流光线条\圆环.psd"素材，单击【导入】按钮，以素材的形式将"圆环.psd"导入到【项目】面板中。

(3) 按Ctrl + Y组合键，打开【纯色设置】对话框，设置【名称】为"背景"，【颜色】为紫色(R:65；G:4；B:67)，如图7.75所示。

图7.75　【纯色设置】对话框

(4) 为"背景"纯色层绘制蒙版。选择工具栏中的【椭圆工具】，在"背景"纯色层上绘制椭圆形蒙版，如图7.76所示。

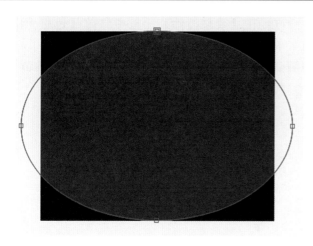

图7.76　绘制椭圆形蒙版

（5）按F键，打开"背景"纯色层的【蒙版羽化】选项，设置【蒙版羽化】的值为(200，200)，如图7.77所示。此时的画面效果如图7.78所示。

图7.77　设置羽化属性

图7.78　设置属性后的效果

（6）按Ctrl＋Y组合键，打开【纯色设置】对话框，设置【名称】为"流光"，【宽度】为400像素，【高度】为650像素，【颜色】为白色，如图7.79所示。

（7）将"流光"层的【模式】修改为【屏幕】。

（8）选择"流光"纯色层，在【效果和预设】面板中展开【杂色和颗粒】特效组，然后双击【分形杂色】特效。

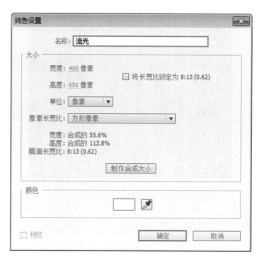

图7.79　建立"流光"纯色层

（9）将时间调整到0:00:00:00帧的位置，在【效果控件】面板中修改【分形杂色】特效的参数，设置【对比度】的值为450，【亮度】的值为-80；展开【变换】选项组，取消选中【统一缩放】复选框，设置【缩放宽度】的值为15，【缩放高度】的值为3500，【偏移(湍流)】的值为(200，325)，【演化】的值为0，然后单击【演化】左侧的【码表】按钮，在当前位置设置关键帧，如图7.80所示。

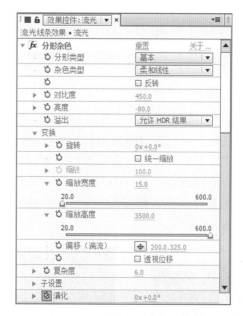

图7.80　设置【分形杂色】特效

（10）将时间调整到0:00:04:24帧的位置，修改【演化】的值为1x，系统将在当前位置自动设置关键帧，此时的画面效果如图7.81所示。

137

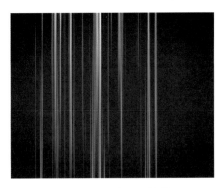

图7.81 设置特效后的效果

step 02 添加特效调整画面

(1) 为"流光"层添加【贝塞尔曲线变形】特效。在【效果和预设】面板中展开【扭曲】特效组，双击【贝塞尔曲线变形】特效。

(2) 在【效果控件】面板中，修改【贝塞尔曲线变形】特效的参数，如图7.82所示。

图7.82 设置【贝塞尔曲线变形】参数

(3) 在调整图形时，直接修改特效的参数比较麻烦，此时，可以在【效果控件】面板中选择【贝塞尔曲线变形】特效，从合成窗口中可以看到调整的节点，直接在合成窗口的图像上拖动节点进行调整，自由度比较高，如图7.83所示。调整后的画面效果如图7.84所示。

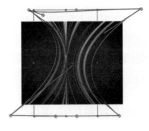 

图7.83 调整控制点　　　图7.84 画面效果

(4) 为"流光"层添加【色相/饱和度】特效。在【效果和预设】面板中展开【颜色校正】特效组，双击【色相/饱和度】特效。

(5) 在【效果控件】面板中修改【色相/饱和度】特效的参数，选中【彩色化】复选框，设置【着色色相】的值为-55，【着色饱和度】的值为66，如图7.85所示。

图7.85 设置特效的参数

(6) 为"流光"层添加【发光】特效。在【效果和预设】面板中展开【风格化】特效组，然后双击【发光】特效。

(7) 在【效果控件】面板中修改【发光】特效的参数，设置【发光阈值】的值为20%，【发光半径】的值为15，如图7.86所示。

图7.86 设置【发光】特效的参数

(8) 在时间线面板中打开"流光"层的三维属性开关，展开【变换】选项组，设置【位置】的值为(309，288，86)，【缩放】的值为(123，123，123)，如图7.87所示；合成窗口效果如图7.88所示。

图7.87 设置【位置】和【缩放】属性

图7.88　设置后的效果

（9）选择"流光"层，按Ctrl + D组合键，复制出"流光2"层，展开【变换】选项组，设置【位置】的值为(408，288，0)，【缩放】的值为(97，116，100)，【Z轴旋转】的值为-4，如图7.89所示；合成窗口效果如图7.90所示。

图7.89　设置复制层的属性

图7.90　画面效果

（10）修改【贝塞尔曲线变形】特效的参数，使其与"流光"的线条角度有所区别，如图7.91所示。

（11）在合成窗口中看到控制点的位置发生了变化，如图7.92所示。

（12）修改【色相/饱和度】特效的参数，设置【着色色相】的值为265，【着色饱和度】的值为75，如图7.93所示。

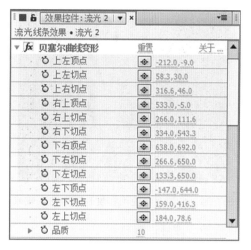

图7.91　设置【贝塞尔曲线变形】参数

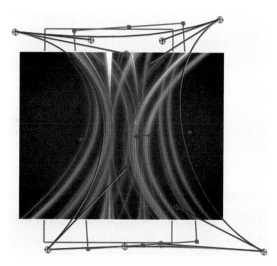

图7.92　合成窗口中的修改效果

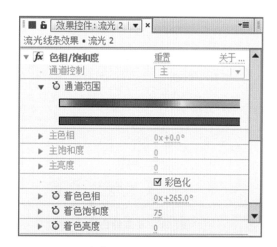

图7.93　调整复制层的【着色饱和度】参数

（13）设置完成后可以在合成窗口中看到效果，如图7.94所示。

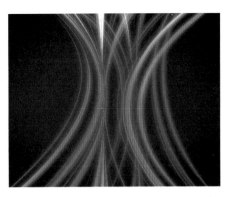

图7.94　调整【着色饱和度】后的画面效果

step 03　添加"圆环"素材

（1）在【项目】面板中选择"圆环.psd"素材，将其拖动到"流光线条效果"合成的时间线面板中，然后单击"圆环.psd"左侧的【图层开关】按钮 ，将该层隐藏，如图7.95所示。

图7.95　隐藏"圆环.psd"层

（2）按Ctrl＋Y组合键，打开【纯色设置】对话框，设置【名称】为"粒子"，【颜色】为白色，如图7.96所示。

图7.96　建立纯色层

（3）选择"粒子"纯色层，在【效果和预设】面板中展开Trapcode特效组，然后双击Particular(粒子)特效，如图7.97所示。

（4）在【效果控件】面板中修改Particular(粒子)特效的参数，展开Emitter(发射器)选项组，设置Particles/sec(粒子数量)的值为5，PositionXY(位置)

的值为(360，620)；展开Particle(粒子)选项组，设置Life[sec](生命)的值为2.5，Life Random[%](生命随机)的值为30，如图7.98所示。

图7.97　添加特效

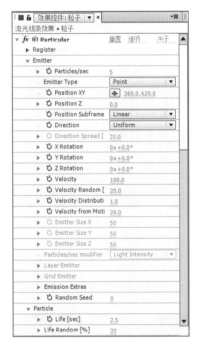

图7.98　设置Emitter参数

（5）展开Texture(纹理)选项组，在Layer(图层)下拉列表框中选择【2.圆环.psd】选项，然后设置Size(大小)的值为20，Size Random[%](大小随机)的值为60，如图7.99所示。

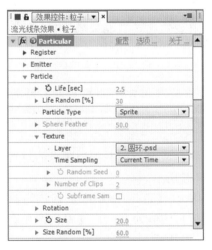

图7.99　设置Texture参数

(6) 展开Physics(物理学)选项组，修改Gravity (重力)的值为-100，如图7.100所示。

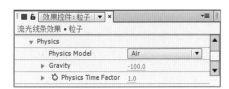

图7.100　设置Physics(物理学)参数

(7) 在【效果和预设】面板中展开【风格化】特效组，然后双击【发光】特效。

step 04　添加摄影机

(1) 执行菜单栏中的【图层】|【新建】|【摄像机】命令，打开【摄像机设置】对话框，设置【预设】为【24毫米】，如图7.101所示。单击【确定】按钮，在时间线面板中将会创建一台摄像机。

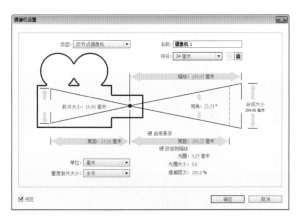

图7.101　建立摄像机

(2) 将时间调整到0:00:00:00帧的位置，选择"摄像机1"层，展开【变换】、【摄像机选项】选项组，然后分别单击【目标点】和【位置】左侧的【码表】按钮，在当前位置设置关键帧，并设置【目标点】的值为(426，292，140)，【位置】的值为(114，292，-270)；然后分别设置【缩放】的值为512，【景深】为【开】，【焦距】的值为512像素，【光圈】的值为84，【模糊层次】的值为122%，如图7.102所示。

图7.102　设置摄像机的参数

(3) 将时间调整到0:00:02:00帧的位置，修改【目标点】的值为(364，292，25)，【位置】的值为(455，292，-480)，如图7.103所示。

图7.103　修改【目标点】和【位置】的值

(4) 此时可以看到画面视角的变化，如图7.104所示。

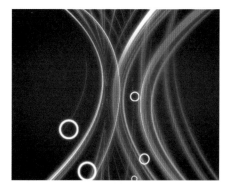

图7.104　设置摄像机后画面视角的变化

(5) 这样就完成了流光线条动画的整体制作，按小键盘上的0键，即可在合成窗口中预览动画。

AE

第8章

动漫、影视奇幻光线特效

本章介绍

本章主要讲解动漫、影视奇幻光线特效的制作。在动漫、栏目包装及影视特效中经常可以看到运用光效对整体动画的点缀，光效不仅可以作用在动画的背景上，使动画整体更加绚丽，也可以运用到动画的主体上，使主题更加突出。本章通过几个具体的实例，讲解常见奇幻光线特效的制作方法。

要点索引

- ◆ 掌握点阵发光动画的制作
- ◆ 掌握延时光线动画的制作
- ◆ 掌握烟花飞溅动画的制作
- ◆ 掌握声波动画的制作
- ◆ 掌握舞动精灵光线的制作
- ◆ 掌握连动光线动画的制作

实战069 制作点阵发光效果

实例解析

本例主要讲解利用3D Stroke(3D笔触)特效制作点阵发光效果，完成的动画流程画面如图8.1所示。

- 难易程度：★☆☆☆☆
- 工程文件：工程文件\第8章\点阵发光
- 视频文件：视频教学\实战069 点阵发光.avi

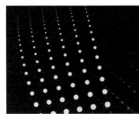

图8.1 动画流程画面

知识点

1. 3D Stroke(3D笔触)特效
2. Shine(光)特效

操作步骤

(1) 执行菜单栏中的【合成】|【新建合成】命令，打开【合成设置】对话框，设置【合成名称】为"点阵发光"，【宽度】为720px，【高度】为576px，【帧速率】为25，并设置【持续时间】为0:00:05:00秒。

(2) 执行菜单栏中的【图层】|【新建】|【纯色】命令，打开【纯色设置】对话框，设置【名称】为"点阵"，【颜色】为黑色。

(3) 选中"点阵"层，在工具栏中选择【钢笔工具】，在图层上绘制一个路径，如图8.2所示。

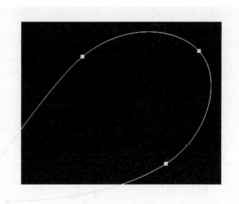

图8.2 绘制路径

(4) 为"点阵"层添加3D Stroke(3D 笔触)特效。在【效果和预设】面板中展开Trapcode特效组，然后双击3D Stroke(3D 笔触)特效，如图8.3所示。

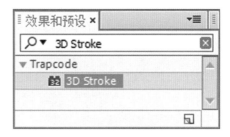

图8.3 添加3D Stroke特效

(5) 在【效果控件】面板中修改3D Stroke(3D笔触)特效的参数，设置Color(颜色)的值为淡蓝色(R:205；G:241；B:251)；将时间调整到0:00:00:00帧的位置，设置End(结束)的值为0，单击End(结束)左侧的【码表】按钮，在当前位置设置关键帧。

(6) 将时间调整到0:00:04:24帧的位置，设置End(结束)的值为100，系统会自动设置关键帧，如图8.4所示；合成窗口效果如图8.5所示。

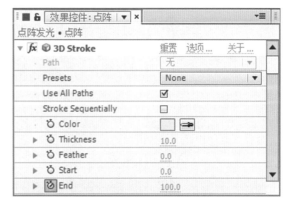

图8.4 设置End(结束)关键帧

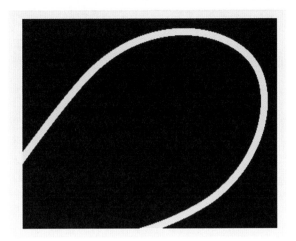

图8.5 设置End(结束)关键帧后的效果

(7) 展开Taper(锥度)选项组，选中Enable(启用)复选框；展开Repeater(重复)选项组，选中Enable(启用)复选框，取消选中Symmetric Doubler(双重对称)复选框，设置Instances(重复量)的值为5，如图8.6所示。

图8.6 设置Repeater(重复)参数

(8) 展开Advanced(高级)选项组，设置Adjust Step(调节步幅)的值为1700，Low Alpha Sat Boost(低通道饱和度提升)的值为100，Low Alpha Hue Rotat(低通道色相旋转)的值为100，如图8.7所示。

(9) 展开Camera(摄像机)选项组，选中Comp Camera(合成摄像机)复选框，如图8.8所示；合成窗口效果如图8.9所示。

图8.8 设置Camera(摄像机)参数

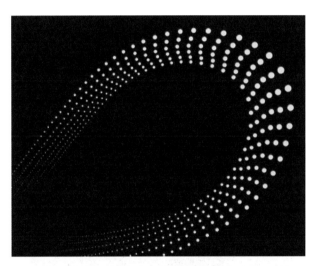

图8.9 设置3D 笔触后的效果

(10) 执行菜单栏中的【图层】|【新建】|【摄像机】命令，打开【摄像机设置】对话框，设置【预设】为【35毫米】，如图8.10所示；调整摄像机后合成窗口效果如图8.11所示。

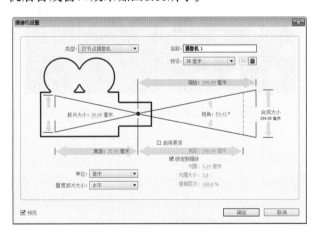

图8.10 设置摄像机

图8.7 设置Advanced(高级)参数

图8.11 设置摄像机后的效果

（11）在时间线面板中选择"点阵"层，按Ctrl+D组合键复制出另一个新的图层，将该图层重命名为"点阵2"，设置"点阵2"层的【模式】为【相加】，如图8.12所示；合成窗口效果如图8.13所示。

图8.12 设置【相加】模式

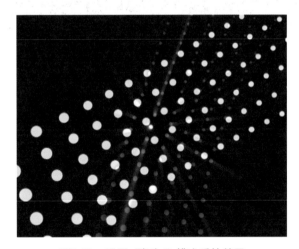

图8.13 设置【相加】模式后的效果

（12）在【效果控件】面板中修改3D Stroke(3D笔触)特效的参数，设置Thickness(厚度)的值为6；展开Transform(变换)选项组，设置X Rotation(X轴旋转)的值为-30，Y Rotation(Y轴旋转)的值为-30，Z Rotation(Z轴旋转)的值为30，如图8.14所示。

（13）展开Advanced(高级)选项，设置Adjust Step (调节步幅)的值为1780，合成窗口效果如图8.15所示。

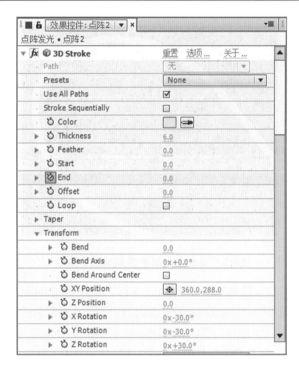

图8.14 设置Transform(变换)参数

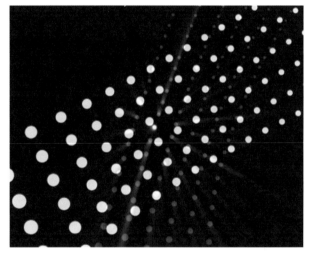

图8.15 设置参数后的效果

（14）为"点阵2"层添加Shine(光)特效。在【效果和预设】面板中展开Trapcode特效组，双击Shine(光)特效。

（15）在【效果控件】面板中修改Shine(光)特效的参数，展开Pre-Process(预设)选项组，设置Threshold(阈值)的值为4，从Colorize(着色)下拉列表框中选择None(无)选项，设置Source Opacity(源不透明度)的值为100，从Transfer Mode(转换模式)下拉列表框中选择Add(相加)选项，如图8.16所示；合成窗口效果如图8.17所示。

（16）这样就完成了点阵发光的整体制作，按小键盘上的0键，即可在合成窗口中预览动画。

图8.16　设置Shine(光)参数

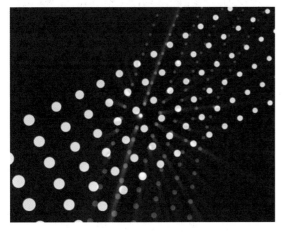

图8.17　设置Shine(光)参数后的效果

实战070　制作延时光线效果

 实例解析

本例主要讲解利用【描边】特效制作延时光线效果，完成的动画流程画面如图8.18所示。

- 难易程度：★☆☆☆☆
- 工程文件：工程文件\第8章\延时光线
- 视频文件：视频教学\实战070 延时光线.avi

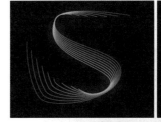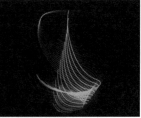
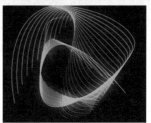

图8.18　动画流程画面

知识点

1.【描边】特效
2.【残影】特效
3.【发光】特效

操作步骤

（1）执行菜单栏中的【合成】|【新建合成】命令，打开【合成设置】对话框，设置【合成名称】为"延时光线"，【宽度】为720px，【高度】为576px，【帧速率】为25，并设置【持续时间】为0:00:05:00秒。

（2）执行菜单栏中的【图层】|【新建】|【纯色】命令，打开【纯色设置】对话框，设置【名称】为"路径"，【颜色】为黑色。

（3）在时间线面板中选中"路径"层，在工具栏中选择【钢笔工具】，在图层上绘制一个"S"路径；按M键打开【蒙版路径】属性，将时间调整到0:00:00:00帧的位置，单击【蒙版路径】左侧的【码表】按钮，在当前位置设置关键帧，如图8.19所示。

（4）将时间调整到0:00:02:13帧的位置，调整路径的形状，如图8.20所示。

（5）将时间调整到0:00:04:24帧的位置，调整路径的形状，如图8.21所示。

（6）为"路径"层添加【描边】特效。在【效果和预设】面板中展开【生成】特效组，然后双击【描边】特效。

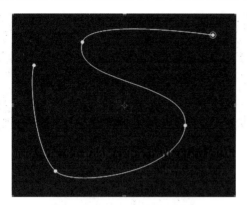

图8.19　设置0:00:00:00帧处蒙版形状

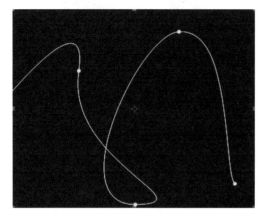

图8.20　设置0:00:02:13帧处蒙版形状

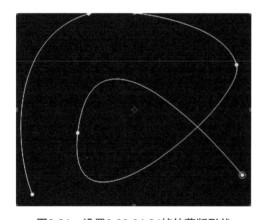

图8.21　设置0:00:04:24帧处蒙版形状

（7）在【效果控件】面板中修改【描边】特效的参数，设置【颜色】为蓝色(R:0；G:162；B:255)，【画笔大小】的值为3，【画笔硬度】的值为25%；将时间调整到0:00:00:00帧的位置，设置【起始】的值为0%，【结束】的值为100%，单击【起始】和【结束】左侧的【码表】按钮ö，在当前位置设置关键帧。

（8）将时间调整到0:00:04:24帧的位置，设置【起始】的值为100%，【结束】的值为0%，系统会自动设置关键帧，如图8.22所示；合成窗口效果

如图8.23所示。

图8.22　设置【描边】参数

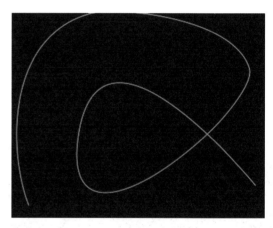

图8.23　设置【描边】后的效果

（9）执行菜单栏中的【图层】|【新建】|【调整图层】命令，创建一个"调整图层1"层，为"调整图层1"层添加【残影】特效。在【效果和预设】面板中展开【时间】特效组，然后双击【残影】特效。

（10）在【效果控件】面板中修改【残影】特效的参数，设置【残影时间(秒)】的值为-0.1，【残影数量】的值为50，【起始强度】的值为0.85，【衰减】的值为0.95，如图8.24所示；合成窗口效果如图8.25所示。

图8.24　设置【残影】参数

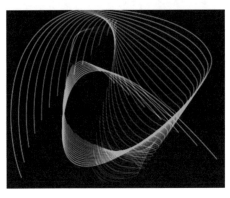

图8.25 设置【残影】后的效果

(11) 为"调整图层 1"层添加【发光】特效。在【效果和预设】面板中展开【风格化】特效组，然后双击【发光】特效。

(12) 在【效果控件】面板中修改【发光】特效的参数，设置【发光阈值】的值为40%，【发光半径】的值为80，如图8.26所示；合成窗口效果如图8.27所示。

图8.26 设置【发光】参数

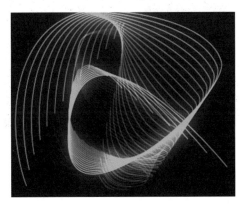

图8.27 设置【发光】后的效果

(13) 这样就完成了延时光线的整体制作，按小键盘上的0键，即可在合成窗口中预览动画。

实战071 制作动态光效背景

实例解析

本例主要讲解利用【卡片擦除】特效制作动态光效背景的效果，完成的动画流程画面如图8.28所示。

| 难易程度：★★☆☆☆ |
| 工程文件：工程文件\第8章\动态光效背景 |
| 视频文件：视频教学\实战071 动态光效背景.avi |

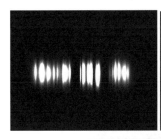
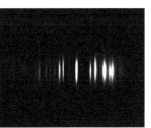

图8.28 动画流程画面

知识点

1.【卡片擦除】特效
2.【定向模糊】特效
3. Shine(光)特效

操作步骤

(1) 执行菜单栏中的【合成】|【新建合成】命令，打开【合成设置】对话框，设置【合成名称】为"动态光效背景"，【宽度】为720px，【高度】为576px，【帧速率】为25，并设置【持续时间】为0:00:05:00秒。

(2) 执行菜单栏中的【图层】|【新建】|【文

本】命令，新建文字层，在合成窗口中输入Never say die。在【字符】面板中设置文字的字体为【Adobe 黑体 Std】，字号为70像素，选择【在描边上填充】选项，设置描边宽度的值为5像素，填充颜色为灰色(R:117；G:117；B:117)，描边颜色为白色，如图8.29所示。

图8.29　设置字体

（3）为Never say die层添加【卡片擦除】特效。在【效果和预设】面板中展开【过渡】特效组，然后双击【卡片擦除】特效，如图8.30所示。

图8.30　添加【卡片擦除】特效

（4）在【效果控件】面板中修改【卡片擦除】特效的参数，设置【过渡完成】的值为100%，从【背面图层】菜单中选择Never say die文字层，设置【行数】的值为1，【列数】的值为60。

（5）展开【摄像机位置】选项组，将时间调整到0:00:00:00帧的位置，设置【Y轴旋转】的值为0，【Z位置】的值为2，同时单击【Y轴旋转】和【Z位置】左侧的【码表】按钮，在当前位置设置关键帧。

（6）将时间调整到0:00:02:00帧的位置，设置【Y轴旋转】的值为150，【Z位置】的值为1，系统会自动设置关键帧。

（7）展开【位置抖动】选项组，将时间调整到0:00:00:00帧的位置，设置【X抖动量】的值为1，【Z抖动量】的值为0.2，同时单击【X抖动量】和【Z抖动量】左侧的【码表】按钮，在当前位置

设置关键帧。

（8）将时间调整到0:00:02:00帧的位置，设置【X抖动量】的值为0，【Z抖动量】的值为8，系统会自动设置关键帧，如图8.31所示；合成窗口效果如图8.32所示。

图8.31　设置【卡片擦除】参数

图8.32　设置【卡片擦除】后的效果

（9）为Never say die层添加【定向模糊】特效。在【效果和预设】面板中展开【模糊和锐化】特效组，然后双击【定向模糊】特效。

（10）在【效果控件】面板中修改【定向模糊】特效的参数，设置【模糊长度】的值为120，合成窗口效果如图8.33所示。

图8.33　设置【模糊长度】后的效果

（11）为Never say die层添加Shine(光)特效。在【效果和预设】面板中展开Trapcode特效组，然后双击Shine(光)特效。

(12) 在【效果控件】面板中修改Shine(光)特效的参数，设置Ray Length(光线长度)的值为1，Boost Light(光线亮度)的值为80，合成窗口效果如图8.34所示。

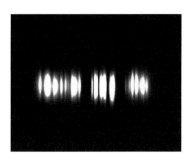

图8.34　设置Shine(光)后的效果

(13) 这样就完成了动态光效背景的整体制作，按小键盘上的0键，即可在合成窗口中预览动画。

实战072　制作烟花飞溅效果

 实例解析

本例主要讲解利用CC Particle World(CC 粒子世界)和【发光】特效制作烟花飞溅效果，完成的动画流程画面如图8.35所示。

> 难易程度：★☆☆☆☆
> 工程文件：工程文件\第8章\烟花飞溅效果
> 视频文件：视频教学\实战072　烟花飞溅效果.avi

图8.35　动画流程画面

知识点

1. CC Particle World(CC 粒子世界)特效
2. 【发光】特效
3. 【相加】模式

操作步骤

(1) 执行菜单栏中的【文件】|【打开项目】命令，选择配套素材中的"工程文件\第8章\烟花飞溅效果\烟花飞溅效果练习.aep"文件，将文件打开。

(2) 执行菜单栏中的【图层】|【新建】|【纯色】命令，打开【纯色设置】对话框，设置【名称】为"粒子"，【颜色】为黑色。

(3) 为"粒子"层添加CC Particle World(CC 粒子世界)特效。在【效果和预设】面板中展开【模拟】特效组，然后双击CC Particle World(CC 粒子世界)特效。

(4) 在【效果控件】面板中修改特效的参数，将时间调整到0:00:00:00帧的位置，设置Birth Rate(出生速率)的值为36，Longevity(sec)(寿命)的值为2。展开Producer(产生点)选项组，设置Position Z(Z轴位置)的值为−0.5，Radius X(X 轴半径)的值为0，Radius Y(Y 轴半径)的值为0。按Alt键单击Position X(X 轴位置)左侧的【码表】按钮🕐，在时间线面板的表达式处输入wiggle(3,.18)；按Alt键单击Position Y(Y 轴位置)左侧的【码表】按钮🕐，在时间线面板的空白处输入wiggle(5,.10)；按Alt键单击Radius Z(Z 轴半径)左侧的【码表】按钮🕐，在时间线面板的空白处输入wiggle(1,15)，如图8.36所示。

图8.36　设置表达式

(5) 展开Physics(物理学)选项组，设置Velocity(速度)的值为0.32，Gravity(重力)的值为0，Extra(额外)的值为0.65，Extra Angle(特殊角度)的值为1x+148，如图8.37所示。

(6) 展开Paticle(粒子)选项组，从Paticle Type(粒子类型)下拉列表框中选择Faded Sphere(衰减球状)选项，设置Birth Size(生长大小)的值为0.077，Death Size(消逝大小)的值为0.122，Birth Color(生长颜色)为黄色(H:60，S:69；B:100)，Death Color(消逝颜色)为红色(H:0，S:80；B:78)，Volume Shade(approx.)(体积明暗)的值为37%，如图8.38所

示；合成窗口效果如图8.39所示。

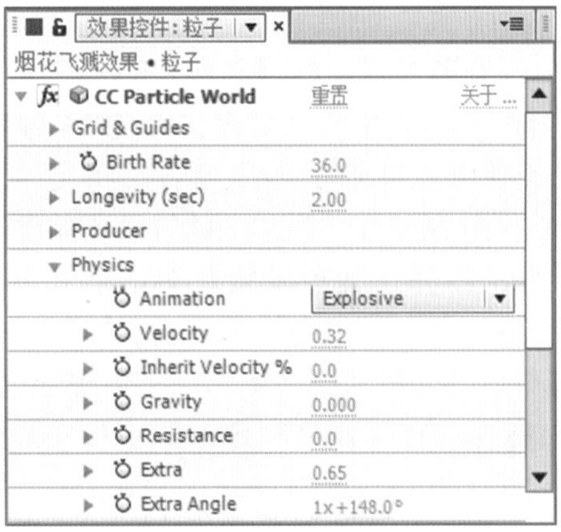

图8.37 设置Physics(物理学)参数

图8.38 设置Particle(粒子)参数

图8.40 设置【发光】参数

图8.41 设置【发光】后的效果

(9) 在时间线面板中选择"粒子"层，设置图层的【模式】为【相加】，如图8.42所示；合成窗口效果如图8.43所示。

图8.42 设置图层模式

图8.43 修改图层模式后的效果

(10) 这样就完成了动画的整体制作，按小键盘上的0键，即可在合成窗口中预览动画。

图8.39 设置粒子仿真后的效果

(7) 为"粒子"层添加【发光】特效。在【效果和预设】面板中展开【风格化】特效组，然后双击【发光】特效。

(8) 在【效果控件】面板中修改特效的参数，设置【发光强度】的值为23，从【发光颜色】下拉列表框中选择【A和B颜色】选项，【颜色A】为黄色(H:47，S:64；B:98)，【颜色B】为棕色(H:25，S:99；B:61)，如图8.40所示；合成窗口效果如图8.41所示。

实战073　制作璀璨光波效果

实例解析

本例主要讲解利用CC Griddler(CC 网格)特效制作璀璨光波效果，完成的动画流程画面如图8.44所示。

難易程度：★☆☆☆☆
工程文件：工程文件\第8章\璀璨光波
視頻文件：视频教学\实战073 璀璨光波.avi

图8.44　动画流程画面

知识点

CC Griddler(CC 网格)特效

操作步骤

(1) 执行菜单栏中的【文件】|【打开项目】命令，选择配套素材中的"工程文件\第8章\璀璨光波\璀璨光波练习.aep"文件，将文件打开。

(2) 为"背景"层添加CC Griddler(CC 网格)特效。在【效果和预设】面板中展开【扭曲】特效组，然后双击CC Griddler(CC 网格)特效，如图8.45所示；合成窗口效果如图8.46所示。

图8.45　添加特效

(3) 在【效果控件】面板中修改特效的参数，将时间调整到0:00:00:00帧的位置，设置Horizontal Scale(水平缩放)的值为100，Vertical Scale(垂直缩放)的值为100，Tile Size(平铺大小)的值为5.5，Rotation(旋转)的值为0，单击Horizontal Scale(水平缩放)、Vertical Scale(垂直缩放)、Tile Size(平铺大小)和Rotation(旋转)左侧的【码表】按钮，在当前位置设置关键帧，如图8.47所示；合成窗口效果如图8.48所示。

图8.46　添加特效后的效果

图8.47　设置0:00:00:00帧处的关键帧

图8.48　设置关键帧后的效果

(4) 将时间调整到0:00:03:19帧的位置，设置Horizontal Scale(水平缩放)的值为231，Vertical Scale(垂直缩放)的值为290，Tile Size(平铺大小)的值为7，Rotation(旋转)的值为121，如图8.49所示；合成窗口效果如图8.50所示。

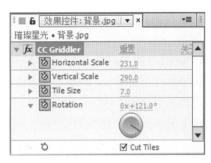

图8.49 设置0:00:03:19帧处的关键帧

图8.50 设置CC Griddler(CC 网格)后的效果

(5) 这样就完成了动画的整体制作，按小键盘上的0键，即可在合成窗口中预览动画。

实战074 制作魔幻光环动画

 实例解析

本例主要讲解利用【勾画】特效制作魔幻光环动画效果，完成的动画流程画面如图8.51所示。

难易程度：★★☆☆☆
工程文件：工程文件\第8章\魔幻光环动画
视频文件：视频教学\实战074 魔幻光环动画.avi

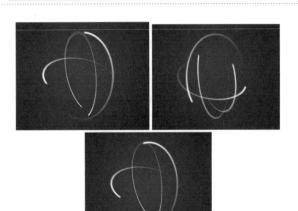

图8.51 动画流程画面

📓 知识点

【勾画】特效

📝 操作步骤

(1) 执行菜单栏中的【合成】|【新建合成】命令，打开【合成设置】对话框，设置【合成名称】为"魔幻光环动画"，【宽度】为720px，【高度】为576px，【帧速率】为25，并设置【持续时间】为0:00:05:00秒。

(2) 执行菜单栏中的【图层】|【新建】|【纯色】命令，打开【纯色设置】对话框，设置【名称】为"渐变"，【颜色】为黑色。

(3) 为"渐变"层添加【梯度渐变】特效。在【效果和预设】面板中展开【生成】特效组，然后双击【梯度渐变】特效。

(4) 在【效果控件】面板中修改【梯度渐变】特效的参数，设置【渐变起点】的值为(357，268)，【起始颜色】为蓝色(R:10；G:0；B:135)，【渐变终点】的值为(-282，768)，【结束颜色】为黑色，从【渐变形状】下拉列表框中选择【径向渐变】选项。

(5) 执行菜单栏中的【图层】|【新建】|【纯色】命令，打开【纯色设置】对话框，设置【名称】为"描边"，【颜色】为黑色。

(6) 在工具栏中选择【椭圆工具】 ，绘制一个椭圆形路径，如图8.52所示。

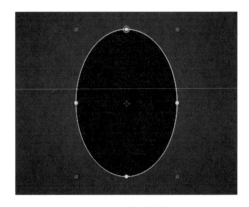

图8.52 绘制路径

(7) 打开"描边"层的三维开关，为"描边"层添加【勾画】特效。在【效果和预设】面板中展开【生成】特效组，然后双击【勾画】特效，如图8.53所示。

图8.53　添加特效

(8) 在【效果控件】面板中修改【勾画】特效的参数，从【描边】下拉列表框中选择【蒙版/路径】选项；展开【蒙版/路径】选项组，从【路径】下拉列表框中选择【蒙版1】选项；展开【片段】选项组，设置【片段】的值为1，【长度】的值为0.6；将时间调整到0:00:00:00帧的位置，设置【旋转】的值为0，单击【旋转】左侧的【码表】按钮 ，在当前位置设置关键帧，如图8.54所示。

图8.54　设置0:00:00:00帧处的关键帧

(9) 将时间调整到0:00:04:24帧的位置，设置【旋转】的值为-2x，系统会自动设置关键帧，如图8.55所示。

图8.55　设置0:00:04:24帧处的关键帧

(10) 展开【正在渲染】选项组，从【混合模式】下拉列表框中选择【透明】选项，设置【颜色】为白色，【宽度】的值为8，【硬度】的值为0.3，如图8.56所示；合成窗口效果如图8.57所示。

图8.56　设置【正在渲染】参数

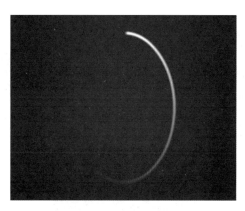

图8.57　设置【正在渲染】参数后的效果

(11) 选中"描边"层，按Ctrl+D组合键复制出"描边2"，按R键打开【旋转】属性，设置【Y轴旋转】的值为120，【Z轴旋转】的值为194，如图8.58所示。

图8.58　旋转设置

(12) 选中"描边2"层，按Ctrl+D组合键复制出"描边3"，设置【X轴旋转】的值为214，【Y轴旋转】的值为129，【Z轴旋转】的值为0。

(13) 选中"描边3"层，按Ctrl+D组合键复制出"描边4"，设置【X轴旋转】的值为-56，【Y轴旋转】的值为339，【Z轴旋转】的值为226。

(14) 这样就完成了魔幻光环动画的整体制作，按小键盘上的0键，即可在合成窗口中预览动画。

实战075　制作描边光线动画

实例解析

本例主要讲解利用【勾画】特效制作描边光线动画效果，完成的动画流程画面如图8.59所示。

- 难易程度：★★☆☆☆
- 工程文件：工程文件\第8章\描边光线动画
- 视频文件：视频教学\实战075 描边光线动画.avi

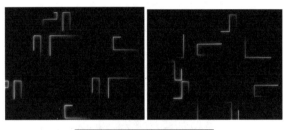

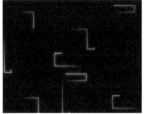

图8.59　动画流程画面

知识点

1.【勾画】特效
2.【发光】特效

操作步骤

（1）执行菜单栏中的【合成】|【新建合成】命令，打开【合成设置】对话框，设置【合成名称】为"光线1"，【宽度】为720px，【高度】为576px，【帧速率】为25，并设置【持续时间】为0:00:06:00秒。

（2）执行菜单栏中的【图层】|【新建】|【文本】命令，新建文字层，在合成窗口中输入HE，设置文字的字体为Arial，字号为300像素，文本颜色为白色，效果如图8.60所示。

（3）执行菜单栏中的【合成】|【新建合成】

命令，打开【合成设置】对话框，设置【合成名称】为"光线2"，【宽度】为720px，【高度】为576px，【帧速率】为25，并设置【持续时间】为0:00:06:00秒。

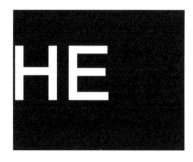

图8.60　HE的字体效果

（4）执行菜单栏中的【图层】|【新建】|【文本】命令，新建文字层，在合成窗口中输入THE，设置文字的字体为Arial，字号为300像素，文本颜色为白色，效果如图8.61所示。

图8.61　THE的字体效果

（5）执行菜单栏中的【合成】|【新建合成】命令，打开【合成设置】对话框，设置【合成名称】为"描边光线"，【宽度】为720px，【高度】为576px，【帧速率】为25，并设置【持续时间】为0:00:06:00秒。

（6）在【项目】面板中选择"光线1"和"光线2"合成，将其拖动到"描边光线"合成的时间线面板中。

（7）执行菜单栏中的【图层】|【新建】|【纯色】命令，设置【名称】为"紫光"，【颜色】为黑色，将"紫光"层拖到"描边光线"合成的时间线面板中，如图8.62所示。

图8.62　创建纯色层

(8) 为"紫光"层添加【勾画】特效。在【效果和预设】面板中展开【生成】特效组，然后双击【勾画】特效，如图8.63所示。

图8.63 添加【勾画】特效

(9) 在【效果控件】面板中修改【勾画】特效的参数，展开【图像等高线】选项组，从【输入图层】下拉列表框中选择【3.光线2】选项；展开【片段】选项组，设置【片段】的值为1，【长度】的值为0.25，选中【随机相位】复选框，设置【随机植入】的值为6；将时间调整到0:00:00:00帧的位置，设置【旋转】的值为0，单击【旋转】左侧的【码表】按钮🕐，在当前位置设置关键帧，如图8.64所示。

图8.64 设置0:00:00:00帧处的关键帧

(10) 将时间调整到0:00:04:24帧的位置，设置【旋转】的值为-1x-240，系统会自动设置关键帧，如图8.65所示。

图8.65 设置0:00:04:24帧处的关键帧

(11) 为"紫光"层添加【发光】特效。在【效果和预设】面板中展开【风格化】特效组，然后双击【发光】特效。

(12) 在【效果控件】面板中修改【发光】特效的参数，设置【发光阈值】的值为20%，【发光半径】的值为20，【发光强度】的值为2，从【发光颜色】下拉列表框中选择【A和B颜色】选项，设置【颜色A】为蓝色(R:0；G:48；B:255)，【颜色B】为紫色(R:192；G:0；B:255)，如图8.66所示。

图8.66 设置"紫光"的【发光】参数

(13) 选中"紫光"层，按Ctrl+D组合键复制一个新的文字层，将该图层重命名为"绿光"。选中"绿光"层，在【效果控件】面板中修改【勾画】特效的参数，展开【图像等高线】选项组，从【输入图层】下拉列表框中选择【光线1】选项。

(14) 选中"绿光"层，在【效果控件】面板中修改【发光】特效的参数，设置【颜色A】为青色(R:0；G:228；B:255)，【颜色B】为亮绿色(R:0；G:225；B:30)，如图8.67所示。

图8.67 修改"绿光"的【发光】参数

(15) 在时间线面板中，设置"紫光"和"绿光"层的【模式】为【相加】。选中"紫光"和"绿光"层，按Ctrl+D组合键复制出两个新的图层，分别重命名为"紫光2"和"绿光2"，并改变发光颜色，如图8.68所示。合成窗口效果如图8.69所示。

图8.68　复制图层

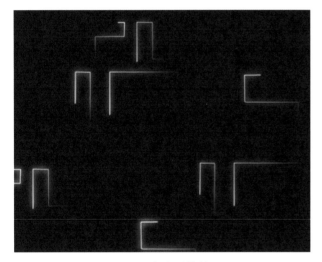

图8.69　复制后的效果

(16) 这样就完成了描边光线动画的整体制作，按小键盘上的0键，即可在合成窗口中预览动画。

实战076　制作旋转的星星

 实例解析

本例主要讲解利用【无线电波】特效制作旋转的星星效果，完成的动画流程画面如图8.70所示。

> 难易程度：★☆☆☆☆
> 工程文件：工程文件\第8章\旋转的星星
> 视频文件：视频教学\实战076 旋转的星星.avi

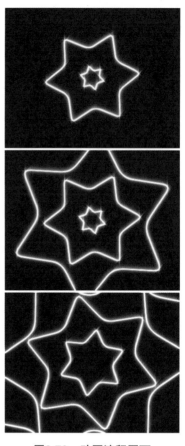

图8.70　动画流程画面

知识点

1. 【无线电波】特效
2. Starglow(星光)特效

操作步骤

(1) 执行菜单栏中的【合成】|【新建合成】命令，打开【合成设置】对话框，设置【合成名称】为"星星"，【宽度】为720px，【高度】为576px，【帧速率】为25，并设置【持续时间】为0:00:10:00秒。

(2) 执行菜单栏中的【图层】|【新建】|【纯色】命令，打开【纯色设置】对话框，设置【名称】为"五角星"，【颜色】为黑色。

(3) 为"五角星"层添加【无线电波】特效。在【效果和预设】面板中展开【生成】特效组，然后双击【无线电波】特效。

(4) 在【效果控件】面板中修改【无线电波】特效的参数，设置【渲染品质】的值为10；展开【多边形】选项组，设置【边】的值为6，【曲线大小】的值为0.5，【曲线弯曲度】的值为0.25，选中【星形】复选框，设置【星深度】的值为-0.3；展开【波动】选项组，设置【旋转】的值为40；展开【描边】选项组，设置【颜色】为白色，如图8.71所示；合成窗口效果如图8.72所示。

图8.71　设置【无线电波】参数

图8.72　设置【无线电波】参数后的效果

（5）为"五角星"层添加Starglow(星光)特效。在【效果和预设】面板中展开Trapcode特效组，然后双击Starglow(星光)特效。

（6）在【效果控件】面板中修改Starglow(星光)特效的参数，在Preset(预设)下拉列表框中选择Cold Heaven 2(冷天2)选项，设置Streak Length(光线长度)的值为7，如图8.73所示；合成窗口效果如图8.74所示。

（7）这样就完成了旋转的星星动画的整体制作，按小键盘上的0键，即可在合成窗口中预览动画。

图8.73　设置Starglow(星光)参数

图8.74　设置Starglow(星光)参数后的效果

实战077　制作声波效果

 实例解析

　　本例主要讲解利用【梯度渐变】和【网格】特效制作绚丽的背景，通过【勾画】特效的应用，制作出声波效果，完成的动画流程画面如图8.75所示。

難易程度：★★☆☆☆

工程文件：工程文件\第8章\声波效果

视频文件：视频教学\实战077 声波效果.avi

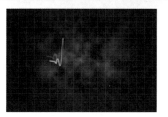

图8.75　动画流程画面

知识点

1. 【梯度渐变】特效
2. 【分行杂色】特效
3. 【网格】特效
4. 【勾画】特效

操作步骤

step 01 新建合成

(1) 执行菜单栏中的【合成】|【新建合成】命令，打开【合成设置】对话框，设置【合成名称】为声波，【宽度】为720px，【高度】为480px，【帧速率】为25，并设置【持续时间】为0:00:06:00秒，如图8.76所示。

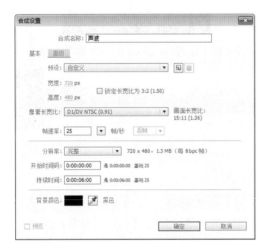

图8.76 【合成设置】对话框

(2) 执行菜单栏中的【图层】|【新建】|【纯色】命令，打开【纯色设置】对话框，设置【名称】为"渐变"，【颜色】为黑色，如图8.77所示。

图8.77 【纯色设置】对话框

(3) 选中"渐变"层，在【效果和预设】特效面板中展开【生成】特效组，双击【梯度渐变】特效，如图8.78所示。

图8.78 添加【梯度渐变】特效

(4) 在【效果控件】面板中，设置【渐变起点】的值为(360，240)，【起始颜色】为绿色(R:0；G:153；B:32)，【渐变终点】的值为(600，490)，【结束颜色】为黑色，从【渐变形状】右侧的下拉列表框中选择【径向渐变】选项，如图8.79所示。

图8.79 【梯度渐变】参数设置

(5) 选中"渐变"层，按Ctrl + D组合键，复制出"渐变2"层，如图8.80所示。

图8.80 复制图层

(6) 选中"渐变2"层，在【效果和预设】特效面板中展开【杂色和颗粒】特效组，双击【分形杂色】特效，如图8.81所示。

图8.81 添加【分形杂色】特效

(7) 在【效果控件】面板中，设置【对比度】的值为144，【演化】的值为100，如图8.82所示。

图8.82 参数设置

(8) 设置"光线2"层的【模式】为【相乘】，如图8.83所示。

图8.83 模式设置

step 02 制作网格效果

(1) 执行菜单栏中的【图层】|【新建】|【纯色】命令，打开【纯色设置】对话框，设置【名称】为"网格"，【颜色】为黑色，如图8.84所示。

图8.84 【纯色设置】对话框

(2) 选中"网格"层，在【效果和预设】面板中展开【生成】特效组，双击【网格】特效，如图8.85所示。

图8.85 添加【网格】特效

(3) 在【效果控件】面板中，从【大小依据】右侧的下拉列表框中选择【宽度和高度滑块】选项，设置【边界】的值为3，【颜色】为绿色(R:78；G:158；B:12)，【不透明度】的值为30%，如图8.86所示。

图8.86 参数设置

step 03 制作描边动画

(1) 执行菜单栏中的【图层】|【新建】|【纯色】命令，打开【纯色设置】对话框，设置【名称】为"描边"，【颜色】为黑色，如图8.87所示。

图8.87 【纯色设置】对话框

(2) 选择工具栏中的【钢笔工具】，在合成窗口中绘制一个路径，如图8.88所示。

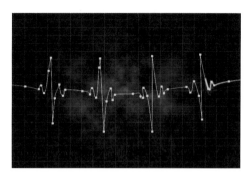

图8.88　绘制路径

（3）选中"描边"层，在【效果和预设】面板中展开【生成】特效组，双击【勾画】特效，如图8.89所示。

图8.89　添加【勾画】特效

（4）在【效果控件】面板中，从【描边】右侧的下拉列表框中选择【蒙版/路径】选项，展开【片段】选项组，设置【片段】的值为1，【长度】的值为0.5，选中【随机相位】复选框，如图8.90所示。

图8.90　参数设置

（5）展开【正在渲染】选项组，从【混合模式】右侧的下拉列表框中选择【透明】选项，设置【颜色】为绿色(R:161；G:238；B:18)，【宽度】的值为4，【起始点不透明度】的值为0，【中点不透明度】的值为-1，【结束点不透明度】的值为1，如图8.91所示。

（6）将时间调整到0:00:00:00帧的位置，单击【旋转】左侧的【码表】按钮🕑，在当前位置添加关键帧；将时间调整到0:00:05:24帧的位置，设置【旋转】的值为1x，如图8.92所示。

图8.91　【正在渲染】参数设置

图8.92　关键帧设置

（7）在时间线面板中选择"描边"层，按Ctrl + D组合键将"描边"层复制，并将复制后的文字层重命名为"描边倒影"。然后按P键展开【位置】属性，设置【位置】的值为(360，220)；按T键打开【不透明度】属性，设置【不透明度】的值为30%，如图8.93所示。

图8.93　参数设置

（8）这样就完成了声波效果的整体制作，按小键盘上的0键，即可在合成窗口中预览动画。

实战078　制作舞动的精灵

 实例解析

本例主要讲解舞动的精灵动画的制作。利用【勾画】特效和钢笔路径绘制光线，配合【湍流置换】特效使线条达到蜿蜒的效果，完成舞动的精灵动画的制作。完成的动画流程画面如图8.94所示。

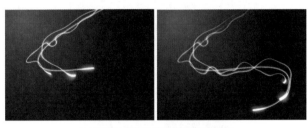

难易程度：★★★☆☆
工程文件：工程文件\第8章\舞动的精灵
视频文件：视频教学\实战078 舞动的精灵.avi

图8.94 动画流程画面

知识点

1.【勾画】特效
2.【发光】特效
3.【梯度渐变】特效
4.【湍流置换】特效

操作步骤

step 01 为固态层添加特效

（1）执行菜单栏中的【合成】|【新建合成】命令，打开【合成设置】对话框，设置【合成名称】为"光线"，【宽度】为720px，【高度】为576px，【帧速率】为25，并设置【持续时间】为0:00:05:00秒，如图8.95所示。

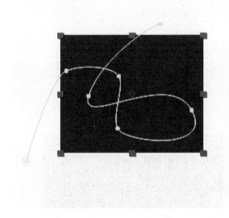

图8.95 【合成设置】对话框

（2）按Ctrl + Y组合键打开【纯色设置】对话框，设置【名称】为"拖尾"，【颜色】为黑色，如图8.96所示。

图8.96 【纯色设置】对话框

（3）选择工具栏中的【钢笔工具】，确认选择"拖尾"层，在合成窗口中绘制一条路径，如图8.97所示。

图8.97 绘制路径

（4）在【效果和预设】面板中展开【生成】特效组，然后双击【勾画】特效。

（5）将时间调整到0:00:00:00帧的位置，在【效果控件】面板中，从【描边】下拉列表框中选择【蒙版/路径】选项；展开【蒙版/路径】选项组，从【路径】下拉列表框中选择【蒙版1】选项；展开【片段】选项组，修改【片段】的值为1，单击【旋转】左侧的【码表】按钮，在当前位置建立关键帧，修改【旋转】的值为-47；展开【正在渲染】选项组，设置【颜色】为白色，【宽度】的值为1.2，【硬度】的值为0.45，【中点不透明度】的值为-1，【中点位置】的值为0.9，如图8.98所示。

图8.98　设置特效的参数

（6）调整时间到0:00:04:00帧的位置，修改【旋转】的值为-1x-48，如图8.99所示。拖动时间滑块可在合成窗口中看到预览效果，如图8.100所示。

图8.99　修改特效

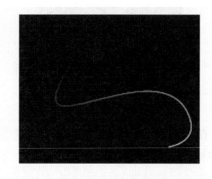

图8.100　画面效果

（7）在【效果和预设】面板中展开【风格化】特效组，然后双击【发光】特效。

（8）在【效果控件】面板中，展开【发光】特效组，修改【发光阈值】的值为20%，【发光半径】的值为6，【发光强度】的值为2.5，设置【发光颜色】为【A和B颜色】，【颜色A】为红色(R:255；G:0；B:0)，【颜色B】为黄色(R:255；G:190；B:0)，如图8.101所示。

图8.101　设置【发光】特效的参数

（9）选择"拖尾"固态层，按Ctrl+D组合键复制出新的图层并重命名为"光线"，修改"光线"层的【模式】为【相加】，如图8.102所示。

图8.102　设置层的模式

（10）在【效果控件】面板中，展开【勾画】特效组，修改【长度】的值为0.07，【宽度】的值为6，如图8.103所示。

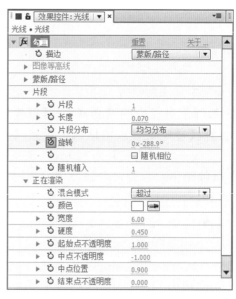

图8.103　修改【勾画】特效的属性

（11）展开【发光】特效组，修改【发光阈值】的值为31%，【发光半径】的值为25，【发光强度】的值为3.5，设置【颜色A】为浅蓝色(R:55；G:155；B:255)，【颜色B】为深蓝色(R:20；G:90；B:210)，如图8.104所示。

图8.104 修改【发光】特效的属性

step 02 建立合成

（1）执行菜单栏中的【合成】|【新建合成】命令，打开【合成设置】对话框，设置【合成名称】为"舞动的精灵"，【宽度】为720px，【高度】为576px，【帧速率】为25，并设置【持续时间】为0:00:05:00秒，如图8.105所示。

图8.105 【合成设置】对话框

（2）按Ctrl＋Y组合键，打开【纯色设置】对话框，设置【名称】为"背景"，【颜色】为黑色，如图8.106所示。

（3）在【效果和预设】面板中展开【生成】特效组，然后双击【梯度渐变】特效。

（4）在【效果控制】面板中，展开【梯度渐变】选项组，设置【渐变起点】的值为(90，55)，【起始颜色】为深绿色(R:17；G:88；B:103)，【渐

变终点】的值为(430，410)，【结束颜色】为黑色，如图8.107所示。

图8.106 【纯色设置】对话框

图8.107 设置属性的值

step 03 复制"光线"层

（1）将"光线"合成拖动到"舞动的精灵"合成的时间线面板中，修改"光线"层的【模式】为【相加】，如图8.108所示。

图8.108 添加"光线"合成层

（2）按Ctrl+D组合键复制出一个新的图层，并重命名为"光线2"。选中"光线2"层，调整时间到0:00:00:03帧的位置，按键盘上的 [键，将入点设置到当前帧，如图8.109所示。

图8.109 复制光线合成层

（3）确认选中"光线2"层，在【效果和预设】面板中展开【扭曲】特效组，然后双击【湍流置

换】特效。

（4）在【效果控件】面板中，设置【数量】的
值为195，【大小】的值为57，【消除锯齿】(最佳
品质)为【高】，如图8.110所示。

图8.110 设置特效的参数

（5）选择"光线2"层，按Ctrl+D组合键复制出
一个新的图层，调整时间到0:00:00:06帧的位置，
按[键，将入点设置到当前帧，如图8.111所示。

图8.111 复制光线层

（6）在【效果控件】面板中，设置【数量】的
值为180，【大小】的值为25，【偏移(湍流)】的值
为(330，288)，如图8.112所示。

图8.112 修改【湍流置换】参数

（7）这样就完成了舞动的精灵的整体制作，按
小键盘上的0键，在合成窗口中预览动画，效果如
图8.113所示。

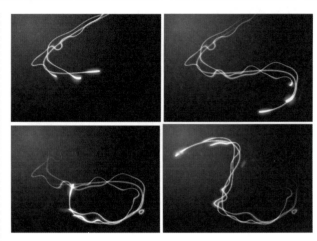

图8.113 "舞动的精灵"的动画效果

实战079 制作连动光线

实例解析

本例主要讲解连动光线动画的制作。首先利用
【椭圆工具】◯绘制椭圆形路径，然后通过添加3D
Stroke(3D笔触)特效并设置相关参数，制作出连动
光线效果，最后添加Starglow(星光)特效为光线添加
光效，完成连动光线动画的制作。本例最终的动画
流程画面如图8.114所示。

📺 难易程度：★★☆☆☆
✎ 工程文件：工程文件\第8章\连动光线
▶ 视频文件：视频教学\实战079 连动光线.avi

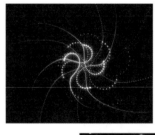

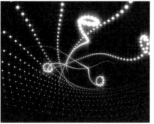

图8.114 动画流程画面

知识点

1. 3D Stroke(3D笔触)特效
2. Adjust Step(调节步幅)参数
3. Starglow(星光)特效

操作步骤

step 01 绘制笔触添加特效

(1) 执行菜单栏中的【合成】|【新建合成】命令，打开【合成设置】对话框，设置【合成名称】为"连动光线"，【宽度】为720px，【高度】为576px，【帧速率】为25，并设置【持续时间】为0:00:05:00秒，如图8.115所示。

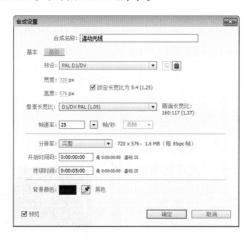

图8.115 【合成设置】对话框

(2) 按Ctrl + Y组合键，打开【纯色设置】对话框，设置【名称】为"光线"，【颜色】为黑色，如图8.116所示。

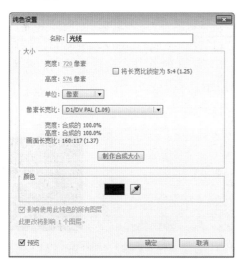

图8.116 【纯色设置】对话框

(3) 确认选中"光线"层，在工具栏中选择

【椭圆工具】 ，在合成窗口中绘制一个正圆，如图8.117所示。

(4) 在【效果和预设】面板中展开Trapcode特效组，然后双击3D Stroke(3D笔触)特效，如图8.118所示。

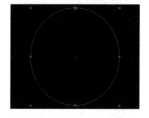 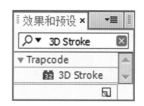

图8.117 绘制正圆蒙版   图8.118 添加特效

(5) 在【效果控件】面板中，设置End(结束)的值为50；展开Taper(锥形)选项组，选中Enable(开启)复选框，取消选中Compress to fit(适合合成)复选框；展开Repeater(重复)选项组，选中Enable(开启)复选框，取消选中Symmetric Doubler(对称复制)复选框，设置Instances(实例)参数的值为15，Scale(缩放)参数的值为115，如图8.119所示；此时合成窗口中的画面效果如图8.120所示。

 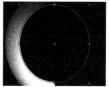

图8.119 设置参数   图8.120 画面效果

(6) 确认时间在0:00:00:00帧的位置，展开Transform(转换)选项组，分别单击Bend(弯曲)、X Rotation(X轴旋转)、Y Rotation(Y轴旋转)和Z Rotation(Z轴旋转)左侧的【码表】按钮 ，建立关键帧，修改X Rotation(X轴旋转)的值为155 ，Y Rotation(Y轴旋转)的值为1x+150，Z Rotation(Z轴旋转)的值为330，如图8.121所示；设置旋转属性后的画面效果如图8.122所示。

(7) 展开Repeater(重复)选项组，分别单击Factor(因数)、X Rotation(X轴旋转)、Y Rotation(Y轴旋转)和Z Rotation(Z轴旋转)左侧的【码表】按钮 ，修改Y Rotation(Y轴旋转)的值为110，Z Rotation(Z轴旋转)的值为-1x，如图8.123所示。可

在合成窗口看到设置参数后的效果，如图8.124所示。

图8.121 设置特效的属性　图8.122 设置后的画面效果

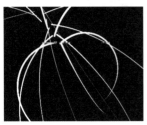

图8.123 设置属性的参数　　图8.124 设置后的效果

（8）调整时间到0:00:02:00帧的位置，在Transform(转换)选项组中，修改Bend(弯曲)的值为3，X Rotation(X轴旋转)的值为105，Y Rotation(Y轴旋转)的值为1x+200，Z Rotation(Z轴旋转)的值为320，如图8.125所示；此时的画面效果如图8.126所示。

图8.125 设置属性的参数　　图8.126 设置后的效果

（9）在Repeater(重复)选项组中，修改X Rotation(X轴旋转)的值为100，Y Rotation(Y轴旋转)的值为160，Z Rotation(Z轴旋转)的值为-145，如图8.127所示；此时的画面效果如图8.128所示。

图8.127 设置参数　　图8.128 设置参数后的效果

（10）调整时间到0:00:03:10帧的位置，在Transform(转换)选项组中，修改Bend(弯曲)的值为2，X Rotation(X轴旋转)的值为190，Y Rotation(Y轴旋转)的值为1x+230，Z Rotation(Z轴旋转)的值为300，如图8.129所示；此时合成窗口中的画面效果如图8.130所示。

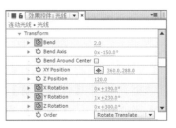

图8.129 设置参数　　图8.130 修改参数后的效果

（11）在Repeater(重复)选项组中，修改Factor(因数)的值为1.1，X Rotation(X轴旋转)的值为241，Y Rotation(Y轴旋转)的值为130，Z Rotation(Z轴旋转)的值为-40，如图8.131所示；此时的画面效果如图8.132所示。

图8.131 设置属性的参数　　图8.132 画面效果

（12）调整时间到0:00:04:20帧的位置，在Transform(转换)选项组中，修改Bend(弯曲)的值为9，X Rotation(X轴旋转)的值为200，Y Rotation(Y轴旋转)的值为1x+320，Z Rotation(Z轴旋转)的值为290，如图8.133所示；此时在合成窗口中看到的画面效果如图8.134所示。

图8.133 设置属性的参数　　图8.134 画面效果

（13）在Repeater(重复)选项组中，修改Factor(因数)的值为0.6，X Rotation(X轴旋转)的值为95，

Y Rotation(Y轴旋转)的值为110，Z Rotation(Z轴旋转)的值为77，如图8.135所示；此时合成窗口中的画面效果如图8.136所示。

 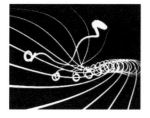

图8.135　设置属性的参数　　图8.136　画面效果

step 02　制作线与点的变化

（1）调整时间到0:00:01:00帧的位置，展开Advanced(高级)选项组，单击Adjust Step(调节步幅)左侧的【码表】按钮，在当前位置建立关键帧，修改Adjust Step(调节步幅)的值为900，如图8.137所示；此时合成窗口中的画面效果如图8.138所示。

 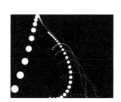

图8.137　设置属性的参数　　图8.138　画面效果

（2）调整时间到0:00:01:10帧的位置，设置Adjust Step(调节步幅)的值为200，如图8.139所示；此时合成窗口中的画面效果如图8.140所示。

图8.139　设置属性的参数　　图8.140　画面效果

（3）调整时间到0:00:01:20帧的位置，设置Adjust Step(调节步幅)的值为900，如图8.141所示；此时合成窗口中的画面效果如图8.142所示。

图8.141　设置属性的参数　　图8.142　画面效果

（4）调整时间到0:00:02:15帧的位置，设置Adjust Step(调节步幅)的值为200，如图8.143所示；

此时合成窗口中的画面效果如图8.144所示。

图8.143　设置属性的参数　　图8.144　画面效果

（5）调整时间到0:00:03:10帧的位置，设置Adjust Step(调节步幅)的值为200，如图8.145所示；此时合成窗口中的画面效果如图8.146所示。

图8.145　设置属性的参数　　图8.146　画面效果

（6）调整时间到0:00:04:05帧的位置，设置Adjust Step(调节步幅)的值为900，如图8.147所示；此时合成窗口中的画面效果如图8.148所示。

图8.147　设置属性的参数　　图8.148　画面效果

（7）调整时间到0:00:04:20帧的位置，设置Adjust Step(调节步幅)的值为300，如图8.149所示；此时合成窗口中的画面效果如图8.150所示。

图8.149　设置属性的参数　　图8.150　画面效果

step 03　添加Starglow(星光)特效

（1）确认选中"光线"纯色层，在【效果和预设】面板中展开Trapcode特效组，然后双击Starglow(星光)特效，如图8.151所示。

（2）在【效果控件】面板中，设置Preset(预设)为Warm Star(暖星)，设置Streak Length(光线长度)的值为10，如图8.152所示。

图8.151　添加Starglow(星光)特效

图8.152　设置Starglow(星光)特效的参数

（3）这样就完成了连动光线效果的整体制作，按小键盘上的0键，即可在合成窗口中预览动画。

AE

第9章

常见影视仿真特效表现

本章介绍

电影特效在现代电影中已经随处可见，本章主要讲解电影特效中一些常见特效的制作方法。通过本章的学习，读者可以掌握电影中常见特效的制作方法与技巧。

要点索引

◆ 掌握飞船轰炸动画的制作
◆ 掌握残影效果动画的制作
◆ 掌握爆炸冲击波动画的制作
◆ 掌握流星雨动画的制作
◆ 掌握地图定位动画的制作

实战080 制作飞船轰炸效果

实例解析

本例讲解飞船轰炸效果，通过【光束】特效以及素材的叠加，可制作出飞船轰炸效果，完成的动画流程画面如图9.1所示。

- 难易程度：★★☆☆☆
- 工程文件：工程文件\第9章\飞船轰炸
- 视频文件：视频教学\实战080 飞船轰炸.avi

图9.1 动画流程画面

知识点

1. 【光束】特效
2. 【向后平移(锚点) 工具】

操作步骤

(1) 执行菜单栏中的【合成】|【新建合成】命令，打开【合成设置】对话框，设置【合成名称】为"飞船轰炸"，【宽度】为720px，【高度】为480px，【帧速率】为25，并设置【持续时间】为0:00:03:00秒，如图9.2所示。

(2) 执行菜单栏中的【文件】|【导入】|【文件】命令，打开【导入文件】对话框，选择配套素材中的"工程文件\第9章\飞船轰炸\背景.jpg""工程文件\第9章\飞船轰炸\爆炸.mov""工程文件\第9章\飞船轰炸\飞机.mov""工程文件\第9章\飞船轰炸\火.mov"素材，单击【导入】按钮，如图9.3所示，将素材导入到【项目】面

板中。

图9.2 合成设置

图9.3 导入素材

(3) 在【项目】面板中选择"背景.jpg""爆炸.mov""飞机.mov"素材，将其拖动到时间线面板中，排列顺序如图9.4所示。设置"背景.jpg"的【位置】为(409，193)，【缩放】为(133，133)。

图9.4 添加素材

(4) 将时间调整到0:00:00:20帧的位置，在时间线面板中选择"爆炸.mov"层，按键盘上的]键，将"爆炸.mov"的入点设置在当前位置，如图9.5所示。

图9.5 设置入点

(5) 在时间线面板中选择"爆炸.mov"层，将【模式】更改为【相加】，按键盘上的P键，将"爆炸.mov"素材【位置】属性的值更改为(214，262)，将【缩放】属性的值更改为(65，65)，如图9.6所示。此时合成窗口中的效果如图9.7所示。

图9.6 设置【位置】、【缩放】属性的参数

图9.7 设置参数后的效果

(6) 执行菜单栏中的【图层】|【新建】|【纯色】命令，打开【纯色设置】对话框，设置【名称】为"激光"，如图9.8所示。

图9.8 纯色层设置

(7) 将时间调整到0:00:00:00帧的位置，在时间线面板中选择"激光"层，在【效果和预设】面板中展开【生成】特效组，然后双击【光束】特效，如图9.9所示。

(8) 在【效果控件】面板中，设置【内部颜

色】为蓝色(18，0，255)，【外部颜色】为青色(0，255，252)。

图9.9 添加【光束】特效

(9) 将时间调整到0:00:00:12帧的位置，在时间线面板中，选择"激光"层，在【效果控件】面板中，设置【起始点】的值为(351，122)，【结束点】的值为(227，271)，【长度】的值为15%，【时间】的值为0，【起始厚度】的值为0，单击【时间】和【起始厚度】左侧的【码表】按钮，在当前位置设置一个关键帧，如图9.10所示。

图9.10 设置【时间】和【起始厚度】关键帧

(10) 将时间调整到0:00:00:23帧的位置，在时间线面板中选择"激光"层，按Alt+[组合键，将"激光"层的结束点设置在当前位置，如图9.11所示。

图9.11 设置"激光"层的结束点

(11) 将【时间】的值改为100%，【起始厚度】的值改为5，系统将自动设定一个关键帧，如图9.12所示。

(12) 在时间线面板中选择"背景.jpg"层，按Ctrl+D组合键复制背景层，并重命名为"背景蒙版"，放在时间线面板的最上层，如图9.13所示。

选择工具栏中的【钢笔工具】✒️，绘制路径，如图9.14所示。

图9.12　【时间】和【起始厚度】属性值的修改

图9.13　复制背景层

图9.14　绘制蒙版

(13) 在【项目】面板中选择"火.mov"素材，将其拖动到时间线面板中，放在"激光"层的上面，如图9.15所示。

图9.15　添加"火.mov"层

(14) 按Ctrl+Alt+F组合键，将"火.mov"层与合成匹配，然后在工具栏中选择【向后平移(锚点)工具】🔲，将"火.mov"的中心点拖动到火的下边缘，如图9.16所示。

(15) 将时间调整到0:00:01:02帧的位置，按键盘上的]键，将"火.mov"的入点设置在当前位置，如图9.17所示。

图9.16　"火.mov"的中心点位置的调节

图9.17　"火.mov"的入点设置

(16) 按P键，将"火.mov"的【位置】的值改成(216，313)；按S键，将【缩放】的值改成(0，0)，然后单击左侧的【码表】按钮⏱️，在当前位置设置一个关键帧，如图9.18所示。

图9.18　【位置】和【缩放】属性值修改

(17) 调整时间到0:00:01:12帧的位置，取消等比缩放，将【缩放】的值改为(12，13)，如图9.19所示。

图9.19　【缩放】属性值修改

(18) 选中"火.mov"层，将【模式】改为【叠加】模式。

(19) 这样，就完成了飞船轰炸动画的制作。按空格键或小键盘上的0键，即可在合成窗口中预览动画。

实战081　制作穿越时空效果

 实例解析

本例主要讲解利用CC Flo Motion(CC 两点扭

曲)特效制作穿越时空效果，完成的动画流程画面如图9.20所示。

图9.20 动画流程画面

知识点

CC Flo Motion(CC 两点扭曲)特效

操作步骤

(1) 执行菜单栏中的【文件】|【打开项目】命令，选择配套素材中的"工程文件\第9章\穿越时空\穿越时空练习.aep"文件，将文件打开。

(2) 为"星空图"层添加CC Flo Motion(CC 两点扭曲)特效。在【效果和预设】面板中展开【扭曲】特效组，然后双击CC Flo Motion(CC 两点扭曲)特效。

(3) 在【效果控件】面板中修改CC Flo Motion(CC 两点扭曲)特效的参数，设置Knot 1(结头1)的值为(361，290)；将时间调整到0:00:00:00帧的位置，设置Amount 1(数量 1)的值为73，单击Amount 1(数量 1)左侧的【码表】按钮 ◎，在当前位置设置关键帧。

(4) 将时间调整到0:00:02:24帧的位置，设置Amount 1(数量 1)的值为223，系统会自动设置关键帧，如图9.21所示；合成窗口效果如图9.22所示。

图9.21 设置Amount 1(数量1)参数

图9.22 设置Amount 1(数量1)参数后的效果

(5) 这样就完成了穿越时空效果的整体制作，按小键盘上的0键，即可在合成窗口中预览动画。

实战082 制作烟花绽放效果

实例解析

本例主要讲解利用Particular(粒子)特效制作烟花绽放效果，完成的动画流程画面如图9.23所示。

图9.23 动画流程画面

知识点

Particular(粒子)特效

操作步骤

(1) 执行菜单栏中的【合成】|【新建合成】命令，打开【合成设置】对话框，设置【合成名称】为"烟花绽放"，【宽度】为720px，【高度】为480px，【帧速率】为25，并设置【持续时间】为0:00:04:00秒，如图9.24所示。

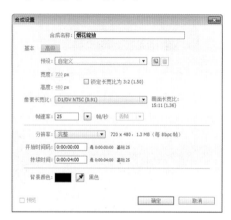

图9.24　合成设置

(2) 执行菜单栏中的【文件】|【导入】|【文件】命令，打开【导入文件】对话框，选择配套素材中的"工程文件\第9章\烟花绽放\背景.jpg"素材，单击【导入】按钮，"背景.jpg"素材将导入到【项目】面板中，如图9.25所示。

图9.25　【导入文件】对话框

(3) 在【项目】面板中选择"背景.jpg"素材，将其拖动到"烟花绽放"合成的时间线面板中，如图9.26所示。

图9.26　添加素材

(4) 执行菜单栏中的【图层】|【新建】|【纯色】命令，打开【纯色设置】对话框，设置【名称】为"烟花"，【颜色】为黑色，如图9.27所示。

(5) 选中"烟花"层，在【效果和预设】面板中展开Trapcode特效组，双击Particular(粒子)特效，如图9.28所示。

图9.27　纯色设置　　图9.28　添加Particular(粒子)特效

(6) 将时间调整到0:00:00:00帧的位置，在【效果控件】面板中，展开Emitter(发射器)选项组，设置Particles/sec(每秒发射粒子数量)的值为10 000，单击Particles/sec(每秒发射粒子数量)左侧的【码表】按钮，在当前位置添加关键帧；设置Position XY(XY轴位置)的值为(216，164)，Velocity(速率)的值为400，Velocity Random[%](速率随机)的值为5，Velocity Distribution(速率分布)的值为1，如图9.29所示。

图9.29　参数设置

(7) 将时间调整到0:00:00:01帧的位置，设置Particles/sec(每秒发射粒子数量)的值为0，系统会自动添加关键帧，如图9.30所示。

图9.30 关键帧设置

(8) 展开Particle(粒子)选项组，设置Life[sec](生命)的值为2，Life Random[%](生命随机)的值为20，从Particle Type(粒子类型)右侧的下拉列表框中选择Glow Sphere(No DOF)选项，设置Sphere Feather(球形羽化)的值为0，Size(大小)的值为2，Color(颜色)为橙红色(R:255；G:66；B:0)，从Transfer Mode(类型)右侧的下拉列表框中选择Add选项；展开Glow(发光)选项组，设置Opacity(不透明度)的值为50，如图9.31所示。

图9.31 参数设置

(9) 展开Physics(物理学)选项组，设置Gravity(重力)的值为70；展开Air(空气)选项组，设置Air Resistance(空气阻力)的值为2，如图9.32所示。

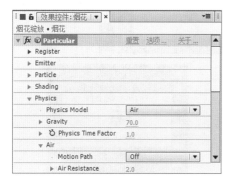

图9.32 Physics(物理学)和Air(空气)参数设置

(10) 展开Aux System(辅助系统)选项组，从Emit(发射器)右侧的下拉列表框中选择Continously选项，设置Particles/sec(每秒发射粒子数量)的值为48，Life[sec](生命)的值为0.7，从Type(类型)右侧的下拉列表框中选择Sphere选项，设置Size(大小)的值为3，Opacity(不透明度)的值为39，从Transfer Mode(类型)右侧的下拉列表框中选择Add选项，如图9.33所示。

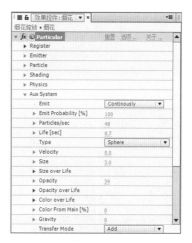

图9.33 Aux System(辅助系统) 参数设置

(11) 在时间线面板中选择"烟花"层，按Ctrl+D组合键复制图层，并重命名为"烟花2"，如图9.34所示。

图9.34 复制图层

(12) 将时间调整到0:00:01:15帧的位置，选中"烟花2"层，将"烟花2"层的入点拖动至0:00:01:15帧的位置，如图9.35所示。根据需要可以移动其位置。

图9.35 图层设置

(13) 这样就完成了烟花绽放效果的整体制作，按小键盘上的0键，即可在合成窗口中预览动画。

实战083　制作残影效果

实例解析

本例主要讲解利用【残影】特效制作残影效果，完成的动画流程画面如图9.36所示。

难易程度：★★☆☆☆

工程文件：工程文件\第9章\残影效果

视频文件：视频教学\实战083 残影效果.avi

图9.36　动画流程画面

知识点

【残影】特效

操作步骤

（1）执行菜单栏中的【文件】|【打开项目】命令，选择配套素材中的"工程文件\第9章\残影效果\残影效果练习.aep"文件，将文件打开。

（2）为"足球合成"层添加【残影】特效。在【效果和预设】面板中展开【时间】特效组，然后双击【残影】特效。

（3）在【效果控件】面板中修改【残影】特效的参数，设置【残影数量】的值为7，【衰减】的值为0.77，从【残影运算符】下拉列表框中选择【最大值】选项，如图9.37所示；合成窗口效果如图9.38所示。

图9.37　设置【残影】参数

图9.38　设置【残影】后的效果

（4）这样就完成了残影效果的整体制作，按小键盘上的0键，即可在合成窗口中预览动画。

实战084　制作胶片旋转效果

实例解析

本例主要讲解利用【动态拼贴】特效制作胶片旋转效果，完成的动画流程画面如图9.39所示。

难易程度：★☆☆☆☆

工程文件：工程文件\第9章\胶片旋转

视频文件：视频教学\实战084 胶片旋转.avi

图9.39　动画流程画面

知识点

【动态拼贴】特效

操作步骤

(1) 执行菜单栏中的【文件】|【打开项目】命令，选择配套素材中的"工程文件\第9章\胶片旋转\胶片旋转练习.aep"文件，将文件打开。

(2) 在时间线面板中选择"图.tga"层，按S键打开【缩放】属性，设置【缩放】的值为(92，92)，如图9.40所示。

图9.40 设置【缩放】参数

(3) 执行菜单栏中的【图层】|【新建】|【纯色】命令，打开【纯色设置】对话框，设置【名称】为"背景"，【颜色】为白色。

(4) 执行菜单栏中的【图层】|【新建】|【纯色】命令，打开【纯色设置】对话框，设置【名称】为"胶片框"，【颜色】为黑色。

(5) 在时间线面板中选中"胶片框"层，在工具栏中选择【圆角矩形工具】，绘制多个矩形，制作出胶片的边缘方块效果，如图9.41所示。

图9.41 绘制多个矩形

(6) 执行菜单栏中的【合成】|【新建合成】命令，打开【合成设置】对话框，设置【合成名称】为"胶片旋转"，【宽度】为720px，【高度】为576px，【帧速率】为25，并设置【持续时间】为

0:00:05:00秒。

(7) 在【项目】面板中选择"胶片"合成，将其拖动到"胶片旋转"合成的时间线面板中。

(8) 为"胶片"层添加【动态拼贴】特效。在【效果和预设】面板中展开【风格化】特效组，然后双击【动态拼贴】特效。

(9) 在【效果控件】面板中修改【动态拼贴】特效的参数，设置【拼贴中心】的值为(360，1222)，【拼贴高度】的值为80，【输出高度】的值为1000，如图9.42所示；合成窗口效果如图9.43所示。

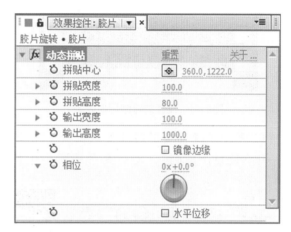

图9.42 设置【动态拼贴】参数

图9.43 设置【动态拼贴】参数后的效果

(10) 选择"胶片"层，将时间调整到0:00:00:00帧的位置，按P键打开【位置】属性，设置【位置】的值为(360，2666)，单击【位置】左侧的【码表】按钮，在当前位置设置关键帧。

(11) 将时间调整到0:00:04:24帧的位置，设置【位置】的值为(360，-1206)，系统会自动设置关键帧，如图9.44所示；合成窗口效果如图9.45所示。

图9.44 设置【位置】关键帧

图9.45 设置关键帧后的效果

（12）这样就完成了胶片旋转效果的整体制作，按小键盘上的0键，即可在合成窗口中预览动画。

实战085 制作爆炸冲击波

 实例解析

本例主要讲解利用【毛边】特效制作爆炸冲击波效果，完成的动画流程画面如图9.46所示。

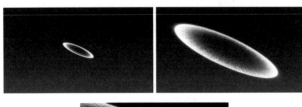

难易程度：★★☆☆☆
工程文件：工程文件\第9章\爆炸冲击波
视频文件：视频教学\实战085 爆炸冲击波.avi

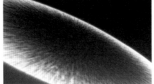

图9.46 动画流程画面

知识点

1. 【毛边】特效
2. 【梯度渐变】特效
3. Shine(光)特效

操作步骤

（1）执行菜单栏中的【合成】|【新建合成】命令，打开【合成设置】对话框，设置【合成名称】为"路径"，【宽度】为720px，【高度】为405px，【帧速率】为25，并设置【持续时间】为0:00:03:00秒。

（2）执行菜单栏中的【图层】|【新建】|【纯色】命令，打开【纯色设置】对话框，设置【名称】为"白色"，【颜色】为白色，如图9.47所示。

图9.47 "白色"固态层设置

（3）选中"白色"层，在工具栏中选择【椭圆工具】，在"白色"层上绘制一个椭圆形路径，如图9.48所示。

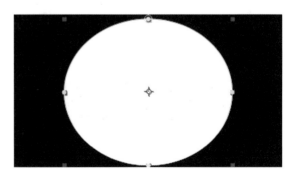

图9.48 "白色"层路径显示效果

（4）将"白色"层复制一份，并将其重命名为"黑色"，将其颜色改为黑色。

(5) 单击"黑色"层左侧的灰色三角形按钮 ▼，展开【蒙版】选项组，打开【蒙版 1】卷展栏，设置【蒙版扩展】的值为-20像素，如图9.49所示；合成窗口效果如图9.50所示。

图9.49 设置遮罩扩展参数

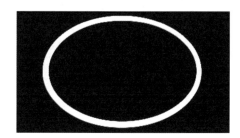

图9.50 设置遮罩扩展后的效果

(6) 为"黑色"层添加【毛边】特效。在【效果和预设】面板中展开【风格化】特效组，然后双击【毛边】特效。

(7) 在【效果控件】面板中修改【毛边】特效的参数，设置【边界】的值为300，【边缘锐度】的值为10，【比例】的值为10，【复杂度】的值为10。将时间调整到0:00:00:00帧的位置，设置【演化】的值为0，单击【演化】左侧的【码表】按钮 ○，在当前位置设置关键帧。

(8) 将时间调整到0:00:02:00帧的位置，设置【演化】的值为-5x，系统会自动设置关键帧，如图9.51所示；合成窗口效果如图9.52所示。

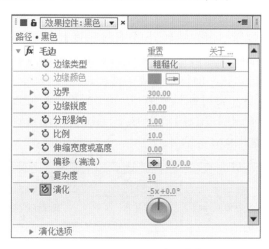

图9.51 设置【毛边】参数

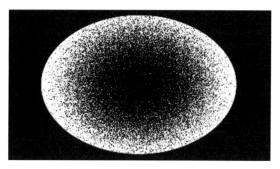

图9.52 设置【毛边】后的效果

(9) 执行菜单栏中的【合成】|【新建合成】命令，打开【合成设置】对话框，设置【合成名称】为"爆炸冲击波"，【宽度】为720px，【高度】为405px，【帧速率】为25，并设置【持续时间】为0:00:02:00秒。

(10) 执行菜单栏中的【图层】|【新建】|【纯色】命令，打开【纯色设置】对话框，设置【名称】为"背景"，【颜色】为黑色。

(11) 为"背景"层添加【梯度渐变】特效。在【效果和预设】面板中展开【生成】特效组，然后双击【梯度渐变】特效。

(12) 在【效果控件】面板中修改【梯度渐变】特效的参数，设置【结束颜色】为暗红色(R:143；G:11；B:11)，如图9.53所示；合成窗口效果如图9.54所示。

图9.53 渐变参数设置

图9.54 设置渐变后的效果

(13) 打开"爆炸冲击波"合成，在【项目】面板中选择"路径"合成，将其拖动到"爆炸冲击波"合成的时间线面板中。

(14) 为"路径"层添加Shine(光)特效。在【效果和预设】面板中展开Trapcode特效组,然后双击Shine(光)特效。

(15) 在【效果控件】面板中修改Shine(光)特效的参数,设置Ray Length(光线长度)的值为0.4,Boost Light(光线亮度)的值为1.7,从Colorize(着色)右侧的下拉列表框中选择Fire(火焰)选项,如图9.55所示;合成窗口效果如图9.56所示。

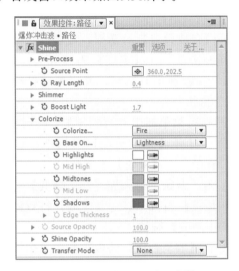

图9.55 设置Shine(光) 参数

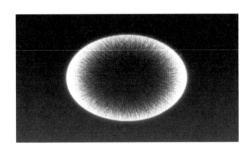

图9.56 设置Shine(光)后的效果

(16) 打开"路径"层的三维开关,单击"路径"层左侧的灰色三角形按钮 ▼,展开【变换】选项组,设置【方向】的值为(0, 17, 335),【X轴旋转】的值为-72,【Y轴旋转】的值为124,【Z轴旋转】的值为27,单击【缩放】右侧的【约束比例】按钮 ,取消约束;将时间调整到0:00:00:00帧的位置,设置【缩放】的值为(0, 0, 100),单击【缩放】左侧的【码表】按钮 ,在当前位置设置关键帧,如图9.57所示;合成窗口效果如图9.58所示。

(17) 将时间调整到0:00:02:00帧的位置,设置【缩放】的值为(300, 300, 100),系统会自动设置关键帧,如图9.59所示;合成窗口效果如图9.60

所示。

图9.57 设置参数

图9.58 设置参数后的效果

图9.59 设置【缩放】关键帧

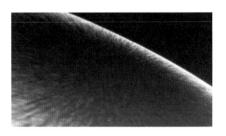

图9.60 设置【缩放】后的效果

(18) 选中"路径"层,将时间调整到0:00:01:15帧的位置,按T键展开【不透明度】属性,设置【不透明度】的值为100%,单击左侧的【码表】按钮 ,在当前位置设置关键帧。

(19) 将时间调整到00:00:02:00帧的位置,设置【不透明度】的值为0%,系统会自动设置关键帧,如图9.61所示。

图9.61 设置【不透明度】关键帧

(20) 这样就完成了爆炸冲击波效果的整体制作，按小键盘上的0键，即可在合成窗口中预览动画。

实战086 去除场景中的电线

实例解析

本例主要讲解利用CC Simple Wire Removal(CC擦钢丝)特效去除场景中的电线效果，去除电线前后的效果对比如图9.62所示。

> 💻 难易程度：★☆☆☆☆
> ✏️ 工程文件：工程文件\第9章\去除场景中的电线
> 🌐 视频文件：视频教学\实战086 去除场景中的电线.avi

图9.62 去除电线前后的效果对比

知识点

CC Simple Wire Removal(CC擦钢丝)特效

操作步骤

(1) 执行菜单栏中的【文件】|【打开项目】命令，选择配套素材中的"工程文件\第9章\去除场景中的电线\去除场景中的电线练习.aep"文件，将文件打开。

(2) 为"擦钢丝"层添加CC Simple Wire Removal(CC擦钢丝)特效。在【效果和预设】面板中展开【键控】特效组，然后双击CC Simple Wire Removal(CC擦钢丝)特效。

(3) 在【效果控件】面板中修改CC Simple Wire Removal(CC擦钢丝)特效的参数，设置Point A(点A)的值为(690，170)，Point B(点B)的值为(218，110)，Thickness(厚度)的值为6，如图9.63所示；合

成窗口效果如图9.64所示。这样就完成了去除场景中的电线的整体制作。

图9.63 设置CC Simple Wire Removal(擦钢丝)参数

图9.64 设置CC Simple Wire Removal(擦钢丝)后的效果

实战087 制作墙面破碎出字效果

实例解析

本例主要讲解利用【碎片】特效制作墙面破碎出字效果，完成的动画流程画面如图9.65所示。

> 💻 难易程度：★★★☆☆
> ✏️ 工程文件：工程文件\第9章\破碎出字
> 🖌️ 视频文件：视频教学\实战087 墙面破碎出字.avi

图9.65 动画流程画面

知识点

1. 【碎片】特效
2. 【矩形工具】 □

操作步骤

（1）执行菜单栏中的【文件】|【打开项目】命令，选择配套素材中的"工程文件\第9章\墙面破碎出字\墙面破碎出字练习.aep"文件，将文件打开。

（2）执行菜单栏中的【合成】|【新建合成】命令，打开【合成设置】对话框，设置【合成名称】为"文字"，【宽度】为720px，【高度】为576px，【帧速率】为25，并设置【持续时间】为0:00:04:00秒。

（3）在【项目】面板中选择"纹理"素材，将其拖动到"文字"合成的时间线面板中。

（4）执行菜单栏中的【图层】|【新建】|【文本】命令，新建文字层，在合成窗口中输入"墙面破碎"，在【字符】面板中，设置字体为【华文行楷】，字号为120像素，文字颜色为灰色(R:129；G:129；B:129)，如图9.66所示；合成窗口效果如图9.67所示。

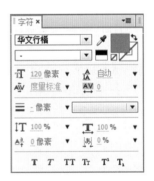

图9.66 设置字体

图9.67 设置字体后的效果

（5）执行菜单栏中的【合成】|【新建合成】命令，打开【合成设置】对话框，设置【合成名

称】为"破裂"，【宽度】为720px，【高度】为576px，【帧速率】为25，并设置【持续时间】为0:00:04:00秒。

（6）在【项目】面板中选择"文字"合成，将其拖动到"破裂"合成的时间线面板中。

（7）执行菜单栏中的【图层】|【新建】|【灯光】命令，打开【灯光设置】对话框，从【灯光类型】下拉列表框中选择【点】选项，设置【颜色】为白色，【强度】为154%。

（8）为"文字"层添加【碎片】特效。在【效果和预设】面板中展开【模拟】特效组，然后双击【碎片】特效。

（9）在【效果控件】面板中修改【碎片】特效的参数，在【视图】下拉列表框中选择【已渲染】选项，从【渲染】下拉列表框中选择【块】选项；展开【形状】选项组，从【图案】下拉列表框中选择【玻璃】选项，设置【重复】的值为60，【凸出深度】的值为0.21，如图9.68所示。

图9.68 设置【碎片】参数

（10）展开【作用力1】选项组，设置【深度】的值为0.05，【半径】的值为0.2；将时间调整到0:00:00:10帧的位置，设置【位置】的值为(-30，283)，单击【位置】左侧的【码表】按钮，在当前位置设置关键帧，如图9.69所示。

图9.69 设置【位置】关键帧

（11）将时间调整到0:00:03:07帧的位置，设置【位置】的值为(646，283)，系统会自动设置关键帧，如图9.70所示。

图9.70 设置【位置】参数

(12) 展开【物理学】选项组，设置【旋转速度】的值为1，【随机性】的值为1，【粘度】的值为0.1，【大规模方差】的值为25%，如图9.71所示。

图9.71 设置【物理学】参数

(13) 执行菜单栏中的【合成】|【新建合成】命令，打开【合成设置】对话框，设置【合成名称】为"蒙版动画"，【宽度】为720px，【高度】为576px，【帧速率】为25，并设置【持续时间】为0:00:04:00秒。

(14) 在【项目】面板中选择"文字"合成，将其拖动到"蒙版动画"合成的时间线面板中。

(15) 将时间调整到0:00:00:10帧的位置，选择"文字"层，在工具栏中选择【矩形工具】 ，绘制一个长方形路径；按M键打开【蒙版路径】属性，选中【反选】复选框，单击【蒙版路径】左侧的【码表】按钮 ，在当前位置设置关键帧，如图9.72所示。

(16) 将时间调整到0:00:02:18帧的位置，拖动矩形左侧的两个锚点到右侧，系统会自动设置关键帧，效果如图9.73所示。

图9.72 绘制矩形路径　图9.73 设置2秒18帧的蒙版效果

(17) 在【项目】面板中选择"破裂"和"蒙版动画"合成，将其拖动到"破碎出字"合成的时间线面板中。

(18) 在时间线面板中，设置"蒙版动画"的【模式】为【相乘】，如图9.74所示；合成窗口效果如图9.75所示。

图9.74 设置模式

图9.75 设置模式后的效果

(19) 这样就完成了墙面破碎出字的整体制作，按小键盘上的0键，即可在合成窗口中预览动画。

实战088 制作流星雨效果

实例解析

本例主要讲解利用【粒子运动场】特效制作流星雨效果，完成的动画流程画面如图9.76所示。

难易程度：★★★☆☆
工程文件：工程文件\第9章\流星雨效果
视频文件：视频教学\实战088 流星雨效果.avi

图9.76 动画流程画面

📑 知识点

【粒子运动场】特效

📝 操作步骤

（1）执行菜单栏中的【文件】|【打开项目】命令，选择配套素材中的"工程文件\第9章\流星雨效果\流星雨效果练习.aep"文件，将文件打开。

（2）执行菜单栏中的【图层】|【新建】|【纯色】命令，打开【纯色设置】对话框，设置【名称】为"载体"，【颜色】为黑色。

（3）为"载体"层添加【粒子运动场】特效。在【效果和预设】面板中展开【模拟】特效组，然后双击【粒子运动场】特效。

（4）在【效果控件】面板中修改【粒子运动场】特效的参数，展开【发射】选项组，设置【位置】的值为(360，10)，【圆筒半径】的值为300，【每秒粒子数】的值为70，【方向】的值为180，【随机扩散方向】的值为20，【颜色】为红色(R:167；G:0；B:16)，【粒子半径】的值为25，如图9.77所示；合成窗口效果如图9.78所示。

图9.77　设置【发射】参数

图9.78　设置【发射】后的效果

（5）单击【粒子运动场】右侧的【选项】按钮，打开【粒子运动场】对话框。单击【编辑发射文字】按钮，打开【编辑发射文字】对话框，在下面的文本框中输入任意数字与字母，单击两次【确定】按钮，完成文字编辑，如图9.79所示；合成窗口效果如图9.80所示。

图9.79　【编辑发射文字】对话框

图9.80　设置文字后的效果

（6）为"载体"层添加【发光】特效。在【效果和预设】面板中展开【风格化】特效组，然后双击【发光】特效。

（7）在【效果控件】面板中修改【发光】特效的参数，设置【发光阈值】的值为44%，【发光半径】的值为197，【发光强度】的值为1.5，如图9.81所示；合成窗口效果如图9.82所示。

图9.81　设置【发光】参数

（8）为"载体"层添加【残影】特效。在【效果和预设】面板中展开【时间】特效组，然后双击【残影】特效。

（9）在【效果控件】面板中修改【残影】特效的参数，设置【残影时间(秒)】的值为-0.05，【残影数量】的值为10，【衰减】的值为0.8，如图9.83所示；合成窗口效果如图9.84所示。

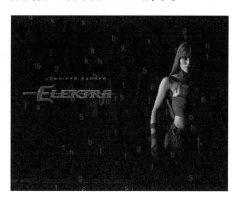

图9.82 设置【发光】后的效果

图9.83 设置【残影】参数

图9.84 设置【残影】后的效果

（10）这样就完成了流星雨效果的整体制作，按小键盘上的0键，即可在合成窗口中预览动画。

实战089 制作老电视效果

 实例解析

本例主要讲解利用【杂色】和【网格】特效制作老电视效果，完成的动画流程画面如图9.85所示。

难易程度：★☆☆☆☆
工程文件：工程文件\第9章\老电视效果
视频文件：视频教学\实战089 老电视效果.avi

图9.85 动画流程画面

知识点

1.【杂色】特效
2.【网格】特效

操作步骤

（1）执行菜单栏中的【文件】|【打开项目】命令，选择配套素材中的"工程文件\第9章\老电视效果\老电视效果练习.aep"文件，将文件打开。

（2）执行菜单栏中的【图层】|【新建】|【纯色】命令，打开【纯色设置】对话框，设置【名称】为"网格"，【颜色】为黑色。

（3）为"网格"层添加【网格】特效。在【效果和预设】面板中展开【生成】特效组，然后双击【网格】特效。

（4）在【效果控件】面板中修改【网格】特效的参数，设置【锚点】的值为(801，288)，从【大小依据】下拉列表框中选择【宽度和高度滑块】选项，设置【宽度】的值为2376，【高度】的值为10，【边界】的值为9；展开【羽化】选项组，设置【高度】的值为7.8，如图9.86所示；合成窗口效果如图9.87所示。

图9.86 设置【网格】参数

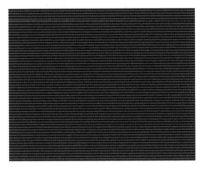

图9.87 设置【网格】后的效果

(5) 执行菜单栏中的【图层】|【新建】|【纯色】命令，打开【纯色设置】对话框，设置【名称】为"噪波"，【颜色】为黑色。

(6) 为"噪波"层添加【杂色】特效。在【效果和预设】面板中展开【杂色和颗粒】特效组，然后双击【杂色】特效。

(7) 在【效果控件】面板中修改【杂色】特效的参数，设置【杂色数量】的值为27%，如图9.88所示；合成窗口效果如图9.89所示。

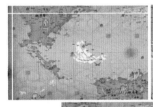

图9.88 设置【杂色】参数

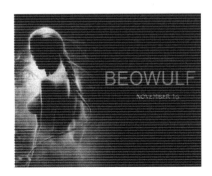

图9.89 设置【杂色】参数后的效果

(8) 在时间线面板中，设置"噪波"层的【模式】为【相减】。这样就完成了老电视效果的整体制作，按小键盘上的0键，即可在合成窗口中预览动画。

实战090 地图定位

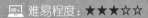
实例解析

本例主要讲解利用【网格】特效制作定位点，然后通过【无线电波】特效的应用，制作出光圈效果，完成的动画流程画面如图9.90所示。

难易程度：★★★☆☆
工程文件：工程文件\第9章\地图定位
视频文件：视频教学\实战090 地图定位.avi

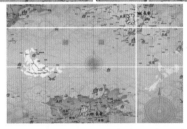

图9.90 动画流程画面

知识点

1. 【无线电波】特效
2. 【网格】特效

操作步骤

step01 制作光圈

(1) 执行菜单栏中的【合成】|【新建合成】命令，打开【合成设置】对话框，设置【合成名称】为"光圈"，【宽度】为720px，【高度】为480px，【帧速率】为25，并设置【持续时间】为0:00:00:10秒，如图9.91所示。

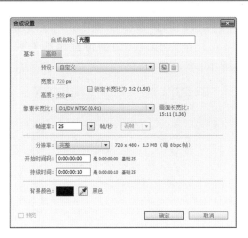

图9.91　合成设置

(2) 执行菜单栏中的【层】|【新建】|【纯色】命令，打开【纯色设置】对话框，设置【名称】为"光"，【颜色】为黑色，如图9.92所示。

图9.92　纯色设置

(3) 选中"光"层，在【效果和预设】面板中展开【生成】特效组，双击【无线电波】特效，如图9.93所示。

图9.93　添加【无线电波】特效

(4) 在【效果控件】面板中，展开【描边】选项组，从【配置文件】右侧的下拉列表框中选择【入点锯齿】选项，设置【颜色】为白色，【开始宽度】的值为40，【末端宽度】的值为40，如图9.94所示。

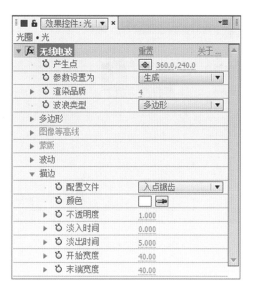

图9.94　参数设置

step 02 制作定位效果

(1) 执行菜单栏中的【合成】|【新建合成】命令，打开【合成设置】对话框，设置【合成名称】为"地图定位"，【宽度】为720px，【高度】为480px，【帧速率】为25，并设置【持续时间】为0:00:05:00秒，如图9.95所示。

图9.95　合成设置

(2) 执行菜单栏中的【文件】|【打开导入】|【文件】命令，打开【导入文件】对话框，选择配套素材中的"工程文件\第9章\地图定位\背景.jpg"素材，单击【导入】按钮，"背景.jpg"素材将导入到【项目】面板中，如图9.96所示。

(3) 在【项目】面板中选择"背景.jpg"素材，将其拖动到"地图定位"合成的时间线面板中，如图9.97所示。

(4) 执行菜单栏中的【图层】|【新建】|【纯色】命令，打开【纯色设置】对话框，设置【名称】为"网格"，【颜色】为黑色，如图9.98所示。

图9.96 【导入文件】对话框

图9.97 添加素材

图9.98 纯色设置

(5) 选中"网格"层，在【效果和预设】面板中展开【生成】特效组，双击【网格】特效，如图9.99所示。

图9.99 添加【网格】特效

(6) 将时间调整到0:00:00:00帧的位置，在【效果控件】面板中，设置【锚点】的值为(-842，

-600)，【边角】的值为(24，40)，单击【边角】左侧的【码表】按钮，在当前位置添加关键帧，如图9.100所示。

图9.100 参数设置

(7) 将时间调整到0:00:00:20帧的位置，设置【边角】的值为(127，92)；将时间调整到0:00:01:05帧的位置，设置【边角】的值为(127，92)；将时间调整到0:00:01:15帧的位置，设置【边角】的值为(257，249)；将时间调整到0:00:02:00帧的位置，设置【边角】的值为(257，249)；将时间调整到0:00:02:14帧的位置，设置【边角】的值为(400，416)；将时间调整到0:00:02:24帧的位置，设置【边角】的值为(400，416)；将时间调整到0:00:03:13帧的位置，设置【边角】的值为(518，64)；将时间调整到0:00:03:23帧的位置，设置【边角】的值为(518，64)；将时间调整到0:00:04:24帧的位置，设置【边角】的值为(577，350)，系统会自动添加关键帧，如图9.101所示。

图9.101 关键帧设置

(8) 在【项目】面板中选择"光圈"合成，将其拖动到"地图定位"合成的时间线面板中，并将"光圈"合成的入点拖动至0:00:00:20帧的位置，如图9.102所示。

图9.102 拖动图层入点

（9）在时间线面板中选择"光圈"层，按Ctrl + D组合键将"光圈"层复制，并将其入点拖动至0:00:01:15帧的位置，如图9.103所示。

图9.103 复制并拖动图层

（10）在时间线面板中选择"光圈"层，按Ctrl + D组合键将"光圈"层复制，并将其入点拖动至0:00:02:15帧的位置，如图9.104所示。

图9.104 复制并拖动图层

（11）在时间线面板中选择"光圈"层，按Ctrl +D组合键将"光圈"层复制，并将其入点拖动至0:00:03:15帧的位置，如图9.105所示。最后分别移动光圈的位置将其与十字线对齐。

图9.105 复制并设置图层

（12）将时间调整到0:00:00:00帧的位置，选中"背景.jpg"层，按P键打开【位置】属性，设置【位置】的值为(530，240)，单击【位置】左侧的【码表】按钮，在当前位置添加关键帧，如图9.106所示。

图9.106 0:00:00:00帧的位置关键帧设置

（13）将时间调整到0:00:05:00帧的位置，设置【位置】的值为(190，240)，系统会自动添加关键

帧，如图9.107所示。

图9.107 0:00:05:00帧的位置关键帧设置

（14）这样就完成了地图定位的整体制作，按小键盘上的0键，即可在合成窗口中预览动画。

实战091 制作意境风景

实例解析

本例主要讲解利用CC Hair(CC毛发)、CC Rainfall(CC下雨)特效制作意境风景效果，完成的动画流程画面如图9.108所示。

難易程度：★★☆☆☆

工程文件：工程文件\第9章\意境风景

视频文件：视频教学\实战091 意境风景.avi

图9.108 动画流程画面

知识点

1.【分形杂色】特效
2. CC Hair(CC 毛发)特效
3. CC Rainfall(CC下雨)特效

操作步骤

step 01 制作风效果

(1) 执行菜单栏中的【合成】|【新建合成】命令，打开【合成设置】对话框，设置【合成名称】为"风"，【宽度】为720px，【高度】为480px，【帧速率】为25，并设置【持续时间】为0:00:05:00秒，如图9.109所示。

图9.109 合成设置

(2) 执行菜单栏中的【图层】|【新建】|【纯色】命令，打开【纯色设置】对话框，设置【名称】为"风"，【颜色】为黑色，如图9.110所示。

图9.110 纯色设置

(3) 选中"风"层，在【效果和预设】面板中展开【杂色和颗粒】特效组，双击【分形杂色】特效，如图9.111所示。

图9.111 添加【分形杂色】特效

(4) 将时间调整到0:00:00:00帧的位置，在【效果控件】面板中，展开【变换】选项组，设置【缩放】的值为20，单击【演化】左侧的【码表】按钮，在当前位置添加关键帧，如图9.112所示。

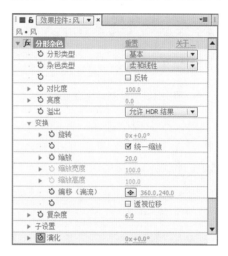

图9.112 参数设置

(5) 将时间调整到0:00:04:24帧的位置，设置【演化】的值为2x，系统会自动添加关键帧，如图9.113所示。

图9.113 关键帧设置

step 02 制作动态效果

(1) 执行菜单栏中的【合成】|【新建合成】命令，打开【合成设置】对话框，设置【合成名称】为"意境风景"，【宽度】为720px，【高度】为480px，【帧速率】为25，并设置【持续时间】为0:00:05:00秒，如图9.114所示。

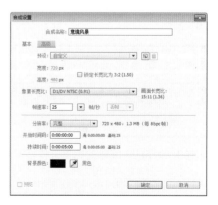

图9.114 合成设置

（2）执行菜单栏中的【文件】|【导入】|【文件】命令，打开【导入文件】对话框，选择配套素材中的"工程文件\第9章\意境风景\背景.jpg"素材，单击【导入】按钮，"背景.jpg"素材将导入到【项目】面板中，如图9.115所示。

图9.115　【导入文件】对话框

（3）在【项目】面板中选择"背景.jpg"素材和"风"合成，将其拖动到"意境风景"合成的时间线面板中，如图9.116所示。

图9.116　添加素材

（4）执行菜单栏中的【图层】|【新建】|【纯色】命令，打开【纯色设置】对话框，设置【名称】为"草"，【颜色】为黑色，如图9.117所示。

图9.117　纯色设置

（5）选中"风"层，单击左侧的【图层开关】按钮，将此图层关闭，如图9.118所示。

（6）选中"草"层，选择工具栏中的【矩形工具】，在合成窗口中拖动绘制一个矩形蒙版区

域，如图9.119所示。

图9.118　图层设置

图9.119　创建矩形蒙版

（7）选中"草"层，在【效果和预设】面板中展开【模拟】特效组，双击CC Hair(CC 毛发)特效，如图9.120所示。

图9.120　添加CC Hair(CC 毛发)特效

（8）在【效果控件】面板中，设置Length(长度)的值为50，Thickness(粗度)的值为1，Weight(重量)的值为-0.1，Density(密度)的值为250；展开Hairfall Map(毛发贴图)选项组，从Map Layer(贴图层)右侧的下拉列表框中选择【2.风】选项，设置Add Noise(噪波叠加)的值为25；展开Hair Color(毛发颜色)选项组，设置Color(颜色)为绿色(R:155；G:219；B:0)，Opacity(不透明度)的值为100%；展开Light(灯光)选项组，设置Light Direction(灯光方向)的值为135；展开Shading(阴影)选项组，设置Specular(镜面)的值为45，如图9.121所示。

（9）选中"背景"层，在【效果和预设】面板中展开【模拟】特效组，然后双击CC Rainfall(CC下雨)特效，如图9.122所示。

（10）在【效果控件】面板中为CC Rainfall(CC下雨)特效设置参数。修改Speed(速度)的值为4000，Opacity(不透明度)的值为50，如图9.123

所示。

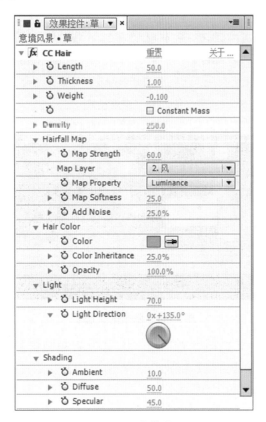

图9.121 参数设置

图9.122 添加CC Rainfall(CC下雨)特效

图9.123 参数设置

（11）这样就完成了意境风景的整体制作，按小键盘上的0键，即可在合成窗口中预览动画。

AE

第10章

影视恐怖特效合成

本章介绍

本章主要讲解影视恐怖特效合成的制作，利用【液化】特效制作滴血文字效果；利用CC Glass(CC玻璃)特效以及蒙版工具，制作出蠕虫爬动的效果。通过本章的学习，读者可以掌握影视恐怖特效合成的制作方法和技巧。

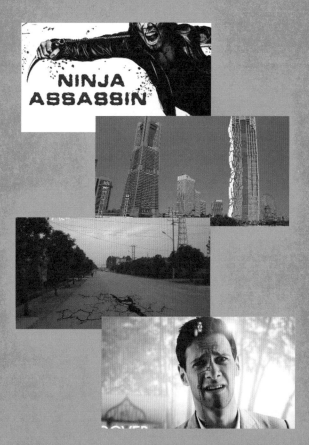

要点索引

◆ 学习滴血文字的制作方法
◆ 学习高楼坍塌的制作方法
◆ 掌握脸上蠕虫的制作技巧

实战092　制作滴血文字

实例解析

本例主要讲解利用【液化】特效制作滴血文字效果，完成的动画流程画面如图10.1所示。

- 难易程度：★★☆☆☆
- 工程文件：工程文件\第10章\滴血文字
- 视频文件：视频教学\实战092 滴血文字.avi

图10.1　动画流程画面

知识点

1. 【毛边】特效
2. 【液化】特效

操作步骤

（1）执行菜单栏中的【文件】|【打开项目】命令，选择配套素材中的"工程文件\第10章\滴血文字\滴血文字练习.aep"文件，将文件打开。

（2）为文字层添加【毛边】特效。在【效果和预设】面板中展开【风格化】特效组，然后双击【毛边】特效。

（3）在【效果控件】面板中修改【毛边】特效的参数，设置【边界】的值为6，如图10.2所示；合成窗口效果如图10.3所示。

（4）为文字层添加【液化】特效。在【效果和预设】面板中展开【扭曲】特效组，然后双击【液化】特效。

（5）在【效果控件】面板中修改【液化】特效的参数，在【工具】选项组中单击【变形工具】按

钮 ，展开【变形工具选项】选项组，设置【画笔大小】的值为10，【画笔压力】的值为100，如图10.4所示。

图10.2　设置【毛边】特效的参数

图10.3　合成窗口中的效果

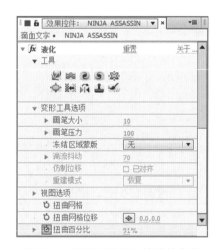

图10.4　设置【液化】特效的参数

（6）在合成窗口的文字中拖动鼠标，使文字产生变形效果。变形后的效果如图10.5所示。

图10.5　合成窗口中的效果

（7）将时间调整到0:00:00:00帧的位置，在【效果控件】面板中修改【液化】特效的参数，设置【扭曲百分比】的值为0%，单击【扭曲百分比】左侧的【码表】按钮 ，在当前位置设置关键帧。

（8）将时间调整到0:00:01:10帧的位置，设置【扭曲百分比】的值为200%，系统会自动设置关键帧，如图10.6所示。

图10.6　添加关键帧

（9）这样就完成了滴血文字的整体制作，按小键盘上的0键，即可在合成窗口中预览动画。

实战093　制作高楼坍塌效果

实例解析

本例主要讲解利用【碎片】和Particular(粒子)特效制作高楼坍塌的效果，完成的动画流程画面如图10.7所示。

| 难易程度：★★★☆☆ |
| 工程文件：工程文件\第10章\高楼坍塌 |
| 视频文件：视频教学\实战093 高楼坍塌.avi |

图10.7　动画流程画面

知识点

1. 【碎片】特效
2. Particular(粒子)特效

操作步骤

step 01 制作烟雾合成

（1）执行菜单栏中的【合成】|【新建合成】命令，打开【合成设置】对话框，设置【合成名称】为"烟雾"，【宽度】为300px，【高度】为300px，【帧速率】为25，并设置【持续时间】为0:00:05:00秒，如图10.8所示。

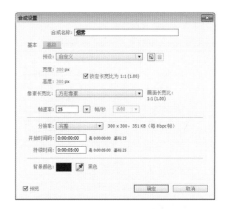

图10.8　合成设置

（2）执行菜单栏中的【图层】|【新建】|【纯色】命令，打开【纯色设置】对话框，设置【名称】为"白背景"，【宽度】为300像素，【高度】为300像素，【颜色】为白色，如图10.9所示。

图10.9　纯色设置

（3）执行菜单栏中的【文件】|【导入】|【文件】命令，打开【导入文件】对话框，选择配套素材中的"工程文件\第10章\高楼坍塌\Smoke.

jpg" "工程文件\第10章\高楼坍塌\背景.png" "工程文件\第10章\高楼坍塌\高楼.png"素材,单击【导入】按钮,将素材导入到【项目】面板中。

(4)在【项目】面板中,选择Smoke.jpg素材,将其拖动到"烟雾"合成的时间线面板中,如图10.10所示。

图10.10　添加素材

(5)选中"白背景"层,设置其轨道遮罩为【亮度反转遮罩"Smoke.jpg"】,如图10.11所示;效果如图10.12所示。

图10.11　设置轨道遮罩

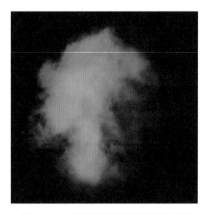

图10.12　设置轨道遮罩后的效果

step 02　制作总合成

(1)执行菜单栏中的【合成】|【新建合成】命令,打开【合成设置】对话框,设置【合成名称】为"总合成",【宽度】为1024px,【高度】为576px,【帧速率】为25,并设置【持续时间】为0:00:05:00秒。

(2)在【项目】面板中选择"背景.png""高楼.png"素材,将其拖动到"总合成"的时间线面板中,如图10.13所示。

图10.13　添加素材

(3)选中"高楼"层,在【效果和预设】面板中展开【模拟】特效组,双击【碎片】特效,如图10.14所示;此时从合成窗口中可以看到添加【碎片】特效后的效果,如图10.15所示。

图10.14　添加【碎片】特效

图10.15　画面效果

(4)因为当前图像的显示视图为线框,所以从图像中看到有线框效果。在【效果控件】面板中,选择【碎片】特效,从【视图】右侧的下拉列表框中选择【已渲染】选项;展开【形状】选项组,从【图案】右侧的下拉列表框中选择【玻璃】选项,设置【重复】的数量为50,如图10.16所示;合成窗口效果如图10.17所示。

图10.16　【形状】选项组参数设置

图10.17　画面效果

(5) 展开【作用力1】选项组，设置【半径】的值为0.2，【强度】的值为3；将时间调整到0:00:00:00帧的位置，设置【位置】的值为(777，49)，单击【位置】左侧的【码表】按钮🕐，在当前位置添加关键帧；将时间调整到0:00:00:23帧的位置，设置【位置】的值为(777，435)，系统会自动创建关键帧，如图10.18所示。

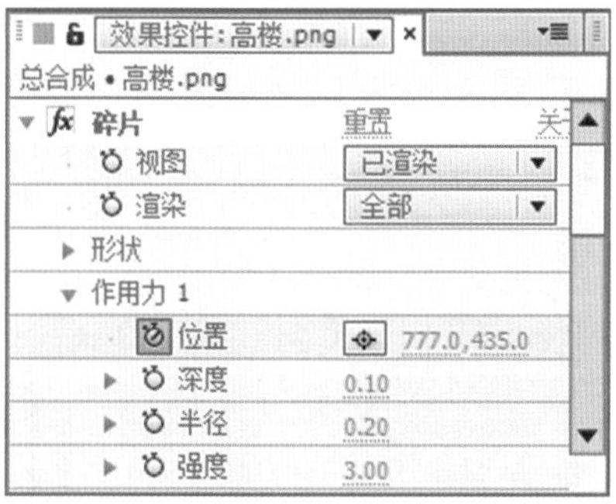

图10.20　添加素材

图10.21　隐藏"烟雾"层

(9) 执行菜单栏中的【图层】|【新建】|【纯色】命令，打开【纯色设置】对话框，设置【名称】为"粒子替代"，【宽度】为1024像素，【高度】为576像素，【颜色】为黑色，如图10.22所示。

图10.22　纯色设置

(10) 选中"粒子替代"层，在【效果和预设】面板中展开Trapcode特效组，双击Particular(粒子)特效，如图10.23所示。

图10.18　参数设置

(6) 展开【物理学】选项组，设置【重力】的值为5，如图10.19所示。

图10.19　【物理学】参数设置

(7) 在【项目】面板中，选择"烟雾"合成，将其拖动到"总合成"的时间线面板中，如图10.20所示。

(8) 选中"烟雾"层，单击其左侧的【图层开关】按钮👁，将其隐藏，如图10.21所示。

图10.23　添加Particular(粒子)特效

(11) 在【效果控件】面板中，展开Emitter(发射器)选项组，设置Particles/sec(粒子数量)为30，在Emitter Type(发射类型)右侧的下拉列表框中选择Box(盒子)选项，设置Position XY(XY轴位置)的值为(692，518)，Emitter Size X(发射器X轴粒子大小)的值为396，如图10.24所示；画面效果如图10.25所示。

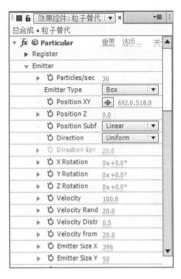

图10.24 Emitter(发射器) 参数设置

图10.25 效果图

(12) 展开Particle(粒子)选项组，设置Life[sec](生命)的值为3，在Particle Type(粒子类型)右侧的下拉列表框中选择Sprite(幽灵)选项；展开Texture(纹理)选项组，在Layer(图层)右侧的下拉列表框中选择【2.烟雾】选项，设置Size(大小)的值为120，Size Random[%](大小随机)的值为90，Opacity(不透明度)的值为36，Opacity Random[%](不透明度随机)的值为0，其他参数设置如图10.26所示；画面效果如图10.27所示。

图10.26 Particle(粒子) 参数设置

图10.27 效果图

(13) 设置烟土的颜色，选中"粒子替代"层，在【效果和预设】面板中展开【色彩校正】特效组，双击【色调】特效，如图10.28所示。

图10.28 添加【色调】特效

(14) 在【效果控件】面板中，设置【将白色映射到】颜色为灰色(R:196；G:196；B:194)，如图10.29所示。

图10.29 参数设置

(15) 这样高楼坍塌效果就制作完成了，按小键盘上的0键，即可在合在窗口中预览动画。

实战094 制作地面爆炸效果

 实例解析

本例主要讲解利用Particular(粒子)、【梯度渐变】特效来制作地面爆炸效果，完成的动画流程画面如图10.30所示。

難易程度：★★★☆☆
工程文件：工程文件\第10章\地面爆炸
视频文件：视频教学\实战094 地面爆炸.avi

图10.30　动画流程画面

知识点

1. Particular(粒子)特效
2. 【梯度渐变】特效
3. 烟雾的制作

操作步骤

step 01　制作爆炸合成

（1）执行菜单栏中的【合成】|【新建合成】命令，打开【合成设置】对话框，设置【合成名称】为"爆炸"，【宽度】为1024px，【高度】为576px，【帧速率】为25，并设置【持续时间】为0:00:05:00秒，如图10.31所示。

图10.31　合成设置

（2）执行菜单栏中的【文件】|【导入】|【文件】命令，打开【导入文件】对话框，选择配套素材中的"工程文件\第10章\地面爆炸\爆炸素材.mov""工程文件\第10章\地面爆炸\背

景.jpg""工程文件\第10章\地面爆炸\裂缝.jpg"素材，单击【导入】按钮，素材将导入到【项目】面板中。

（3）打开"爆炸"合成，在【项目】面板中选择"爆炸素材.mov"素材，将其拖动到"爆炸"合成的时间线面板中，如图10.32所示。

图10.32　添加素材

（4）选中"爆炸素材.mov"层，按Enter键重命名为"爆炸素材1.mov"，展开【伸缩】属性，设置【伸缩】的值为260%，如图10.33所示。

图10.33　【伸缩】参数设置

（5）将时间调整到0:00:01:04帧的位置，按[键，设置"爆炸素材1.mov"的入点位置，按P键展开【位置】属性，设置【位置】的值为(570，498)；将时间调整到0:00:03:05帧的位置，按Alt+]组合键，设置该层的出点位置，如图10.34所示。

图10.34　【位置】参数设置

（6）选中"爆炸素材1.mov"层，选择工具栏中的【钢笔工具】，在"爆炸"合成中绘制一个闭合蒙版，如图10.35所示。

（7）选中"蒙版1"层，按F键展开【蒙版羽化】属性，设置【蒙版羽化】的值为58，效果如图10.36所示。

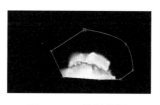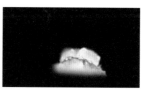

图10.35　绘制蒙版　　图10.36　设置羽化数值

（8）选中"爆炸素材1.mov"层，在【效果和

预设】面板中展开【色彩校正】特效组，双击【曲线】特效。

（9）在【效果控件】面板中，调节曲线形状如图10.37所示；此时画面效果如图10.38所示。

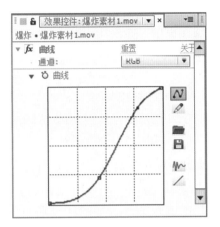

图10.37　调节曲线形状

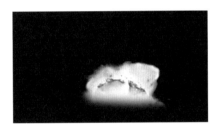

图10.38　画面效果

（10）选中"爆炸素材1.mov"层，按Ctrl+D组合键复制出"爆炸素材1.mov2"层，并按Enter键重命名为"爆炸素材2.mov"，如图10.39所示。

图10.39　复制图层

（11）选中"爆炸素材2.mov"层，将时间调整到0:00:01:15帧的位置，按[键，设置该层的入点，如图10.40所示。

图10.40　入点设置

（12）按P键展开【位置】属性，设置【位置】的值为(660，486)，如图10.41所示。

图10.41　【位置】参数设置

（13）选中"爆炸素材2.mov"层，设置其图层模式为【较浅的颜色】，如图10.42所示。

图10.42　图层模式设置

（14）选中"爆炸素材2.mov"层，按Ctrl+D组合键复制出"爆炸素材2.mov2"层，并按Enter键重命名为"爆炸素材3.mov"，如图10.43所示。

图10.43　复制图层

（15）选中"爆炸素材3.mov"层，按P键展开【位置】属性，设置【位置】的值为(570，498)，如图10.44所示。

图10.44　【位置】参数设置

（16）设置该层的图层模式为【屏幕】，如图10.45所示。

图10.45　图层模式设置

（17）选中"爆炸素材3.mov"层，按Ctrl+Alt+R组合键，使该层素材倒播，打开【伸缩】属性，设置【伸缩】的值为-450%，如图10.46所示。

图10.46　【伸缩】参数设置

（18）将时间调整到0:00:03:06帧的位置，按[键，设置入点位置，如图10.47所示。

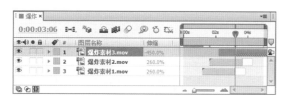

图10.47　入点位置设置

（19）选中"爆炸素材3.mov"层，按Ctrl+D组合键复制出"爆炸素材3.mov2"层，并按Enter键重命名为"爆炸素材4.mov"，如图10.48所示。

图10.48　复制图层

（20）选中"爆炸素材4.mov"层，按P键展开【位置】属性，设置【位置】的值为(648，498)，如图10.49所示。

图10.49　【位置】参数设置

（21）设置该层的图层模式为【较浅的颜色】，如图10.50所示。

图10.50　图层模式设置

（22）将时间调整到0:00:03:17帧的位置，按[键，设置入点位置，如图10.51所示。

图10.51　入点位置设置

step 02　制作地面爆炸合成

（1）执行菜单栏中的【合成】|【新建合成】命令，打开【合成设置】对话框，设置【合成名称】为"地面爆炸"，【宽度】为1024px，【高度】为576px，【帧速率】为25，并设置【持续时间】为0:00:05:00秒。

（2）打开"地面爆炸"合成，在【项目】面板中选择"背景.jpg"合成，将其拖动到"地面爆炸"合成的时间线面板中，如图10.52所示。

图10.52　添加"背景.jpg"素材

（3）选中"背景.jpg"层，在【效果和预设】面板中展开【颜色校正】特效组，双击【曲线】特效。

（4）在【效果控件】面板中，调节曲线形状如图10.53所示；此时画面效果如图10.54所示。

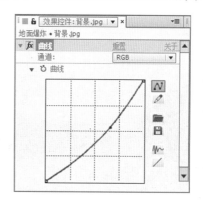

图10.53　调节曲线形状

图10.54　画面效果

(5) 在【项目】面板中选择"裂缝.jpg"合成，将其拖动到"地面爆炸"合成的时间线面板中，如图10.55所示。

图10.55 添加"裂缝.jpg"素材

(6) 选中"裂缝.jpg"层，设置该层的图层模式为【相乘】，如图10.56所示。

图10.56 图层模式设置

(7) 按P键展开【位置】属性，设置【位置】的值为(552，531)，如图10.57所示。

图10.57 参数设置

(8) 选中"裂缝.jpg"层，选择工具栏中的【椭圆工具】 ◯，在"地面爆炸"合成窗口绘制一个椭圆蒙版，如图10.58所示。

图10.58 绘制蒙版

(9) 选中"蒙版 1"层，按F键展开【蒙版羽化】属性，设置【蒙版羽化】的值为(45，45)，如图10.59所示。

(10) 将时间调整到0:00:01:13帧的位置，设置【蒙版扩展】的值为-18，单击其左侧的【码表】按钮 ⏱，在当前位置添加关键帧；将时间调整到

0:00:01:24帧的位置，设置【蒙版扩展】的值为350，系统会自动创建关键帧，如图10.60所示。

图10.59 【蒙版羽化】设置

图10.60 关键帧设置

(11) 执行菜单栏中的【图层】|【新建】|【纯色】命令，打开【纯色设置】对话框，设置【名称】为"粒子"，【宽度】的值为1024像素，【高度】的值为576像素，【颜色】为黑色，如图10.61所示。

图10.61 纯色设置

(12) 选中"粒子"层，在【效果和预设】面板中展开Trapcode特效组，双击Particular(粒子)特效。

(13) 在【效果控件】面板中，展开Emitter(发射器)选项组，设置Particles/sec(粒子数量)为200，在Emitter Type(发射类型)右侧的下拉列表框中选择Sphere(球体)选项，设置Position XY(XY轴位置)的值为(232，-52)，Velocity(速度)的值为20，Velocity Random[%](速度随机)的值为30，Velocity Distribution(速率分布)的值为5，Emitter Size X(发射器X轴粒子大小)的值为10，Emitter Size Y(发射器Y轴粒子大小)的值为10，Emitter Size Z(发射器Z轴粒子大小)的值为10，如图10.62所示；画面效果如

图10.63所示。

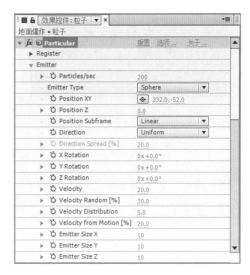

图10.62　Emitter(发射器)参数设置

图10.63　效果图

(14) 选中"粒子"层，将时间调整到0:00:00:00帧的位置，设置Position XY(XY轴位置)的值为(232，-52)，单击【码表】按钮♥️，在当前位置添加关键帧；将时间调整到0:00:01:05帧的位置，设置Position XY(XY轴位置)的值为(554，442)，系统会自动创建关键帧，如图10.64所示。

图10.64　关键帧设置

(15) 展开Particle(粒子)选项组，设置Life[sec](生存)的值为3，在Particle Type(粒子类型)右侧的下拉列表框中选择Cloudlet(云)选项，设置Size(尺寸)的值为18，手动调整Size Over Life(尺寸生命)的形状，设置Opacity(不透明度)的值为5，Opacity Random[%](不透明度随机)的值为100，Color(颜色)

为灰色(R:207；G:207；B:207)；如图10.65所示，画面效果如图10.66所示。

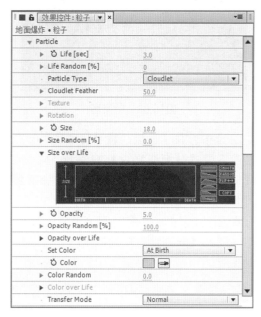

图10.65　参数设置

图10.66　效果图

(16) 选中"粒子"层，在【效果和预设】面板中展开【生成】特效组，双击【梯度渐变】特效。

(17) 在【效果控件】面板中，设置【渐变起点】的值为(284，18)，【起始颜色】为灰色(R:138；G:138；B:138)，【结束颜色】为橘黄色(R:255；G:112；B:25)，如图10.67所示；画面效果如图10.68所示。

图10.67　参数设置

图10.68　效果图

(18) 选中"粒子"层，将时间调整到0:00:00:24帧的位置，设置【渐变终点】的值为(562，432)，单击【码表】按钮 ⏱，在当前位置添加关键帧；将时间调整到0:00:01:09帧的位置，设置【渐变终点】的值为(920，578)；将时间调整到0:00:02:16帧的位置，设置【渐变终点】的值为(5014，832)，如图10.69所示。

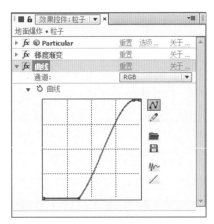

图10.69　关键帧设置

(19) 选中"粒子"层，在【效果和预设】面板中展开【颜色校正】特效组，双击【曲线】特效。

(20) 在【效果控件】面板中，调节曲线形状如图10.70所示，此时画面效果如图10.71所示。

图10.70　调节曲线形状

(21) 将时间调整到0:00:02:20帧的位置，选中"粒子"层，按T键展开【不透明度】属性，设置【不透明度】的值为100%，单击【码表】按钮 ⏱，在当前位置添加关键帧；将时间调整到0:00:03:11帧的位置，设置【不透明度】的值为0%，系统会自动创建关键帧，如图10.72所示。

图10.71　画面效果

图10.72　关键帧设置

(22) 在【项目】面板中选择"爆炸"合成，将其拖动到"地面爆炸"合成的时间线面板中，如图10.73所示。

图10.73　添加"爆炸"合成

(23) 选中"爆炸"合成，设置该层的图层模式为【屏幕】，如图10.74所示。

图10.74　图层模式设置

(24) 选中"爆炸"合成，在【效果和预设】面板中展开【颜色校正】特效组，双击【色阶】特效。

(25) 在【效果控件】面板中，设置【输入黑色】的值为99，如图10.75所示。

图10.75　参数设置

(26) 执行菜单栏中的【图层】|【新建】|【纯色】命令,打开【纯色设置】对话框,设置【名称】为"蒙版",【宽度】的值为1024像素,【高度】的值为576像素,【颜色】为黑色,如图10.76所示。

图10.76 纯色设置

(27) 选中"蒙版"层,选择工具栏中的【椭圆工具】◯,在"地面爆炸"合成窗口中绘制一个椭圆蒙版,如图10.77所示。

图10.77 绘制蒙版

(28) 按P键展开【位置】属性,设置【位置】的值为(610,464),如图10.78所示。

(29) 选中"蒙版"层,按F键展开【蒙版羽化】属性,设置【蒙版羽化】的值为(128,128),如图10.79所示。

(30) 将时间调整到0:00:01:11帧的位置,按T键展开【不透明度】属性,设置【不透明度】的值为0%,单击【码表】按钮⏱,在当前位置添加关键帧;将时间调整到0:00:01:20帧的位置,设置【不透明度】的值为85%,系统会自动创建关键帧;将时间调整到0:00:02:17帧的位置,设置【不透明度】的值为85%;将时间调整到0:00:03:06帧的位置,设置【不透明度】的值为28%,关键帧如图10.80所示。

图10.78 设置【位置】参数

图10.79 【蒙版羽化】设置

图10.80 关键帧设置

(31) 执行菜单栏中的【图层】|【新建】|【纯色】命令,打开【纯色设置】对话框,设置【名称】为"烟雾",【宽度】的值为1024像素,【高度】的值为576像素,【颜色】为黑色,如图10.81所示。

图10.81 纯色设置

(32) 选中"烟雾"层,在【效果和预设】面板中展开Trapcode特效组,双击Particular(粒子)特效。

(33) 在【效果控件】面板中,展开Emitter(发射器)选项组,在Emitter Type(发射类型)右侧的下拉列表框中选择Box(盒子)选项,设置Position XY(XY轴位置)的值为(582,590),Velocity(速度)的值为240,如图10.82所示;画面效果如图10.83所示。

图10.82 Emitter(发射器)参数设置

图10.83 效果图

(34) 展开Particle(粒子)选项组，设置Life[sec](生存)的值为2，在Particle Type(粒子类型)右侧的下拉列表框中选择Cloudlet(云)选项，设置Size(尺寸)的值为80，Opacity(不透明度)的值为4，Color(颜色)为灰色(R:57；G:57；B:57)，如图10.84所示；画面效果如图10.85所示。

图10.84 粒子参数设置

(35) 选中"烟雾"层，将时间调整到0:00:02:06帧的位置，按[键设置该层的入点；将时间调整到0:00:02:13帧的位置，设置【不透明度】的值为0%，单击【码表】按钮，在当前位置添加关键帧；将时间调整到0:00:03:06帧的位置，设置【不透明度】的值为100%，系统会自动创建关键帧，如图10.86所示。

图10.85 效果图

图10.86 关键帧设置

(36) 这样就完成了地面爆炸效果的制作，按小键盘上的0键，即可在合成窗口中预览动画。

实战095 制作脸上的蠕虫

👨‍🎓 实例解析

本例主要讲解利用CC Glass(CC 玻璃)特效、【曲线】特效以及蒙版工具，来完成脸上蠕虫动画的制作，动画流程画面如图10.87所示。

难易程度：★★★★☆

工程文件：工程文件\第10章\脸上的蠕虫

视频文件：视频教学\实战095 脸上的蠕虫.avi

图10.87 动画流程画面

知识点

1. CC Glass(CC 玻璃)特效
2.【自动定向】命令

操作步骤

step 01 制作蒙版合成

(1) 执行菜单栏中的【合成】|【新建合成】命令，打开【合成设置】对话框，设置【合成名称】为"蒙版"，【宽度】为1024px，【高度】为576px，【帧速率】为25，并设置【持续时间】为0:00:05:00秒，如图10.88所示。

(2) 执行菜单栏中的【文件】|【导入】|【文件】命令，打开【导入文件】对话框，选择配套素材中的"工程文件\第10章\脸上的蠕虫\背景.jpg"素材，如图10.89所示，单击【导入】按钮，"背景.jpg"素材将导入到【项目】面板中。

图10.88　合成设置　　图10.89　【导入文件】对话框

(3) 在【项目】面板中选择"背景.jpg"素材，将其拖动到"蒙版"合成的时间线面板中，如图10.90所示。

图10.90　添加素材

(4) 执行菜单栏中的【图层】|【新建】|【纯色】命令，打开【纯色设置】对话框，设置【名称】为"白色蒙版1"，【宽度】的值为1024像素，【高度】的值为576像素，【颜色】为白色，如图10.91所示。

(5) 选中"白色蒙版1"层，选择工具栏中的【椭圆工具】，在合成窗口中心绘制一个椭圆蒙版，如图10.92所示。

图10.91　纯色设置　　图10.92　绘制蒙版

(6) 选中"白色蒙版1"层，按F键展开【蒙版羽化】属性，设置【蒙版羽化】的值为(10，10)，如图10.93所示。

图10.93　【蒙版羽化】设置

(7) 选中"白色蒙版1"层，设置【不透明度】的值为60%，按P键展开【位置】属性；将时间调整到0:00:00:00帧的位置，设置【位置】的值为(541，594)，单击【码表】按钮，在当前位置添加关键帧。

(8) 将时间调整到0:00:00:19帧的位置，设置【位置】的值为(513，423)，系统会自动创建关键帧；将时间调整到0:00:01:18帧的位置，设置【位置】的值为(469，256)；将时间调整到0:00:02:15帧的位置，设置【位置】的值为(506，85)，关键帧如图10.94所示。

图10.94　关键帧设置

(9) 在"白色蒙版1"层上右击，从弹出的快捷菜单中选择【变换】|【自动定向】命令，打开【自动方向】对话框，选中【沿路径定向】单选按钮，单击【确定】按钮，如图10.95所示。

(10) 按R键展开【旋转】属性，设置【旋转】的值为-84，如图10.96所示。

图10.95 【自动方向】对话框

图10.96 参数设置

(11) 观看"白色蒙版1"层的运动动画，如图10.97所示。

图10.97 "白色蒙版1"层的运动动画

(12) 执行菜单栏中的【图层】|【新建】|【纯色】命令，打开【纯色设置】对话框，设置【名称】为"白色蒙版2"，【宽度】的值为1024像素，【高度】的值为576像素，【颜色】为白色，如图10.98所示。

(13) 选中"白色蒙版2"层，选择工具栏中的【椭圆工具】，在合成窗口中心绘制一个椭圆蒙版，如图10.99所示。

(14) 选中"白色蒙版2"层，按F键展开【蒙版羽化】属性，设置【蒙版羽化】的值为(10，10)，如图10.100所示。

(15) 选中"白色蒙版2"层，按T键展开【不透明度】属性，设置【不透明度】的值为60%；将时间调整到0:00:00:00帧的位置，按P键展开【位置】属性，设置【位置】的值为(559，564)，单击【码表】按钮，在当前位置添加关键帧。

图10.98 纯色设置   图10.99 绘制蒙版

图10.100 【蒙版羽化】设置

(16) 将时间调整到0:00:00:19帧的位置，设置【位置】的值为(517，360)；将时间调整到0:00:01:07帧的位置，设置【位置】的值为(518，299)；将时间调整到0:00:01:18帧的位置，设置【位置】的值为(566，268)；将时间调整到0:00:02:15帧的位置，设置【位置】的值为(524，55)，关键帧如图10.101所示。

图10.101 关键帧设置

(17) 在"白色蒙版2"层上右击，从弹出的快捷菜单中选择【变换】|【自动定向】命令，打开【自动方向】对话框，选中【沿路径定向】单选按钮，单击【确定】按钮，如图10.102所示。

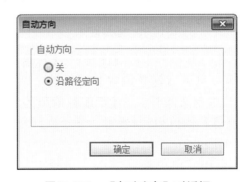

图10.102 【自动方向】对话框

(18) 按R键展开【旋转】属性，设置【旋转】的值为-84，如图10.103所示。

图10.103　参数设置

(19) 观看"白色蒙版2"层的运动动画，如图10.104所示。

图10.104　"白色蒙版2"的运动动画

(20) 执行菜单栏中的【图层】|【新建】|【纯色】命令，打开【纯色设置】对话框，设置【名称】为"白色蒙版3"，【宽度】的值为1024像素，【高度】的值为576像素，【颜色】为白色，如图10.105所示。

(21) 选中"白色蒙版3"层，选择工具栏中的【椭圆工具】○，在合成窗口中心绘制一个椭圆蒙版，如图10.106所示。

图10.105　纯色设置　　　图10.106　绘制蒙版

(22) 选中"白色蒙版3"层，按F键展开【蒙版羽化】属性，设置【蒙版羽化】的值为(10，10)，如图10.107所示。

图10.107　【蒙版羽化】设置

(23) 选中"白色蒙版3"层，按T键展开【不透明度】属性，设置【不透明度】的值为60%；将时间调整到0:00:00:00帧的位置，按P键展开【位置】属性，设置【位置】的值为(565，638)，单击【码表】按钮○，在当前位置添加关键帧。

(24) 将时间调整到0:00:00:19帧的位置，设置【位置】的值为(544，480)；将时间调整到0:00:01:07帧的位置，设置【位置】的值为(510，393)；将时间调整到0:00:01:18帧的位置，设置【位置】的值为(499，325)；将时间调整到0:00:02:15帧的位置，设置【位置】的值为(530，129)，关键帧如图10.108所示。

图10.108　关键帧设置

(25) 在"白色蒙版3"层上右击，从弹出的快捷菜单中选择【变换】|【自动定向】命令，打开【自动方向】对话框，选中【沿路径定向】单选按钮，单击【确定】按钮，如图10.109所示。

图10.109　【自动方向】对话框

(26) 按R键展开【旋转】属性，设置【旋转】的值为-84，如图10.110所示。

图10.110　参数设置

(27) 观看"白色蒙版3"层的运动动画，如图10.111所示。

图10.111 "白色蒙版3"的运动动画

(28) 执行菜单栏中的【图层】|【新建】|【纯色】命令，打开【纯色设置】对话框，设置【名称】为"遮罩层"，【宽度】的值为1024像素，【高度】的值为576像素，【颜色】为白色，如图10.112所示。

(29) 选中"遮罩层"层，选择工具栏中的【钢笔工具】 ，在合成窗口下方绘制一个闭合蒙版，如图10.113所示。

图10.112 纯色设置　　图10.113 绘制下方蒙版

(30) 再次选择工具栏中的【钢笔工具】 ，在合成窗口上方绘制一个闭合蒙版，如图10.114所示。

(31) 选中"蒙版1""蒙版2"，按F键展开【蒙版羽化】属性，设置【蒙版羽化】的值为(5，5)，效果如图10.115所示。

图10.114 绘制上方蒙版　图10.115 羽化后的效果

(32) 选中"遮罩层"层，设置该层的【模式】为【轮廓Alpha】，如图10.116所示。

图10.116 模式设置

 提示

使用【钢笔工具】绘制下方的蒙版时要遮盖住人物的衣领，绘制上方的蒙版时要遮盖住头发。

(33) 选中"背景.jpg"层，单击该层左侧的【图层开关】按钮 ，将其隐藏，如图10.117所示。

图10.117 隐藏"背景.jpg"层

(34) 这样就完成了"蒙版"合成的制作，预览其中几帧效果，如图10.118所示。

图10.118 动画效果

step 02 制作变形合成

(1) 执行菜单栏中的【合成】|【新建合成】命令，打开【合成设置】对话框，设置【合成名称】为"变形"，【宽度】为1024px，【高度】为576px，【帧速率】为25，并设置【持续时间】为0:00:05:00秒。

(2) 在【项目】面板中选择"蒙版"合成，将其拖动到"变形"合成的时间线面板中，如图10.119所示。

图10.119 添加素材

(3) 选中"蒙版"层,在【效果和预设】面板中展开【颜色校正】特效组,双击【曲线】特效,如图10.120所示;默认的曲线形状如图10.121所示。

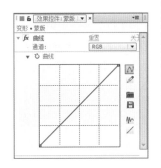

图10.120 添加【曲线】特效 图10.121 默认曲线形状

(4) 在【效果控件】面板中,从【通道】下拉列表框中选择Alpha选项,调整曲线形状,如图10.122所示;画面效果如图10.123所示。

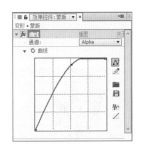
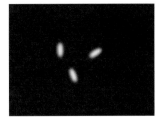

图10.122 调整曲线形状 图10.123 画面效果

step 03 制作总合成

(1) 执行菜单栏中的【合成】|【新建合成】命令,打开【合成设置】对话框,设置【合成名称】为"总合成",【宽度】为1024px,【高度】为576px,【帧速率】为25,并设置【持续时间】为0:00:05:00秒。

(2) 在【项目】面板中选择"背景.jpg""蒙版"合成,将其拖动到"总合成"的时间线面板中,如图10.124所示。

(3) 选中"背景.jpg"层,在【效果和预设】面板中展开【风格化】特效组,双击CC Glass(CC玻璃)特效,如图10.125所示,此时画面效果如图10.126所示。

图10.124 添加素材

图10.125 添加CC Glass(CC玻璃)特效 图10.126 画面效果

 提示

CC Glass(CC玻璃)特效通过检查物体的轮廓,从而产生玻璃凸起的效果。

(4) 在【效果控件】面板中,展开Surface(表面)选项组,从Bump Map(凹凸贴图)下拉列表框中选择【1.蒙版】选项,从Property(特性)下拉列表框中选择Alpha选项,设置Softness(柔化)的值为1,Height(高度)的值为21,Displacement(置换)的值为20,如图10.127所示;画面效果如图10.128所示。

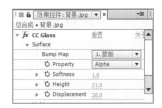

图10.127 Surface(表面)参数设置 图10.128 效果图

(5) 展开Light(灯光)选项组,设置Light Intensity(灯光强度)的值为80,Light Height(灯光高度)的值为33,如图10.129所示;画面效果如图10.130所示。

图10.129 Light(灯光)参数设置 图10.130 效果图

(6) 展开Shading(阴影)选项组,设置Ambient(环境光)的值为73,Diffuse(漫射光)的值为43,Specular(反射)的值为17,Roughness(粗糙度)的值为

0.064，如图10.131所示；画面效果如图10.132所示。

图10.131　Shading(阴影)参数设置　图10.132　效果图

(7) 选中"蒙版"层，单击该层左侧的【图层开关】按钮 ，将该层隐藏，如图10.133所示。

图10.133　隐藏"蒙版"层

(8) 执行菜单栏中的【图层】|【新建】|【调整图层】命令，在"总合成"时间面板中，按Enter键重命名为"颜色调节"层，如图10.134所示。

图10.134　重命名设置

(9) 选中"颜色调节"层，在【效果和预设】面板中展开【颜色校正】特效组，双击【颜色平衡】特效，如图10.135所示；默认参数如图10.136所示。

图10.135　添加特效　图10.136　默认参数

(10) 在【效果控件】面板中，设置【颜色平衡】特效的参数，如图10.137所示；画面效果如图10.138所示。

图10.137　参数设置　图10.138　效果图

(11) 继续添加特效调节颜色，选中"颜色调节"层，在【效果和预设】面板中展开【颜色校正】特效组，然后双击【曲线】特效，如图10.139所示。

图10.139　添加曲线特效

(12) 在【效果控件】面板中，调整曲线形状，如图10.140所示；效果如图10.141所示。

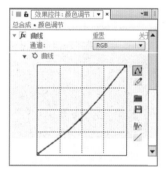 

图10.140　调整曲线形状　图10.141　效果图

(13) 在【项目】面板中选择"蒙版"合成，将其拖动到"总合成"的时间线面板中，如图10.142所示。

图10.142　添加素材

(14) 选中"蒙版"层,按Enter键重命名为"蒙版颜色",如图10.143所示。

图10.143 重命名设置

(15) 选中"蒙版颜色"层,在【效果和预设】面板中展开【颜色校正】特效组,双击【曲线】特效,如图10.144所示。

图10.144 添加【曲线】特效

(16) 在【效果控件】面板中,从【通道】下拉列表框中选择Alpha通道,调整曲线形状,如图10.145所示;画面效果如图10.146所示。

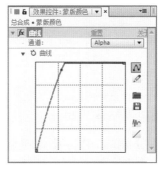 

图10.145 调整曲线形状 　图10.146 画面效果

(17) 选中"颜色调节"层,设置其【轨道遮罩】为【Alpha 遮罩 "蒙版颜色"】,如图10.147所示;画面效果如图10.148所示。

图10.147 通道模式设置

图10.148 效果图

(18) 下面制作阴影层。在【项目】面板中选择"蒙版"合成,将其拖动到"总合成"的时间线面板中,如图10.149所示。

图10.149 添加素材

(19) 选中"蒙版"层,按Enter键重命名为"阴影",按P键展开【位置】属性,设置【位置】的值为(517,285),如图10.150所示。

图10.150 重命名设置

(20) 选中"阴影"层,在【效果和预设】面板中展开【颜色校正】特效组,双击【曲线】特效,如图10.151所示。

图10.151 添加【曲线】特效

(21) 在【效果控件】面板中,在【通道】下拉列表框中选择RGB通道,调整曲线形状,如图10.152所示。

(22) 在【通道】下拉列表框中选择Alpha通道,调整曲线形状,如图10.153所示。

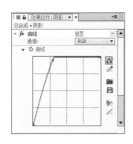 

图10.152　RGB通道调整　图10.153　Alpha通道调整

(23) 更改颜色，在【效果和预设】面板中展开【颜色校正】特效组，双击【色调】特效，如图10.154所示；画面效果如图10.155所示。

图10.154　添加【色调】特效　　图10.155　效果图

(24) 在【效果控件】面板中，设置【将白色映射到】为黑色，如图10.156所示；画面效果如图10.157所示。

图10.156　颜色设置　　　图10.157　效果图

(25) 设置模糊效果，在【效果和预设】面板中展开【模糊和锐化】特效组，双击【快速模糊】特效，如图10.158所示。

(26) 在【效果控件】面板中，设置【模糊度】的值为15，如图10.159所示。

图10.158　添加【快速　　图10.159　设置【模糊度】
模糊】特效

(27) 选中"阴影"层，设置该层的【模式】为【叠加】，如图10.160所示。

图10.160　设置【叠加】模式

(28) 在【项目】面板中选择"蒙版"合成，将其拖动到"总合成"的时间线面板中，如图10.161所示。

图10.161　添加素材

(29) 选中"蒙版"层，按Enter键重命名为"蒙版阴影"，如图10.162所示。

图10.162　重命名设置

(30) 选中"蒙版阴影"层，在【效果和预设】面板中展开【颜色校正】特效组，双击【曲线】特效，如图10.163所示。

图10.163　添加【曲线】特效

(31) 在【效果控件】面板中，在【通道】下拉列表框中选择RGB通道，调整曲线形状，如图10.164所示。

(32) 在【通道】下拉列表框中选择Alpha通道，调整曲线形状，如图10.165所示。

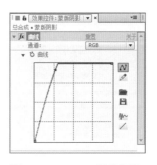 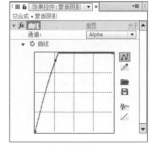

图10.164　RGB通道调整　　图10.165　Alpha通道调整

(33) 选中"阴影"层,设置该层的【轨道遮罩】为【Alpha反转遮罩"蒙版阴影"】,如图10.166所示;画面效果如图10.167所示。

图10.166 通道模式设置　　图10.167 效果图

(34) 制作变形。在【项目】面板中选择"变形"合成,将其拖动到"总合成"的时间线面板中,如图10.168所示。

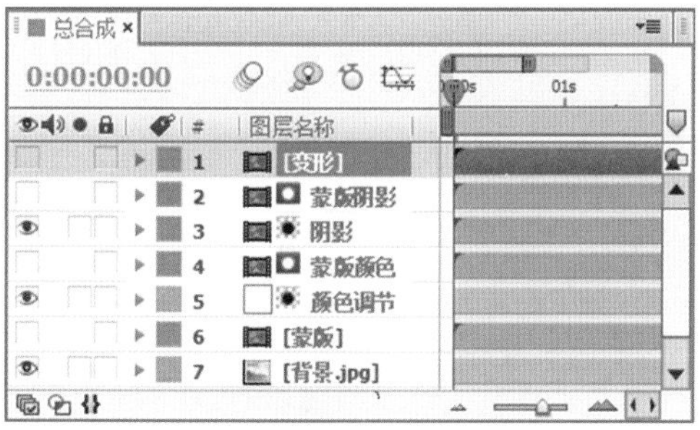

图10.168 添加素材

(35) 选中"变形"层,按Enter键重命名为"蒙版变形",如图10.169所示。

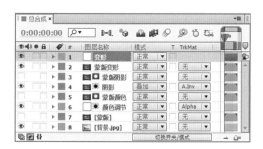

图10.169 重命名设置

(36) 执行菜单栏中的【图层】|【新建】|【调整图层】命令,单击【确定】按钮,在"总合成"的时间线面板中,按Enter键重命名为"变形",如图10.170所示。

图10.170 重命名设置

(37) 选中"变形"层,在【效果和预设】面板中展开【扭曲】特效组,双击【置换图】特效,如图10.171所示;画面效果如图10.172所示。

图10.171 添加【置换图】特效　　图10.172 效果图

(38) 在【效果控件】面板中,设置【置换图层】为【蒙版变形】,从【用于水平置换】下拉列表框中选择【明亮度】选项,设置【最大水平置换】的值为6,从【用于垂直置换】下拉列表框中选择【明亮度】选项,设置【最大垂直置换】的值为-8,如图10.173所示;效果如图10.174所示。

图10.173 参数设置　　图10.174 效果图

(39) 选中"蒙版变形"层,单击该层左侧的【图层开关】按钮 👁 ,将该层隐藏,如图10.175所示;画面效果如图10.176所示。

图10.175 隐藏"蒙版变形"层

图10.176 效果图

(40) 这样就完成了脸上的蠕虫的制作,按小键盘上的0键,即可在合成窗口中预览动画。

AE

第11章

动漫特效及游戏场景合成

本章介绍

本章主要讲解动漫特效及场景合成特效的制作。通过4个具体的案例，详细讲解动漫特效及场景合成的制作技巧。

要点索引

◆ 掌握千军万马特效的制作方法
◆ 掌握上帝之光特效的制作方法
◆ 掌握数字人物特效的制作方法
◆ 掌握魔法火焰特效场景的合成技术

实例解析

实战096　制作千军万马效果

本例主要讲解Particular(粒子)特效的应用以及蒙版的使用，完成的动画流程画面如图11.1所示。

- 💻 难易程度：★★★☆☆
- ✍ 工程文件：工程文件\第11章\千军万马
- 🎬 视频文件：视频教学\实战096　千军万马.avi

图11.1　动画流程画面

 知识点

Particular(粒子)特效

 操作步骤

step 01　制作粒子替代合成

（1）执行菜单栏中的【合成】|【新建合成】命令，打开【合成设置】对话框，设置【合成名称】为"粒子替代"，【宽度】为1024px，【高度】为576px，【帧速率】为25，并设置【持续时间】为0:00:05:00秒，如图11.2所示。

（2）执行菜单栏中的【文件】|【导入】|【文件】命令，打开【导入文件】对话框，选择配套素材中的"工程文件\第11章\千军万马\背景.jpg""工程文件\第11章\千军万马\马.png"素材，如图11.3所示。单击【导入】按钮，"背景.jpg""马.png"素材将导入到【项目】面板中。

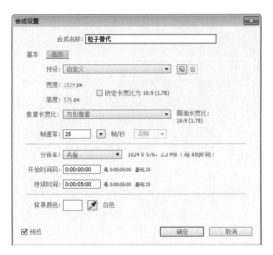

图11.2　合成设置

图11.3　【导入文件】对话框

（3）为了操作方便，执行菜单栏中的【图层】|【新建】|【纯色】命令，打开【纯色设置】对话框，设置【名称】为"背景"，【宽度】的值为1024像素，【高度】的值为576像素，【颜色】为黑色。

（4）在【项目】面板中选择"马.png"素材，将其拖动到"粒子替代"合成的时间线面板中，如图11.4所示。

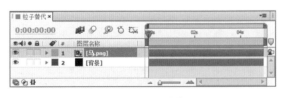

图11.4　添加素材

（5）执行菜单栏中的【图层】|【新建】|【纯色】命令，打开【纯色设置】对话框，设置【名称】为"粒子替代1"，【宽度】的值为1024像素，【高度】的值为576像素，【颜色】为黑色，

如图11.5所示。

图11.5　纯色设置

(6) 选中"粒子替代1"层，在【效果和预设】面板中展开Trapcode特效组，双击Particular(粒子)特效，如图11.6所示。

图11.6　添加Particular(粒子)特效

(7) 在【效果控件】面板中，展开Emitter(发射器)选项组，设置Particles/sec(粒子数量)的值为10，在Emitter Type(发射类型) 右侧的下拉列表框中选择Box(盒子)选项，设置Position XY(XY轴位置)的值为(260，207)，Velocity Random(速度随机)的值为0，Velocity Distribution[%](速率分布)的值为0，Velocity from Motion[%](运动速度)的值为0，Emitter Size X(发射器X轴大小)的值为315，Emitter Size Y(发射器Y轴大小)的值为110，Emitter Size Z(发射器Z轴大小)的值为498，如图11.7所示；画面效果如图11.8所示。

(8) 展开Particle(粒子)选项组，设置Life[sec](生命)的值为3，在Particle Type(粒子类型) 右侧的下拉列表框中选择Sprite(幽灵)选项；展开Texture(纹理)选项组，在Layer(图层) 右侧的下拉列表框中选择【2.马.png】选项，设置Size(大小)的值为88，Size Random[%](大小随机)的值为0，Opacity(不透明度)的值为100，Opacity Random[%](不透明随机)的值为0，如图11.9所示；画面效果如图11.10所示。

图11.7　Emitter(发射器) 设置

图11.8　画面效果

图11.9　Particle(粒子) 参数设置

图11.10 设置后的画面效果

(9) 展开Physics(物理学)选项组，将时间调整到0:00:02:15帧的位置，设置Physics Time Factor(物理时间因素)的值为1，单击【码表】按钮⏱，在当前位置添加关键帧；将时间调整到0:00:02:16帧的位置，设置Physics Time Factor(物理时间因素)的值为0，如图11.11所示。

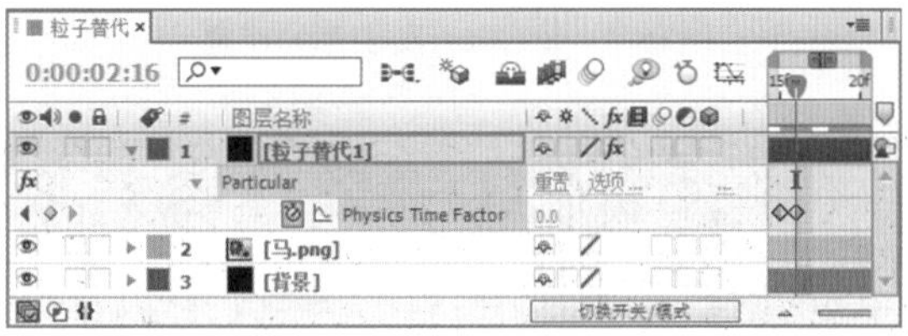

图11.11 关键帧设置

(10) 选中"粒子替代1"层，单击三维层开关按钮◻，按P键展开【位置】属性，设置【位置】的值为(18，161，1860)；按S键展开【缩放】属性，设置【缩放】的值为(128，128，128)，如图11.12所示。

图11.12 参数设置

(11) 选中"背景"层，将该层删除，如图11.13所示。

图11.13 删除"背景"层

(12) 选中"粒子替代1"层，按Ctrl+D组合键复制出另一个"粒子替代1"层，按Enter键重命名

为"粒子替代2"，如图11.14所示。

图11.14 复制层

(13) 选中"粒子替代2"层，按P键展开【位置】属性，设置【位置】的值为(-165，-14，2952)；按S键展开【缩放】属性，取消约束，设置【缩放】的值为(-128，128，128)，如图11.15所示。

图11.15 参数设置

(14) 选中"马.png"层，单击【图层开关】按钮◉，将该层隐藏，如图11.16所示。

图11.16 隐藏"马.png"层

(15) 执行菜单栏中的【图层】|【新建】|【纯色】命令，打开【纯色设置】对话框，设置【名称】为"地面阴影"，【宽度】的值为1024像素，【高度】的值为576像素，【颜色】为黑色，如图11.17所示。

图11.17 纯色设置

(16) 选中"地面阴影"层，按T键展开【不透明度】属性，设置【不透明度】的值为65%，如图11.18所示。

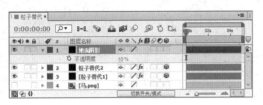

图11.18 【不透明度】属性设置

(17) 选中"地面阴影"层，选择工具栏中的【椭圆工具】，在合成窗口中绘制椭圆蒙版，如图11.19所示。

图11.19 绘制蒙版

(18) 选中"蒙版 1"层，按F键展开【蒙版羽化】属性，设置【蒙版羽化】的值为(50，50)，如图11.20所示。

图11.20 【蒙版羽化】属性设置

(19) 按照上面的方法绘制出7个椭圆蒙版，如图11.21所示。

图11.21 绘制蒙版

(20) 选中"地面阴影"层，将该层拖动到"粒子替代1"层的下方，作为马的阴影，如图11.22所示。

图11.22 层设置

step 02 制作烟土合成

(1) 执行菜单栏中的【合成】|【新建合成】命令，打开【合成设置】对话框，设置【合成名称】为"烟土"，【宽度】为1024px，【高度】为576px，【帧速率】为25，并设置【持续时间】为0:00:05:00秒，如图11.23所示。

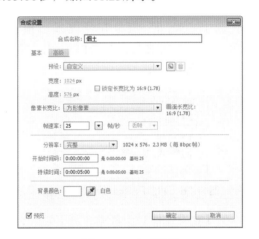

图11.23 合成设置

(2) 为了便于观看，执行菜单栏中的【图层】|【新建】|【纯色】命令，打开【纯色设置】对话框，设置【名称】为"背景"，【宽度】的值为1024像素，【高度】的值为576像素，【颜色】为黑色，如图11.24所示。

图11.24 纯色设置

(3) 执行菜单栏中的【图层】|【新建】|【纯色】命令，打开【纯色设置】对话框，设置【名称】为"粒子"，【宽度】的值为1024像素，【高度】的值为576像素，【颜色】为黑色，如图11.25所示。

图11.25　纯色设置

(4) 选中"粒子"层，在【效果和预设】面板中展开Trapcode特效组，双击Particular(粒子)特效，如图11.26所示。

图11.26　添加Particular(粒子)特效

(5) 在【效果控件】面板中，展开Emitter(发射器)选项组，设置Particles/sec(粒子数量)的值为20，在Emitter Type(发射类型)右侧的下拉列表框中选择Box(盒子发射)选项，设置Position XY(XY轴位置)的值为(52，312)，Emitter Size X(发射器X轴大小)的值为583，Emitter Size Y(发射器Y轴大小)的值为416，Emitter Size Z(发射器Z轴大小)的值为361，如图11.27所示；画面效果如图11.28所示。

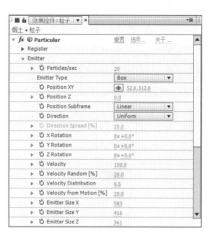

图11.27　Emitter(发射器)参数设置

图11.28　画面效果

(6) 展开Particle(粒子)选项组，设置Life[sec](生命)的值为3，在Particle Type(粒子类型)右侧的下拉列表框中选择Cloudlet(云)选项，设置Size(大小)的值为60，Size Random[%](大小随机)的值为16，Opacity(不透明度)的值为10，Opacity Random[%](不透明随机)的值为100，Color(颜色)为灰色(R:122；G:122；B:122)，参数如图11.29所示；将"背景"层删除掉，此时的画面效果如图11.30所示。

图11.29　Particle(粒子)参数设置

图11.30　设置后的画面效果

step 03　制作总合成

(1) 执行菜单栏中的【合成】|【新建合成】命

令，打开【合成设置】对话框，设置【合成名称】为"总合成"，【宽度】为1024px，【高度】为576px，【帧速率】为25，并设置【持续时间】为0:00:05:00秒。

（2）在【项目】面板中，选择"背景""烟土""粒子替代"合成，将其拖动到"总合成"的时间线面板中，如图11.31所示。

图11.31　添加素材

（3）选中"烟土"层，选择工具栏中的【钢笔工具】，在总合成窗口中绘制闭合蒙版，如图11.32所示。

图11.32　绘制蒙版

（4）选中"蒙版 1"层，按F键展开【蒙版羽化】属性，设置【蒙版羽化】的值为(100，100)，效果如图11.33所示。

图11.33　蒙版羽化效果

（5）选中"粒子替代"层，将时间调整到0:00:02:16帧的位置，按Alt+[组合键设置入点为当前位置；将时间调整到0:00:00:00帧的位置，按[键设置入点为当前位置，如图11.34所示。

（6）选中"粒子替代"层，选择工具栏中的【钢笔工具】，在总合成窗口中绘制闭合蒙版，如图11.35所示。

图11.34　入点设置

图11.35　绘制蒙版

（7）这样就完成了"千军万马"的制作，按小键盘上的0键，即可在合成窗口中预览动画。

实战097　制作魔法火焰

实例解析

本例主要讲解利用CC Particle World(CC粒子世界)特效、【色光】特效以及蒙版工具来制作魔法火焰效果，完成的动画流程画面如图11.36所示。

难易程度：★★★☆☆	
工程文件：工程文件\第11章\魔法火焰	
视频文件：视频教学\实战097 魔法火焰.avi	

图11.36　动画流程画面

知识点

1. 【色光】特效

2. 【曲线】特效

3. CC Particle World(CC粒子世界)特效

操作步骤

step 01 制作烟火合成

（1）执行菜单栏中的【合成】|【新建合成】命令，打开【合成设置】对话框，设置【合成名称】为"烟火"，【宽度】为1024px，【高度】为576px，【帧速率】为25，并设置【持续时间】为0:00:05:00秒，如图11.37所示。

（2）执行菜单栏中的【文件】|【导入】|【文件】命令，打开【导入文件】对话框，选择配套素材中的"工程文件\第11章\魔法火焰\ 烟雾.jpg" "工程文件\第11章\魔法火焰\背景.jpg"素材，如图11.38所示。单击【导入】按钮，"烟雾.jpg" "背景.jpg"素材将导入到【项目】面板中。

图11.37　合成设置　　　图11.38　【导入文件】对话框

（3）执行菜单栏中的【图层】|【新建】|【纯色】命令，打开【纯色设置】对话框，设置【名称】为"白色蒙版"，【宽度】的值为1024像素，【高度】的值为576像素，【颜色】为白色，如图11.39所示。

（4）选中"白色蒙版"层，选择工具栏中的【矩形工具】▭，在"烟火"合成中绘制矩形蒙版，如图11.40所示。

（5）在【项目】面板中选择"烟雾.jpg"素材，将其拖动到"烟火"合成的时间线面板中，如图11.41所示。

（6）选中"白色蒙版"层，设置【轨道遮罩】为【亮度反转遮罩"[烟雾.jpg]"】，这样单独的云雾就被提出来了，如图11.42所示；画面效果如图11.43所示。

图11.39　纯色设置　　　图11.40　绘制蒙版

图11.41　添加素材

图11.42　通道设置

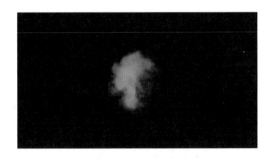

图11.43　效果图

step 02 制作中心光

（1）执行菜单栏中的【合成】|【新建合成】命令，打开【合成设置】对话框，设置【合成名称】为"中心光"，【宽度】为1024px，【高度】为576px，【帧速率】为25，并设置【持续时间】为0:00:05:00秒，如图11.44所示。

（2）执行菜单栏中的【图层】|【新建】|【纯色】命令，打开【纯色设置】对话框，设置【名称】为"粒子"，【宽度】的值为1024像素，【高度】的值为576像素，【颜色】为黑色，如图11.45所示。

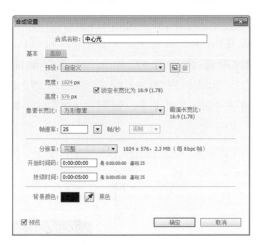

图11.44 合成设置

图11.45 纯色设置

(3) 选中"粒子"层,在【效果和预设】面板中展开【模拟】特效组,双击CC Particle World(CC粒子世界)特效,如图11.46所示;此时画面效果如图11.47所示。

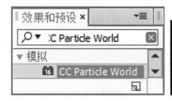

图11.46 添加CC Particle World (CC粒子世界)特效　图11.47 画面效果

(4) 在【效果控件】面板中,设置Birth Rate(生长速率)的值为1.5,Longevity(sec)(寿命)的值为1.5;展开Producer(发生器)选项组,设置Radius X(X轴半径)的值为0,Radius Y(Y轴半径)的值为0.215,Radius Z(Z轴半径)的值为0,如图11.48所示;画面效果如图11.49所示。

(5) 展开Physics(物理学)选项组,从Animation

(动画)下拉列表框中选择Twirl(扭转)选项,设置Velocity(速度)的值为0.07,Gravity(重力)数值为-0.05,Extra(额外)的值为0,Extra Angle(额外角度)的值为180,如图11.50所示;画面效果如图11.51所示。

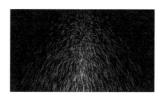

图11.48 Producer(发生器) 图11.49 效果图
　　　参数设置

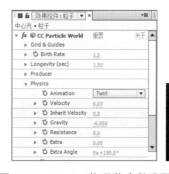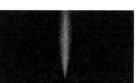

图11.50 Physics(物理学)参数设置 图11.51 效果图

(6) 展开Particle(粒子)选项组,从Particle Type(粒子类型)下拉列表框中选择TriPolygon(三角形)选项,设置Birth Size(生长大小)的值为0.053,Death Size(消逝大小)的值为0.087,如图11.52所示;画面效果如图11.53所示。

图11.52 Particle(粒子)参数设置 图11.53 画面效果

(7) 执行菜单栏中的【图层】|【新建】|【纯色】命令,打开【纯色设置】对话框,设置【名称】为"中心亮棒",【宽度】的值为1024像素,【高度】的值为576像素,【颜色】为橘黄色(R:255;G:177;B:76),如图11.54所示。

(8) 选中"中心亮棒"层,选择工具栏中的【钢笔工具】,绘制闭合蒙版,效果如图11.55所示。将其【蒙版羽化】的值设置为(18,18)。

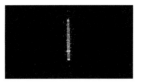

图11.54　纯色设置　　　图11.55　画面效果

step 03　制作爆炸光

(1) 执行菜单栏中的【合成】|【新建合成】命令，打开【合成设置】对话框，设置【合成名称】为"爆炸光"，【宽度】为1024px，【高度】为576px，【帧速率】为25，并设置【持续时间】为0:00:05:00秒。

(2) 在【项目】面板中选择"背景.jpg"素材，将其拖动到"爆炸光"合成的时间线面板中，如图11.56所示。

图11.56　添加素材

(3) 选中"背景.jpg"层，按Ctrl+D组合键复制出另一个"背景.jpg"层，按Enter键重命名为"背景粒子"，设置其【模式】为【相加】，如图11.57所示。

图11.57　复制层设置

(4) 选中"背景粒子"层，在【效果和预设】面板中展开【模拟】特效组，双击CC Particle World(CC粒子世界)特效，如图11.58所示；此时画面效果如图11.59所示。

图11.58　添加特效　　　图11.59　画面效果

(5) 在【效果控件】面板中，设置Birth Rate(生

长速率)的值为0.2，Longevity(sec)(寿命)的值为0.5；展开Producer(发生器)选项组，设置Position X(X轴位置)的值为-0.07，Position Y(Y轴位置)的值为0.11，Radius X(X轴半径)数值为0.155，Radius Z(Z轴半径)的值为0.115，如图11.60所示；画面效果如图11.61所示。

图11.60　Producer(发生器)参数设置　　图11.61　效果图

(6) 展开Physics(物理学)选项组，设置Velocity(速度)的值为0.37，Gravity(重力)的值为0.05，如图11.62所示；画面效果如图11.63所示。

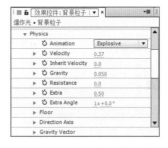

图11.62　Physics(物理学)参数设置　　图11.63　效果图

(7) 展开Particle(粒子)选项组，从Particle Type(粒子类型)下拉列表框中选择Lens Convex(凸透镜)选项，设置Birth Size(生长大小)的值为0.639，Death Size(消逝大小)的值为0.694，如图11.64所示；画面效果如图11.65所示。

图11.64　Particle(粒子)参数设置　　图11.65　画面效果

(8) 选中"背景粒子"层，在【效果和预设】面板中展开【颜色校正】特效组，双击【曲线】特效，如图11.66所示；默认曲线形状如图11.67所示。

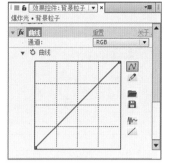

图11.66 添加【曲线】特效　　图11.67 默认曲线形状

（9）在【效果控件】面板中，调整曲线形状，如图11.68所示；画面效果如图11.69所示。

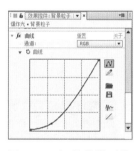

图11.68 调整曲线形状　　图11.69 效果图

（10）在【项目】面板中选择"中心光"合成，将其拖动到"爆炸光"合成的时间线面板中，如图11.70所示。

图11.70 添加合成

（11）选中"中心光"合成，设置其【模式】为【相加】，如图11.71所示；此时画面效果如图11.72所示。

图11.71 设置模式

（12）因为"中心光"的位置有所偏移，所以设置【位置】的值为(471，288)，如图11.73所示；画面效果如图11.74所示。

图11.72 效果图

图11.73 【位置】参数设置

图11.74 效果图

（13）在【项目】面板中选择"烟火"合成，将其拖动到"爆炸光"合成的时间线面板中，如图11.75所示。

图11.75 添加合成

（14）选中"烟火"合成，设置其【模式】为【相加】，如图11.76所示；此时画面效果如图11.77所示。

图11.76 设置模式

图11.77 效果图

(15) 按P键展开【位置】属性，设置【位置】的值为(464，378)，如图11.78所示；画面效果如图11.79所示。

图11.78 【位置】参数设置

图11.79 效果图

(16) 选中"烟火"合成，在【效果和预设】面板中展开【模拟】特效组，双击CC Particle World(CC粒子世界)特效，如图11.80所示；此时画面效果如图11.81所示。

图11.80 添加特效　　　图11.81 画面效果

(17) 在【效果控件】面板中，设置Birth Rate(生长速率)的值为5，Longevity(sec)(寿命)的值为0.73；展开Producer(发生器)选项组，设置Radius X(X轴半径)的值为1.055，Radius Y(Y轴半径)的值为0.225，Radius Z(Z轴半径)的值为0.605，如图11.82所示；画面效果如图11.83所示。

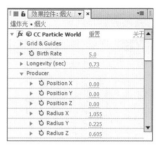

图11.82 Producer(发生器)　　图11.83 效果图
　　　参数设置

(18) 展开Physics(物理学)选项组，设置Velocity(速度)的值为1.4，Gravity(重力)的值为0.38，如图11.84所示；画面效果如图11.85所示。

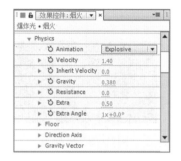

图11.84 Physics(物理学)参数设置　　图11.85 效果图

(19) 展开Particle(粒子)选项组，从Particle Type(粒子类型)下拉列表框中选择Lens Convex(凸透镜)选项，设置Birth Size(生长大小)的值为3.64，Death Size(消逝大小)的值为4.05，Max Opacity(最大透明度)的值为51%，如图11.86所示；画面效果如图11.87所示。

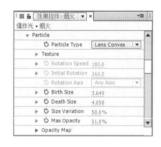

图11.86 Particle(粒子)参数设置　　图11.87 画面效果

(20) 选中"烟火"合成，按S键展开【缩放】属性，设置数值为(50，50)，如图11.88所示；画面效果如图11.89所示。

图11.88 【缩放】参数设置

图11.89　效果图

(21) 在【效果和预设】面板中展开【颜色校正】特效组，双击【色光】特效，如图11.90所示；此时画面效果如图11.91所示。

图11.90　添加【色光】特效　　　图11.91　画面效果

(22) 在【效果控件】面板中，展开【输入相位】选项组，从【获取相位，自】下拉列表框中选择Alpha选项，如图11.92所示；画面效果如图11.93所示。

图11.92　参数设置　　　　　　图11.93　效果图

(23) 展开【输出循环】选项组，从【使用预设调板】下拉列表框中选择【无】选项，如图11.94所示；画面效果如图11.95所示。

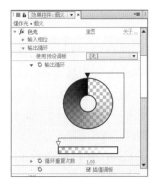

图11.94　参数设置　　　　　　图11.95　效果图

(24) 在【效果和预设】面板中展开【颜色校正】特效组，双击【曲线】特效，如图11.96所示；调整【曲线】形状如图11.97所示。

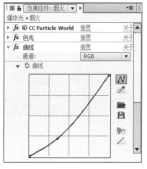

图11.96　添加【曲线】特效　　图11.97　调整曲线形状

(25) 在【效果控件】面板中，从【通道】下拉列表框中选择【红色】选项，调整形状如图11.98所示。

(26) 从【通道】下拉列表框中选择【绿色】选项，调整形状如图11.99所示。

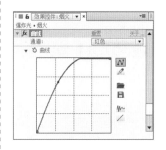
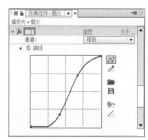

图11.98　红色曲线调整　　　图11.99　绿色曲线调整

(27) 从【通道】下拉列表框中选择【蓝色】选项，调整形状如图11.100所示。

(28) 从【通道】下拉列表框中选择Alpha通道，调整形状如图11.101所示。

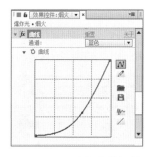
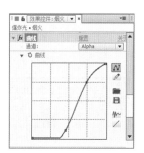

图11.100　蓝色曲线调整　　图11.101　Alpha曲线调整

(29) 在【效果和预设】面板中展开【模糊和锐化】特效组，双击CC Vector Blur(CC矢量模糊)特效，如图11.102所示；此时的画面效果图11.103所示。

图11.102　添加CC Vector Blur　　图11.103　画面效果
(CC矢量模糊)特效

(30) 在【效果控件】面板中，设置Amount(数量)的值为10，如图11.104所示；画面效果如图11.105所示。

图11.104　参数设置　　　　图11.105　效果图

(31) 执行菜单栏中的【图层】|【新建】|【纯色】命令，打开【纯色设置】对话框，设置【名称】为"红色蒙版"，【宽度】的值为1024像素，【高度】的值为576像素，【颜色】为红色(R:255；G:0；B:0)，如图11.106所示。

(32) 选择工具栏中的【钢笔工具】 ，绘制一个闭合蒙版，如图11.107所示。

图11.106　纯色设置　　　　图11.107　绘制蒙版

(33) 选中"红色蒙版"层，按F键展开【蒙版羽化】属性，设置其值为(30，30)，如图11.108所示。

图11.108　羽化蒙版

(34) 选中"烟火"合成，设置【轨道遮罩】为【Alpha遮罩"[红色蒙版]"】，如图11.109所示。

图11.109　跟踪模式设置

(35) 执行菜单栏中的【图层】|【新建】|【纯色】命令，打开【纯色设置】对话框，设置【名称】为"粒子"，【宽度】的值为1024像素，【高度】的值为576像素，【颜色】为黑色，如图11.110所示。

(36) 在【效果和预设】面板中展开【模拟】特效组，双击CC Particle World(CC粒子世界)特效，如图11.111所示。

图11.110　纯色设置　　　　图11.111　添加特效

(37) 在【效果控件】面板中，设置Birth Rate(生长速率)的值为0.5，Longevity(sec)(寿命)的值为0.8；展开Producer(发生器)选项组，设置Position Y(Y轴位置)的值为0.19，Radius X(X轴半径)的值为0.46，Radius Y(Y轴半径)的值为0.325，Radius Z(Z轴半径)的值为1.3，如图11.112所示；画面效果如图11.113所示。

图11.112　Producer(发生器)　　图11.113　效果图
　　　　　　 参数设置

(38) 展开Physics(物理学)选项组，从Animation(动画)下拉列表框中选择Twirl(扭转)选项，设置Velocity(速度)的值为1，Gravity(重力)的值为-0.05，Extra Angle(额外角度)的值为1x+170，如图11.114所示；画面效果如图11.115所示。

(39) 展开Particle(粒子)选项组，从Particle Type(粒子类型)下拉列表框中选择QuadPolygon(四边形)选项，设置Birth Size(生长大小)的值为0.153，Death Size(消逝大小)的值为0.077，Max Opacity(最大透明度)的值为75%，如图11.116所示；画面效果如图11.117所示。

图11.114 Physics参数设置

图11.115 效果图

图11.116 Particle(粒子)参数设置

图11.117 画面效果

(40) 这样"爆炸光"合成就制作完成了,按小键盘上的0键预览其中的几帧动画,如图11.118所示。

图11.118 动画流程画面

step 04 制作总合成

(1) 执行菜单栏中的【合成】|【新建合成】命令,打开【合成设置】对话框,新建一个【合成名称】为"总合成"、【宽度】为1024px、【高度】为576px,【帧速率】为25、【持续时间】为0:00:05:00秒的合成。

(2) 在【项目】面板中选择"背景.jpg""爆炸光"合成,将其拖动到"总合成"的时间线面板中,使其"爆炸光"合成的入点在0:00:00:05帧的位置,如图11.119所示。

(3) 执行菜单栏中的【图层】|【新建】|【纯色】命令,打开【纯色设置】对话框,设置【名称】为"闪电1",【宽度】的值为1024像素,

【高度】的值为576像素,【颜色】为黑色。

图11.119 添加"背景.jpg""爆炸光"素材

(4) 选中"闪电1"层,设置其【模式】为【相加】,如图11.120所示。

图11.120 设置模式

(5) 选中"闪电1"层,在【效果和预设】面板中展开【过时】特效组,双击【闪光】特效,如图11.121所示;此时画面效果如图11.122所示。

图11.121 添加【闪光】特效   图11.122 效果图

(6) 在【效果控件】面板中,设置【起始点】的值为(641,433),【结束点】的值为(642,434),【区段】的值为3,【宽度】的值为6,【核心宽度】的值为0.32,【外部颜色】为黄色(R:255;G:246;B:7),【内部颜色】为深黄色(R:255;G:228;B:0),如图11.123所示;画面效果如图11.124所示。

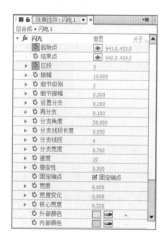

图11.123 参数设置   图11.124 画面效果

（7）选中"闪电1"层，将时间调整到0:00:00:00帧的位置，设置【起始点】的值为(641，433)，【区段】的值为3，单击各属性的【码表】按钮♨，在当前位置添加关键帧。

（8）将时间调整到0:00:00:05帧的位置，设置【起始点】的值为(468，407)，【区段】的值为6，系统会自动创建关键帧，如图11.125所示。

图11.125　设置关键帧

（9）将时间调整到0:00:00:00帧的位置，按T键展开【不透明度】属性，设置【不透明度】的值为0%，单击【码表】按钮♨，在当前位置添加关键帧；将时间调整到0:00:00:03帧的位置，设置【不透明度】的值为100%，系统会自动创建关键帧；将时间调整到0:00:00:14帧的位置，设置【不透明度】的值为100%；将时间调整到0:00:00:16帧的位置，设置【不透明度】的值为0%，如图11.126所示。

图11.126　【不透明度】关键帧设置

（10）选中"闪电1"层，按Ctrl+D组合键复制出另一个"闪电1"层，并按Enter键将其重命名为"闪电2"，如图11.127所示。

图11.127　复制层

（11）在【效果控件】面板中，设置【结束点】的值为(588，443)；将时间调整到0:00:00:00帧的位置，设置【起始点】的值为(584，448)；将时间调整到0:00:00:05帧的位置，设置【起始点】的值为

(468，407)，如图11.128所示。

图11.128　【起始点】关键帧设置

（12）选中"闪电2"层，按Ctrl+D组合键复制出另一个"闪电2"层，并按Enter键将其重命名为"闪电3"，如图11.129所示。

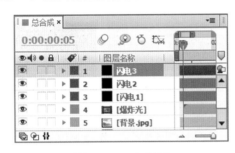

图11.129　复制层

（13）在【效果控件】面板中，设置【结束点】的值为(599，461)；将时间调整到0:00:00:00帧的位置，设置【起始点】的值为(584，448)；将时间调整到0:00:00:05帧的位置，设置【起始点】的值为(459，398)，如图11.130所示。

图11.130　【起始点】关键帧设置

（14）选中"闪电3"层，按Ctrl+D组合键复制出另一个"闪电3"层，并按Enter键将其重命名为"闪电4"，如图11.131所示。

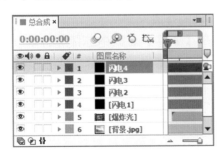

图11.131　复制层

(15) 在【效果控件】面板中，设置【结束点】的值为(593，455)；将时间调整到0:00:00:00帧的位置，设置【起始点】的值为(584，448)；将时间调整到0:00:00:05帧的位置，设置【起始点】的值为(495，398)，如图11.132所示。

图11.132 【起始点】关键帧设置

(16) 选中"闪电4"层，按Ctrl+D组合键复制出另一个"闪电4"层，并按Enter键将其重命名为"闪电5"，如图11.133所示。

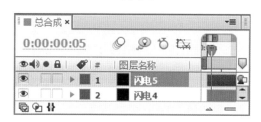

图11.133 复制层

(17) 在【效果控件】面板中，设置【结束点】的值为(593，455)；将时间调整到0:00:00:00帧的位置，设置【起始点】的值为(584，448)；将时间调整到0:00:00:05帧的位置，设置【起始点】的值为(466，392)，如图11.134所示。

图11.134 【起始点】关键帧设置

(18) 这样"魔法火焰"的制作就完成了，按小键盘上的0键，即可在合成窗中预览动画。

实战098 制作上帝之光

实例解析

本例主要讲解利用【分形杂色】特效、【贝塞尔曲线变形】特效来制作上帝之光动画，完成的动

画流程画面如图11.135所示。

- 难易程度：★★★☆☆
- 工程文件：工程文件\第11章\上帝之光
- 视频文件：视频教学\实战098 上帝之光.avi

图11.135 动画流程画面

知识点

1. 【分形杂色】特效
2. 【贝塞尔曲线变形】特效

操作步骤

step 01 新建总合成

(1) 执行菜单栏中的【合成】|【新建合成】命令，打开【合成设置】对话框，设置【合成名称】为"总合成"，【宽度】为1024px，【高度】为576px，【帧速率】为25，并设置【持续时间】为0:00:05:00秒，如图11.136所示。

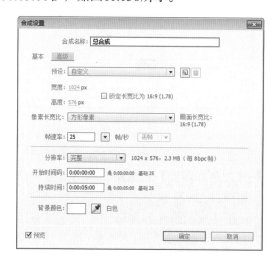

图11.136 合成设置

(2) 执行菜单栏中的【文件】|【导入】|【文件】命令，打开【导入文件】对话框，选择配套素材中的"工程文件\第11章\上帝之光\背景图片.jpg"素材，如图11.137所示。单击【导入】按钮，"背景图片.jpg"素材将导入到【项目】面板中。然后将其拖动到"总合成"的时间线面板中。

图11.137 【导入文件】对话框

(3) 执行菜单栏中的【图层】|【新建】|【纯色】命令，打开【纯色设置】对话框，设置【名称】为"线光"，【宽度】的值为1024像素，【高度】的值为576像素，【颜色】为黑色，如图11.138所示。

图11.138 纯色设置

(4) 选中"线光"层，在【效果和预设】面板中展开【杂色和颗粒】特效组，双击【分形杂色】特效，如图11.139所示。

(5) 在【效果控件】面板中，设置【对比度】的值为257，【亮度】的值为-65；展开【变换】选项组，取消选中【统一缩放】复选框，设置【缩放宽度】的值为35，【缩放高度】的值为1686，如

图11.140所示；画面效果如图11.141所示。

图11.139 添加【分形杂色】特效

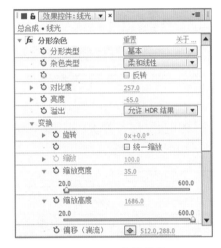

图11.140 参数设置

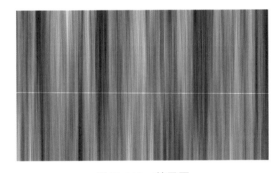

图11.141 效果图

(6) 将时间调整到0:00:00:00帧的位置，设置【演化】的值为0，单击【码表】按钮 ，在当前位置添加关键帧；将时间调整到0:00:02:16帧的位置，设置【演化】的值为3x，如图11.142所示。

图11.142 关键帧设置

(7) 选中"线光"层，设置其图层模式为【相加】，效果如图11.143所示。

图11.143 效果图

(8) 在【效果和预设】面板中展开【扭曲】特效组，双击【贝塞尔曲线变形】特效，如图11.144所示；默认贝塞尔曲线变形形状如图11.145所示。

图11.144 添加【贝塞尔曲线变形】特效

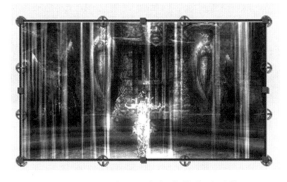

图11.145 默认贝塞尔曲线变形形状

(9) 调整贝塞尔曲线变形形状，如图11.146所示。

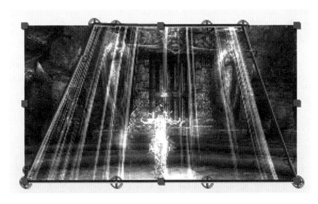

图11.146 调整后的形状

(10) 选中"线光"层，选择工具栏中的【钢笔

工具】，在总合成窗口中绘制闭合蒙版，如图11.147所示。

图11.147 绘制蒙版

(11) 选中"线光"层，按F键展开【蒙版羽化】属性，设置【蒙版羽化】的值为(236，236)，效果如图11.148所示。

图11.148 蒙版羽化效果

step 02 添加粒子特效

(1) 执行菜单栏中的【图层】|【新建】|【纯色】命令，打开【纯色设置】对话框，设置【名称】为"点光"，【宽度】的值为1024像素，【高度】的值为576像素，【颜色】为黑色，如图11.149所示。

图11.149 【纯色设置】对话框

(2) 选中"点光"层，在【效果和预设】面板中展开Trapcode特效组，双击Particular(粒子)特

效，如图11.150所示。

图11.150 添加Particular(粒子)特效

(3) 在【效果控件】面板中，展开Particular(粒子) |Emitter(发射器)选项组，设置Particles/Sec(粒子数量)为30，在Emitter Type(发射类型) 右侧的下拉列表框中选择Box(盒子发射)选项，设置Position XY(XY轴位置)的值为(510，176)，Velocity(速度)的值为50，Velocity Random[%](随机速度)的值为0，Velocity Distribution(速率分布)的值为0，Velocity from Motion[%](运动速度)的值为0，Emitter Size X(发射器X轴大小)的值为212，Emitter Size Y(发射器Y轴大小)的值为354，Emitter Size Z(发射器Z轴大小)的值为712，如图11.151所示；画面效果如图11.152所示。

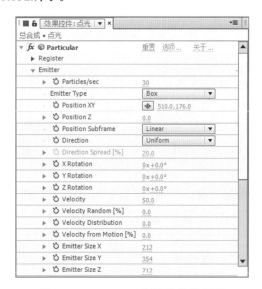

图11.151 Emitter(发射器)参数设置

图11.152 画面效果

(4) 展开Particle(粒子)选项组，设置Life[sec](生命)的值为2，在Particle Type(粒子类型)右侧的下拉列表框中选择Glow Sphere(No DOF)(发光球体)选项，如图11.153所示；画面效果如图11.154所示。

图11.153 Particle(粒子)参数设置

图11.154 设置后的画面效果

(5) 这样就完成了"上帝之光"的操作，按小键盘上的0键，即可在合成窗口中预览其动画。

实战099 制作数字人物

 实例解析

本例主要讲解【勾画】、【三色调】和【发光】特效的应用，以及文字属性中【位置】、【字符位移】的设置，完成的动画流程画面如图11.155所示。

> 难易程度：★★★☆☆
> 工程文件：工程文件\第11章\数字人物
> 视频文件：视频教学\实战099 数字人物.avi

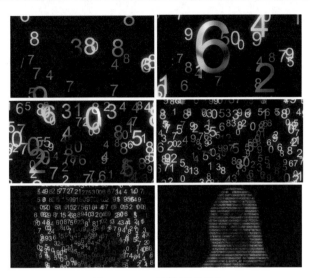

图11.155　动画流程画面

知识点

1.【勾画】特效
2.【三色调】特效
3.【发光】特效

操作步骤

step 01　新建数字合成

(1) 执行菜单栏中的【合成】|【新建合成】命令，打开【合成设置】对话框，设置【合成名称】为"数字"，【宽度】为1024px，【高度】为576px，【帧速率】为25，并设置【持续时间】为0:00:05:00秒，如图11.156所示。

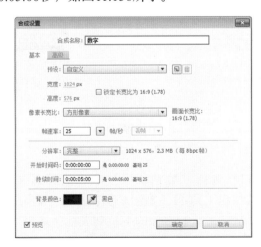

图11.156　合成设置

(2) 执行菜单栏中的【文件】|【导入】|【文件】命令，打开【导入文件】对话框，选择配套

素材中的"工程文件\第11章\数字人物\人物.png"素材，如图11.157所示。单击【导入】按钮，"人物.png"素材将导入到【项目】面板中。

图11.157　【导入文件】对话框

(3) 打开"数字"合成，在【项目】面板中选择"人物.png"素材，将其拖动到"数字"合成的时间线面板中，如图11.158所示。

图11.158　添加素材

(4) 选中"人物.png"层，按P键展开【位置】属性，设置【位置】的值为(525，286)；按S键展开【缩放】属性，设置【缩放】的值为(57，57)，如图11.159所示。

图11.159　参数设置

(5) 执行菜单栏中的【图层】|【新建】|【文本】命令，新建文字层并重命名为"数字蒙版"，在"数字"的合成窗口中输入1234567890任意组合的数字，直到覆盖住人物为主，设置字体为Arial，字号为10像素，文本颜色为白色，其他参数如图11.160所示；画面效果如图11.161所示。

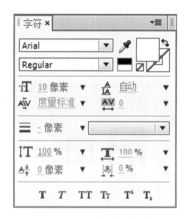

图11.160　字体设置

图11.161　效果图

（6）选中"数字蒙版"层，单击【快速模糊】按钮 ，在时间线面板中展开文字层，然后单击【文本】右侧的【动画】按钮 ，在弹出的菜单中选择【启用逐字3D化】命令，将"数字蒙版"层开启动画的三维层设置，如图11.162所示。

图11.162　开启动画的三维层

（7）在时间线面板中展开文字层，然后单击【文本】右侧的【动画】按钮 ，在弹出的菜单中选择【位置】命令，如图11.163所示。

图11.163　添加【位置】属性

（8）将时间调整到0:00:00:00帧的位置，设置【位置】的值为(0，0，–1500)，单击【码表】按钮 ，在当前位置添加关键帧；将时间调整到0:00:03:00帧的位置，设置【位置】的值为(0，0，0)，系统会自动创建关键帧，如图11.164所示。

图11.164　关键帧设置

（9）单击【动画制作工具 1】右侧的【添加】按钮 添加: ，在弹出的菜单中选择【属性】|【字符位移】命令，如图11.165所示。

图11.165　添加【字符位移】属性

（10）将时间调整到0:00:00:00帧的位置，设置【字符位移】的值为10，单击【码表】按钮 ，在当前位置添加关键帧；将时间调整到0:00:04:24帧的位置，设置【字符位移】的值为50，系统会自动创建关键帧，如图11.166所示。

图11.166　关键帧设置

（11）选择"数字蒙版"层，展开【文本】|【动画制作工具 1】|【范围选择器 1】|【高级】选项组，从【形状】右侧的下拉列表框中选择【上斜坡】选项，设置【随机排序】为【开】，如图11.167所示。

（12）选择"人物.png"层，设置其【轨道遮罩】为【Alpha 遮罩 "数字蒙版"】，如图11.168

所示。

图11.167 参数设置

图11.168 跟踪模式设置

step 02 新建数字人物合成

(1) 执行菜单栏中的【合成】|【新建合成】命令，打开【合成设置】对话框，设置【合成名称】为"数字人物"，【宽度】为1024px，【高度】为576px，【帧速率】为25，并设置【持续时间】为0:00:05:00秒。

(2) 在【项目】面板中选择"数字"合成，将其拖动到"数字人物"合成的时间线面板中，如图11.169所示。

图11.169 添加素材

(3) 选中"数字"层，按S键展开【缩放】属性，将时间调整到0:00:00:00帧的位置，设置【缩放】的值为(500，500)，单击【码表】按钮 ，在当前位置添加关键帧；将时间调整到0:00:03:00帧的位置，设置【缩放】的值为(100，100)，系统会自动创建关键帧，选择两个关键帧，按F9键，使关键帧平滑，如图11.170所示。

图11.170 关键帧设置

(4) 选中"数字"层，在【效果和预设】面板中展开【颜色校正】特效组，双击【三色调】特效，如图11.171所示；画面效果如图11.172所示。

图11.171 添加【三色调】特效

图11.172 效果图

(5) 在【效果控件】面板中，设置【中间调】为绿色(R:75；G:125；B:125)，如图11.173所示；画面效果如图11.174所示。

图11.173 参数设置

图11.174 效果图

(6) 选中"数字"层，在【效果和预设】面板中展开【风格化】特效组，双击【发光】特效，如图11.175所示；画面效果如图11.176所示。

图11.175　添加【发光】特效

图11.176　效果图

(7) 选中"数字"层，单击【快速模糊】按钮 ⊘，如图11.177所示。

图11.177　单击【快速模糊】按钮

(8) 执行菜单栏中的【图层】|【新建】|【纯色】命令，打开【纯色设置】对话框，设置【名称】为"描边"，【颜色】为黑色，如图11.178所示。

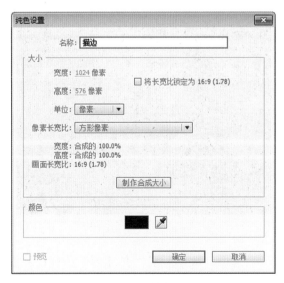

图11.178　纯色设置

(9) 选中"描边"层，选择工具栏中的【钢笔工具】 ♦，在"数字人物"合成窗口中绘制闭合蒙版，如图11.179所示。

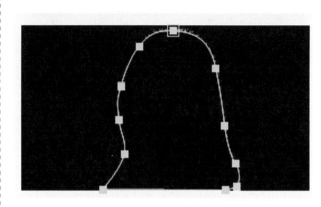

图11.179　绘制蒙版

(10) 选中"描边"层，设置其图层模式为【屏幕】，如图11.180所示。

图11.180　图层模式设置

(11) 在【效果和预设】面板中展开【生成】特效组，双击【勾画】特效，如图11.181所示。

图11.181　添加【勾画】特效

(12) 在【效果控件】面板中，从【描边】右侧的下拉列表框中选择【蒙版/路径】选项，如图11.182所示。

图11.182　参数设置

(13) 展开【片段】选项组，设置【片段】的值为1，【长度】的值为0.15，如图11.183所示。

图11.183 【片段】参数设置

(14) 将时间调整到0:00:03:00帧的位置，设置【旋转】的值为-226，单击【码表】按钮Ö，在当前位置添加关键帧；将时间调整到0:00:04:00帧的位置，设置【旋转】的值为-1x-221，如图11.184所示。

图11.184 关键帧设置

(15) 展开【正在渲染】选项组，设置【颜色】为青色(R:128；G:236；B:237)，【宽度】的值为3.5，如图11.185所示；画面效果如图11.186所示。

图11.185 【正在渲染】参数设置

图11.186 效果图

(16) 选中"描边"层，在【效果和预设】面板中展开【风格化】特效组，双击【发光】特效，如图11.187所示；画面效果如图11.188所示。

图11.187 添加【发光】特效

图11.188 效果图

(17) 在【效果控件】面板中，设置【发光阈值】的值为15%，【发光半径】的值为25，【发光强度】的值为1.5，从【发光颜色】右侧的下拉列表框中选择【A和B颜色】选项，设置【颜色A】为青色(R:13；G:252；B:255)，【颜色B】为绿色(R:11；G:147；B:117)，如图11.189所示；画面效果如图11.190所示。

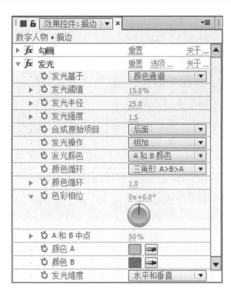

图11.189　参数设置

图11.190　效果图

（18）这样就完成了数字人物动画的整体制作，按小键盘上的0键，即可在合成窗口中预览动画。

AE

第12章

商业栏目包装案例表现

本章介绍

　　本章主要讲解商业栏目案例实战演练，通过对多个商业案例的学习，读者可了解商业案例的制作方法，更快地将所学知识应用到工作中去。

要点索引

◆ 了解商业案例的制作模式
◆ 掌握特效之间的关联使用
◆ 掌握商业栏目包装的制作技巧

实战100 制作电视特效

实例解析

　　"与激情共舞"是一个关于电视特效表现的动画，通过本例的制作，展现了传统历史文化的深厚内涵。片头中发光体素材以及Shine(光)特效制作出类似于闪光灯的效果，然后主题文字通过蒙版动画跟随发光体的闪光效果，逐渐出现，制作出与激情共舞电视特效表现，动画流程画面如图12.1所示。

- 难易程度：★★★☆☆
- 工程文件：工程文件\第12章\与激情共舞
- 视频文件：视频教学\实战100 电视特效表现——与激情共舞.avi

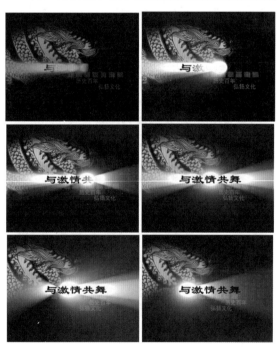

图12.1 与激情共舞动画流程

知识点

1. 【色相/饱和度】特效
2. 【颜色键】特效
3. Shine(光)特效

操作步骤

 制作胶片字的运动

(1) 执行菜单栏中的【合成】|【新建合成】命

令，打开【合成设置】对话框，设置【合成名称】为"胶片字"，【宽度】为720px，【高度】为576px，【帧速率】为25，并设置【持续时间】为0:00:04:00秒，单击【确定】按钮，在【项目】面板中将会新建一个名为"胶片字"的合成。

(2) 执行菜单栏中的【文件】|【导入】|【文件】命令，打开【导入文件】对话框，选择配套素材中的"工程文件\第12章\与激情共舞\发光体.psd""工程文件\第12章\与激情共舞\图腾.psd""工程文件\第12章\与激情共舞\版字.jpg""工程文件\第12章\与激情共舞\胶片.psd""工程文件\第12章\与激情共舞\蓝色烟雾.mov"素材。单击【导入】按钮，素材将导入到【项目】面板中。

(3) 打开"胶片字"合成的时间线面板，在【项目】面板中选择"胶片.psd"素材，将其拖动到"胶片字"的时间线面板中，如图12.2所示。

图12.2 添加素材

(4) 选择工具栏中的【横排文字工具】T，在合成窗口中输入文字"历史百年"。在【字符】面板中，设置字体为【文鼎CS大黑】，【填充颜色】为白色，字符大小为30像素，其他参数设置如图12.3所示。设置完成后的文字效果如图12.4所示。

图12.3 参数设置　　图12.4 文字效果

　　如果【字符】面板没有打开，可以按Ctrl+6组合键快速打开。

(5) 使用相同的方法，在合成窗口中输入文字

"弘扬文化",完成后的效果如图12.5所示。

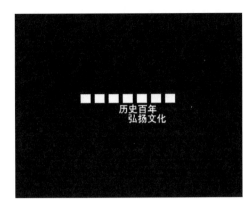

图12.5 输入文字"弘扬文化"

(6)选择"弘扬文化""历史百年""胶片.psd"3个层,按T键,展开【不透明度】属性,在时间线面板的空白处单击,取消选择。然后分别设置"弘扬文化"层【不透明度】的值为35%,"历史百年"层【不透明度】的值为35%,"胶片.psd"层【不透明度】的值为25%,如图12.6所示。

图12.6 设置图层的不透明度

(7)将时间调整到0:00:00:00帧的位置,选择"弘扬文化""历史百年""胶片.psd"3个层,按P键,展开【位置】属性,单击【位置】左侧的【码表】按钮🕐,在当前位置设置关键帧,此时3个层将会同时创建关键帧。在时间线面板的空白处单击,取消选择,然后分别设置"弘扬文化"层【位置】的值为(460,338),"历史百年"层【位置】的值为(330,308),"胶片.psd"层【位置】的值为(445,288),如图12.7所示。

图12.7 设置【位置】关键帧

(8)将时间调整到0:00:03:10帧的位置,修改"弘扬文化"层【位置】的值为(330,338),"历史百年"层【位置】的值为(410,308),"胶片.psd"层【位置】的值为(332,288),如图12.8所示。

图12.8 在0:00:03:10帧修改【位置】的值

(9)这样就完成了运动的"胶片字"的,拖动时间滑块,在合成窗口中观看动画效果,其中几帧的画面如图12.9所示。

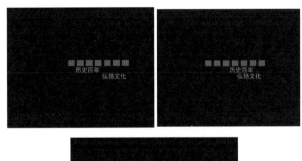

图12.9 其中几帧的画面效果

step 02 制作流动的烟雾背景

(1)执行菜单栏中的【合成】|【新建合成】命令,打开【合成设置】对话框,设置【合成名称】为"与激情共舞",【宽度】为720px,【高度】为576px,【帧速率】为25,并设置【持续时间】为0:00:04:00秒,单击【确定】按钮,在【项目】面板中将会新建一个名为"与激情共舞"的合成。

(2)打开"与激情共舞"合成,在【项目】面板中选择"蓝色烟雾.mov"视频素材,将其拖动到该合成的时间线面板中,如图12.10所示。

图12.10　添加"蓝色烟雾.mov"素材

(3) 选择"蓝色烟雾.mov"层，在【效果和预设】面板中展开【颜色校正】特效组，然后双击【色相/饱和度】特效，如图12.11所示；默认的画面效果如图12.12所示。

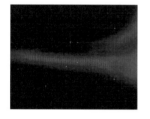

图12.11　添加特效　　图12.12　默认的画面效果

(4) 在【效果控件】面板中，设置【主色相】的值为112，如图12.13所示。此时的画面效果如图12.14所示。

图12.13　参数设置

图12.14　设置参数后的画面效果

(5) 按T键，打开该层的【不透明度】属性，设置【不透明度】的值为22%，如图12.15所示。

图12.15　设置【不透明度】的值

(6) 按Ctrl + D组合键复制"蓝色烟雾.mov"层，并将复制层重命名为"蓝色烟雾2"，如图12.16所示。

图12.16　将复制层重命名为"蓝色烟雾2"

(7) 选择"蓝色烟雾.mov""蓝色烟雾2"两个图层，按S键，展开【缩放】属性，在时间线面板的空白处单击，取消选择。然后分别设置"蓝色烟雾2"【缩放】的值为(112，-112)，"蓝色烟雾.mov"【缩放】的值为(112，112)，如图12.17所示。此时合成窗口中的画面效果如图12.18所示。

图12.17　设置【缩放】的值

图12.18　设置后的画面效果

图12.22　调整"蓝色烟雾2"的入点位置

提示

将【缩放】的值修改为(112，−112)后，图像将会以中心点的位置为轴，垂直翻转。

(8) 按P键，展开【位置】属性，设置"蓝色烟雾2"【位置】的值为(360，578)，"蓝色烟雾.mov"【位置】的值为(360，−4)，如图12.19所示。此时合成窗口中的画面效果如图12.20所示。

图12.19　设置【位置】的值

图12.20　设置【位置】后的画面效果

(9) 将时间调整到0:00:01:20帧的位置，选择"蓝色烟雾2"层，按Alt + [组合键，为该层设置入点，如图12.21所示。

图12.21　为"蓝色烟雾2"设置入点

(10) 将时间调整到0:00:00:00帧的位置，然后按住Shift键，拖动素材条，使其起点位于0:00:00:00帧的位置，完成后的效果如图12.22所示。

step 03　制作素材位移动画

(1) 在【项目】面板中选择"图腾.psd"素材，将其拖动到"与激情共舞"的时间线面板中，然后按S键，打开该层的【缩放】属性，设置【缩放】的值为(250，250)，如图12.23所示；此时的画面效果如图12.24所示。

图12.23　设置【缩放】的值

图12.24　设置【缩放】后的画面效果

(2) 选择工具栏中的【钢笔工具】，在合成窗口中绘制一个路径，如图12.25所示。按F键，打开该层的【蒙版羽化】选项，设置【蒙版羽化】的值为(30，30)，此时的画面效果如图12.26所示。

图12.25　绘制蒙版

图12.26　羽化效果

(3) 确认当前时间在0:00:00:00帧的位置，按P

键，展开该层的【位置】属性，设置【位置】的值为(355，56)，为其添加关键帧，如图12.27所示。

图12.27 设置【位置】的值

(4) 将时间调整到0:00:02:17帧的位置，设置【位置】的值为(235，40)，如图12.28所示。

图12.28 设置【位置】的值

(5) 在【项目】面板中选择"版字.jpg"素材，将其拖动到"与激情共舞"的时间线面板中，如图12.29所示。

图12.29 添加"版字.jpg"素材

(6) 选择"版字.jpg"层，在【效果和预设】面板中展开【键控】特效组，然后双击【颜色键】特效，如图12.30所示。默认的画面效果如图12.31所示。

图12.30 添加【颜色键】特效

(7) 在【效果控件】面板中，设置【主色】为棕色(R:181；G:140；B:69)，【颜色容差】的值为32，如图12.32所示。此时的画面效果如图12.33所示。

图12.31 默认画面效果

图12.32 【颜色键】特效的参数设置

技巧

【主色】：用来设置透明的颜色值，可以单击右侧的色块▇来选择颜色；也可以单击右侧的吸管工具▇，然后在素材上单击吸取所需颜色，以确定透明的颜色值。【颜色容差】：用来设置颜色的容差范围。值越大，所包含的颜色越广。【薄化边缘】：用来设置边缘的粗细。【羽化边缘】：用来设置边缘的柔化程度。

图12.33 设置参数后的"版字"效果

(8) 展开【变换】选项组，单击【位置】左侧的【码表】按钮 ◎ ，在0:00:00:00帧的位置设置关键帧，并设置【位置】的值为(575，282)，【缩放】的值为(45，45)，【不透明度】的值为20%；将时间调整到0:00:03:10帧的位置，设置【位置】的值为(506，282)，如图12.34所示。

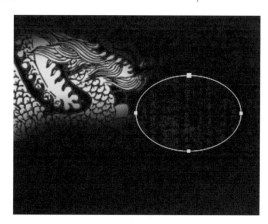

图12.34 在0:00:03:10帧的位置设置关键帧

(9) 选择工具栏中的【椭圆工具】○，为"版字.jpg"层绘制一个椭圆蒙版，如图12.35所示。按F键，打开该层的【蒙版羽化】选项，设置【蒙版羽化】的值为(50，50)，完成后的效果如图12.36所示。

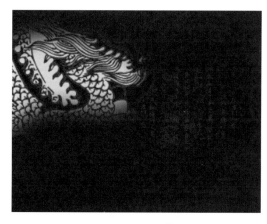

图12.35 绘制椭圆蒙版

图12.37 添加"发光体.psd""胶片字"素材

(2) 在时间线面板的空白处单击，取消选择。然后选择"胶片字"合成层，按P键，打开该层的【位置】选项，设置【位置】的值为(405，350)，如图12.38所示。

图12.38 设置【位置】的值

(3) 选择"发光体.psd"层，在【效果和预设】面板中展开Trapcode特效组，然后双击Shine(光)特效，如图12.39所示。其中一帧的画面效果如图12.40所示。

图12.39 添加Shine(光)特效

step 04 制作发光体

(1) 在【项目】面板中，选择"发光体.psd""胶片字"素材，将其拖动到"与激情共舞"的时间线面板中，如图12.37所示。

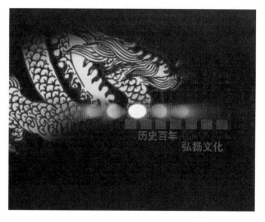

图12.40 添加特效后的画面效果

图12.36 羽化效果

(4) 将时间调整到0:00:00:00帧的位置，在【效果控件】面板中，单击Source Point(源点)左侧的【码表】按钮 🕑，在当前位置设置关键帧，并修改Source Point(源点)的值为(479，292)，Ray Length(光线长度)的值为12，Boost Light(光线亮度)的值为3.5；展开Colorize(着色)选项组，在Colorize (着色)下拉列表框中选择3 - Color Gradient (三色渐变)选项，设置Midtones(中间色)为黄色(R:240；G:217；B:32)，Shadows(阴影色)为红色(R:190；G:43；B:6)，如图12.41所示。此时的画面效果如图12.42所示。

图12.41　Shine(光)参数设置

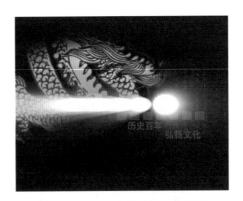

图12.42　设置参数后的画面效果

　　(5) 将时间调整到0:00:01:00帧的位置，单击Ray Length(光线长度)左侧的【码表】按钮 🕑，在当前位置设置关键帧，如图12.43所示。将时间调整到0:00:02:22帧的位置，设置Source Point(源点)的值

为(303，292)，Ray Length(光线长度)的值为18，如图12.44所示。

图12.43　为Ray Length(光线长度) 设置关键帧

图12.44　修改参数的值

　　(6) 将时间调整到0:00:03:10帧的位置，设置Source Point(源点)的值为(253，290)，Ray Length(光线长度)的值为15，如图12.45所示。此时的画面效果如图12.46所示。

图12.45　在0:00:03:10帧的位置修改参数

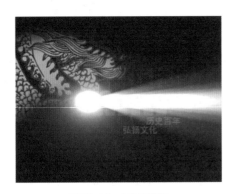

图12.46　画面效果

　　(7) 选择工具栏中的【矩形工具】 ▭，在合成窗口中为"发光体.psd"层绘制一个蒙版，如图12.47所示。将时间调整到0:00:00:00帧的位置，按M键，打开该层的【蒙版路径】选项，单击【蒙版路径】左侧的【码表】按钮 🕑，在当前位置设置关键帧，如图12.48所示。

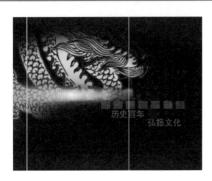

图12.47 绘制矩形蒙版

图12.48 为【蒙版路径】设置关键帧

> 提示
>
> 在绘制矩形蒙版时，需要将光遮住，不可以太小。

(8) 将时间调整到0:00:02:19帧的位置，修改蒙版的形状，系统将在当前位置自动设置关键帧，如图12.49所示。将时间调整到0:00:03:02帧的位置，修改蒙版的形状，如图12.50所示。

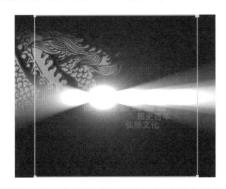

图12.49 在0:00:02:19帧的位置修改形状

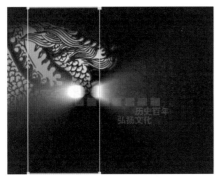

图12.50 在0:00:03:02帧的位置修改形状

step 05 制作文字定版

(1) 选择工具栏中的【横排文字工具】 T，在合成窗口中输入文字"与激情共舞"。在【字符】面板中，设置字体为【方正隶书简体】，【填充颜色】为黑色，字符大小为67像素，如图12.51所示；此时合成窗口中的画面效果如图12.52所示。

图12.51 【字符】面板参数设置

图12.52 设置参数后的画面效果

(2) 在时间线面板中，选择"与激情共舞"文字层，按P键，展开该层的【位置】属性，设置【位置】的值为(207，318)，如图12.53所示。此时文字的位置如图12.54所示。

图12.53 修改【位置】的值

(3) 选择工具栏中的【矩形工具】 ，在合成窗口中为"与激情共舞"文字层绘制一个蒙版，如图12.55所示。将时间调整到0:00:00:00帧的位置，按M键，打开该层的【蒙版路径】选项，单击【蒙版路径】左侧的【码表】按钮 🕐，在当前位置设置关键帧，如图12.56所示。

图12.54　文字的位置

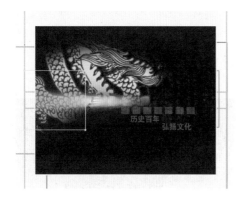

图12.55　绘制蒙版

图12.56　在0:00:00:00帧的位置设置关键帧

（4）将时间调整到0:00:01:13帧的位置，在当前位置修改蒙版形状，如图12.57所示。

图12.57　0:00:01:13帧的蒙版形状

（5）制作渐现效果。在时间线面板中，按Ctrl＋Y组合键，打开【纯色设置】对话框，设置【名称】为"渐现"，【颜色】为黑色，如图12.58所示。

图12.58　【纯色设置】对话框

（6）单击【确定】按钮，在时间线面板中将会创建一个名为"渐现"的固态层。将时间调整到0:00:00:00帧的位置，选择"渐现"固态层，按T键，展开该层的【不透明度】属性，单击【不透明度】左侧的【码表】按钮 🕐，在当前位置设置关键帧，如图12.59所示。

图12.59　设置【不透明度】关键帧

（7）将时间调整到0:00:00:06帧的位置，修改【不透明度】的值为0%，如图12.60所示。

图12.60　修改【不透明度】的值

（8）这样就完成了"电视特效表现——与激情共舞"的整体制作，按小键盘上的0键播放预览。最后将文件保存并输出为动画。

图12.61　《理财指南》电视片头动画流程效果(续)

实战101　制作电视片头

 实例解析

《理财指南》是一个关于电视频道包装的片头动画，利用After Effects CC内置的三维效果制作旋转的圆环，使圆环本身层次感分明，立体效果十足，利用层之间的层叠关系更好地表现出场景的立体效果，利用【线性擦除】特效制作背景色彩条的生长效果，从而完成《理财指南》动画的制作。本例最终的动画流程效果如图12.61所示。

🖳 难易程度：★★★★☆

✏️ 工程文件：工程文件\第12章\理财指南

🎯 视频文件：视频教学\实战101　《理财指南》电视片头.avi

知识点

1. 三维层
2. 【摄像机】命令
3. 调整持续时间条的入点与出点
4. 【圆形】特效

操作步骤

step 01 导入素材

(1) 执行菜单栏中的【文件】|【导入】|【文件】命令，打开【导入文件】对话框，选择配套素材中的"工程文件\第12章\理财指南\箭头01.psd""工程文件\第12章\理财指南\箭头02.psd""工程文件\第12章\理财指南\镜头1背景.jpg""工程文件\第12章\理财指南\素材01.psd""工程文件\第12章\理财指南\素材02.psd""工程文件\第12章\理财指南\素材03.psd""工程文件\第12章\理财指南\文字01.psd""工程文件\第12章\理财指南\文字02.psd""工程文件\第12章\理财指南\文字03.psd""工程文件\第12章\理财指南\文字04.psd""工程文件\第12章\理财指南\文字05.psd""工程文件\第12章\理财指南\圆点.psd"素材，单击【导入】按钮，将素材导入到【项目】面板中。

(2) 单击【项目】面板下方的【建立文件夹】按钮▣，新建文件夹并重命名为"素材"，将刚才导入的素材放到新建的"素材"文件夹中，如图12.62所示。

(3) 执行菜单栏中的【文件】|【导入】|【文件】命令，打开【导入文件】对话框，选择配套素材中的"工程文件\第12章\理财指南\风车.psd"素材。

(4) 单击【导入】按钮，打开以素材名"风车.psd"命名的对话框，在【导入种类】下拉列表框中选择【合成】选项，将素材以合成的方式导入，如图12.63所示。

图12.61　《理财指南》电视片头动画流程效果

图12.62 将导入素材放入"素材"文件夹

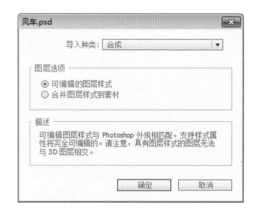

图12.63 以合成的方式导入素材

(5) 单击【确定】按钮,将素材导入【项目】面板中,系统将建立以"风车"命名的新合成,如图12.64所示。

图12.64 导入"风车.psd"素材

(6) 在项目面板中选择"风车"合成,按Ctrl + K组合键打开【合成设置】对话框,设置【持续时间】为0:00:15:00秒。

step 02 制作风车合成动画

(1) 打开"风车"合成的时间线面板,选中时间线中的所有素材层,打开三维层开关,如图12.65

所示。

图12.65 开启三维层开关

(2) 调整时间到0:00:00:00帧的位置,单击"小圆环"素材层,按R键,展开【旋转】属性,单击【Z轴旋转】属性左侧的【码表】按钮⏱,在当前位置建立关键帧,如图12.66所示。

图12.66 建立【Z轴旋转】关键帧

(3) 调整时间到0:00:03:09帧的位置,修改【Z轴旋转】的值为200,系统将自动建立关键帧,如图12.67所示。

图12.67 修改【Z轴旋转】的值

(4) 调整时间到0:00:00:00帧的位置,单击"小圆环"素材层的【Z轴旋转】文字部分,以选择全部的关键帧,按Ctrl+C组合键复制选中的关键帧。单击"大圆环"层,按R键,展开【旋转】属性,按Ctrl+V组合键粘贴关键帧,如图12.68所示。

图12.68 粘贴【Z轴旋转】关键帧

(5) 调整时间到0:00:03:09帧的位置,单击时间线面板的空白处取消选择,修改"大圆环"层【Z轴旋转】的值为-200,如图12.69所示。

图12.69　修改【Z轴旋转】属性的值

（6）调整时间到0:00:00:00帧的位置，单击"风车"素材层，按Ctrl+V组合键粘贴关键帧，如图12.70所示。

图12.70　粘贴【Z轴旋转】属性的关键帧

（7）确认时间在0:00:00:00帧的位置，单击"大圆环"素材层的【Z轴旋转】文字部分，以选择全部的关键帧，按Ctrl+C组合键复制选中的关键帧，单击"圆环转"素材层，按Ctrl+V组合键粘贴关键帧，如图12.71所示。

图12.71　为"圆环转"素材层粘贴关键帧

（8）这样风车合成层的素材平面动画就制作完毕了，按空格键或小键盘上的0键，在合成窗口中播放动画，其中几帧的效果如图12.72所示。

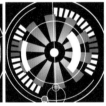

图12.72　风车动画其中几帧的效果

（9）平面动画制作完成后，就开始制作立体效果。选择"大圆环"素材层，按P键，展开【位置】属性，修改【位置】的值为(321，320.5，-72)；选择"风车"素材层，按P键，展开【位置】属性，修改【位置】的值为(321，320.5，-20)；选择"圆环转"素材层，按P键，展开【位置】属性，修改【位置】的值为(321，320.5，-30)，如图12.73所示。

图12.73　修改【位置】属性的值

（10）添加摄像机。执行菜单栏中的【图层】|【新建】|【摄像机】命令，打开【摄像机设置】对话框，设置【预设】为【24毫米】，如图12.74所示。单击【确定】按钮，在时间线面板中将会创建一台摄像机。

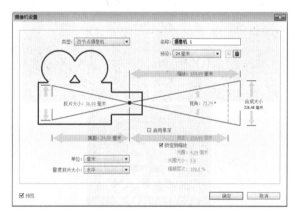

图12.74　创建摄影机

（11）调整时间到0:00:00:00帧的位置，展开【摄影机1】的【变换】选项组，单击【目标点】左侧的【码表】按钮，在当前位置建立关键帧；修改【目标点】的值为(320，320，0)，单击【位置】左侧的【码表】按钮，建立关键帧；修改【位置】的值为(700，730，-250)，如图12.75所示。

图12.75　建立关键帧

（12）调整时间到0:00:03:10帧的位置，修改【目标点】的值为(212，226，260)，修改【位置】的值为(600，550，-445)，如图12.76所示。

图12.76 修改"摄影机1"的属性

(13) 这样风车合成层的素材立体动画就制作完毕了，按空格键或小键盘上的0键，在合成窗口中播放动画，其中几帧的效果如图12.77所示。

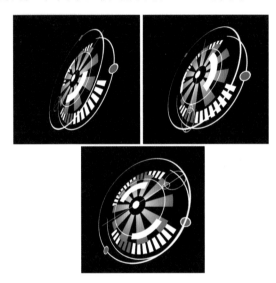

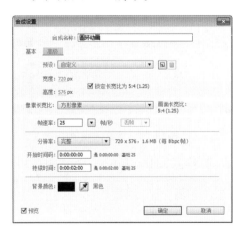

图12.77 风车动画其中几帧的效果

step 03 制作圆环动画

(1) 执行菜单栏中的【合成】|【新建合成】命令，打开【合成设置】对话框，设置【合成名称】为"圆环动画"，【宽度】为720px，【高度】为576px，【帧速率】为25，并设置【持续时间】为0:00:02:00秒，如图12.78所示。

图12.78 建立合成

(2) 按Ctrl+Y组合键，打开【纯色设置】对话框，设置【名称】为"红色圆环"，修改【颜色】为白色，如图12.79所示。

图12.79 建立纯色层

(3) 选择"红色圆环"纯色层，按Ctrl+D组合键复制"红色圆环"纯色层，并重命名为"白色圆环"，如图12.80所示。

图12.80 复制"红色圆环"纯色层

(4) 选择"红色圆环"纯色层，在【效果和预设】面板中展开【生成】特效组，然后双击【圆形】特效，如图12.81所示。

图12.81 添加【圆形】特效

(5) 调整时间到0:00:00:00帧的位置，在【效果控件】面板中，修改【圆形】特效的参数，单击【半径】左侧的【码表】按钮，建立关键帧，修改【半径】的值为0，从【边缘】下拉列表框中选择【边缘半径】选项，设置【颜色】为紫色(R:205；G:1；B:111)，如图12.82所示。

图12.82　修改【圆形】特效的参数

（6）调整时间到0:00:00:14帧的位置，修改【半径】的值为30，单击【边缘半径】左侧的【码表】按钮Ö，在当前位置建立关键帧，如图12.83所示。

图12.83　修改属性添加关键帧

（7）调整时间到0:00:00:20帧的位置，修改【半径】的值为65，【边缘半径】的值为60，如图12.84所示。

图12.84　修改属性

（8）选择"白色圆环"纯色层，在【效果和预设】面板中展开【生成】特效组，然后双击【圆形】特效，如图12.85所示。

图12.85　添加【圆形】特效

（9）调整时间到0:00:00:11帧的位置，在【效果控件】面板中，修改【圆形】特效的参数，单击【半径】左侧的【码表】按钮Ö，建立关键帧，修改【半径】的值为0，从【边缘】下拉列表框中选择【边缘半径】选项，单击【边缘半径】左侧的【码表】按钮Ö，在当前位置建立关键帧，设置【颜色】为白色，如图12.86所示。

图12.86　修改属性并建立关键帧

（10）调整时间到0:00:00:12帧的位置，修改【半径】的值为15，【边缘半径】的值为13，如图12.87所示。

图12.87　修改属性

（11）调整时间到0:00:00:14帧的位置，展开【羽化】选项组，单击【羽化外侧边缘】左侧的【码表】按钮Ö，在当前位置建立关键帧，如图12.88所示。

（12）调整时间到0:00:00:20帧的位置，修改【半径】的值为86，【边缘半径】的值为75，【羽化外侧边缘】的值为15，如图12.89所示。

（13）这样圆环的动画就制作完成了，按空格键或小键盘上的0键在合成窗口中播放动画，其中几帧的效果如图12.90所示。

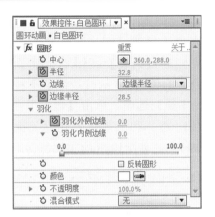

图12.88 建立关键帧

图12.89 修改"白色圆环"的属性

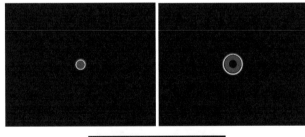

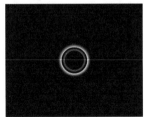

图12.90 圆环动画其中几帧的效果

step 04 制作"镜头1"动画

(1) 执行菜单栏中的【合成】|【新建合成】命令，打开【合成设置】对话框，设置【合成名称】为"镜头1"，【宽度】为720px，【高度】为576px，【帧速率】为25，并设置【持续时间】为0:00:03:10秒，如图12.91所示。

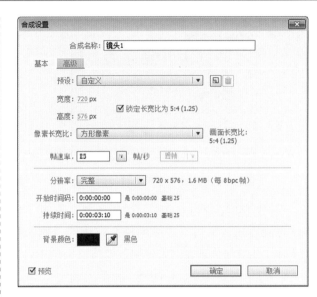

图12.91 建立"镜头1"合成

(2) 将"文字01.psd""圆环动画""箭头01.psd""箭头02.psd""风车"和"镜头1背景.jpg"拖入"镜头1"合成的时间线面板中，如图12.92所示。

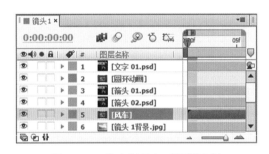

图12.92 将素材导入时间线面板

(3) 调整时间到0:00:00:00帧的位置，单击"风车"右侧的三维开关，选择"风车"合成，按P键，展开【位置】属性，单击【位置】左侧的【码表】按钮，在当前位置建立关键帧，修改【位置】的值为(114，368，160)，如图12.93所示。

图12.93 建立关键帧

(4) 调整时间到0:00:03:07帧的位置，修改【位置】的值为(660，200，−560)，系统将自动建立关键帧，如图12.94所示。

(5) 选择"风车"合成层，按Ctrl+D组合键复制合成并重命名为"风车影子"。在【效果和预设】面板中展开【透视】特效组，然后双击【投影】特效，如图12.95所示。

图12.94 修改【位置】的值

图12.95 添加【投影】特效

（6）在【效果控件】面板中，修改【投影】特效的参数，修改【不透明度】的值为36%，【距离】的值为0，【柔和度】的值为5，如图12.96所示。

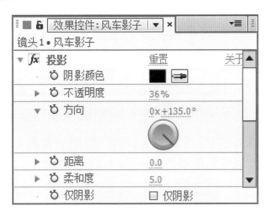

图12.96 设置【投影】特效的值

（7）在【效果和预设】面板中展开【扭曲】特效组，然后双击CC Power Pin(CC 四角缩放)特效，如图12.97所示。

图12.97 添加CC Power Pin(CC 四角缩放)特效

（8）在【效果控件】面板中，修改CC Power Pin(CC 四角缩放)特效的参数，修改Top Left(左上角)的值为(15，450)，Top Right(右上角)的值为(680，450)，Bottom Left(左下角)的值为(15，590)，

Bottom Right(右下角)的值为(630，590)，如图12.98所示。

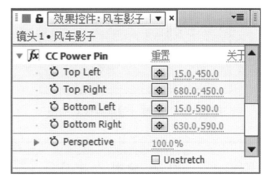

图12.98 修改CC Power Pin(CC 四角缩放)特效的值

（9）单击"箭头 02.psd"素材层，在【效果和预设】面板中展开【过渡】特效组，然后双击【线性擦除】特效，如图12.99所示。

图12.99 添加【线性擦除】特效

（10）调整时间到至0:00:00:08帧的位置，在【效果控件】面板中，修改【线性擦除】特效的参数，单击【过渡完成】左侧的【码表】按钮 ⏱，在当前位置建立关键帧。修改【过渡完成】的值为40%，如图12.100所示。

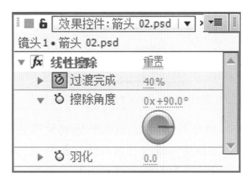

图12.100 修改【线性擦除】特效的值

（11）调整时间到0:00:00:22帧的位置，修改【过渡完成】的值为10%，如图12.101所示。

（12）调整时间到0:00:02:20帧的位置，按T键，展开【不透明度】属性，单击【不透明度】左侧的【码表】按钮 ⏱，在当前位置建立关键帧，如图12.102所示。

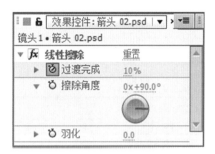

图12.101　调整【过渡完成】的值

图12.102　建立关键帧

（13）调整时间到0:00:03:02帧的位置，修改【不透明度】的值为0%，如图12.103所示。

图12.103　修改【不透明度】的值

(14) 单击"箭头 01.psd"素材层，在【效果和预设】面板中展开【过渡】特效组，然后双击【线性擦除】特效，如图12.104所示。

图12.104　添加【线性擦除】特效

（15）调整时间到0:00:00:08帧的位置，在【效果控件】面板中，修改【线性擦除】特效的参数，单击【过渡完成】左侧的【码表】按钮 ⏱，在当前位置建立关键帧，修改【过渡完成】的值为100%。单击【擦除角度】左侧的【码表】按钮 ⏱，在当前位置建立关键帧，修改【擦除角度】的值为-150，如图12.105所示。

（16）调整时间到0:00:00:12帧的位置，修改【擦除角度】的值为-185，如图12.106所示。

（17）调整时间到0:00:00:17帧的位置，修改【擦除角度】的值为-248，如图12.107所示。

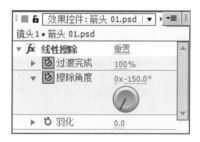

图12.105　修改【线性擦除】特效

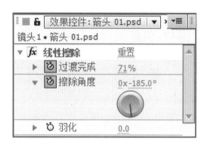

图12.106　设置0:00:00:12帧的位置关键帧

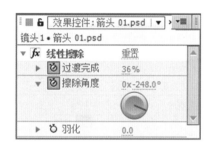

图12.107　设置0:00:00:17帧处关键帧

（18）调整时间到0:00:00:22帧的位置，修改【过渡完成】的值为0%，如图12.108所示。

图12.108　调整【过渡完成】属性

（19）调整时间到0:00:02:20帧的位置，按T键，打开"箭头 01.psd"的【不透明度】属性，单击【不透明度】左侧的【码表】按钮 ⏱，在当前位置建立关键帧，如图12.109所示。

图12.109　建立【不透明度】关键帧

图12.114　修改【不透明度】属性

(20) 调整时间到0:00:03:02帧的位置，修改【不透明度】的值为0%，系统将自动建立关键帧，如图12.110所示。

图12.110　修改【不透明度】的值

(21) 调整时间到0:00:00:18帧的位置，向右拖动"圆环动画"合成层，使入点到当前时间，如图12.111所示。

图12.111　设置"圆环动画"的入点

(22) 调整时间到0:00:01:13帧的位置，展开"圆环动画"的【变换】选项组，修改【位置】的值为(216，397)，单击【缩放】左侧的【码表】按钮 ，在当前位置建立关键帧，如图12.112所示。

图12.112　建立【缩放】关键帧

(23) 调整时间到0:00:01:18帧的位置，修改【缩放】的值为(110，110)，系统将自动建立关键帧；单击【不透明度】左侧的【码表】按钮 ，在当前位置建立关键帧，如图12.113所示。

图12.113　建立【不透明度】关键帧

(24) 调整时间到0:00:01:21帧的位置，修改【不透明度】的值为0%，系统将自动建立关键帧，如图12.114所示。

(25) 选中"圆环动画"合成层，按Ctrl+D组合键，复制"圆环动画"合成层并重命名为"圆环动画2"。调整时间到0:00:00:24帧的位置，拖动"圆环动画2"层，使入点到当前时间；按P键，展开【位置】属性，修改【位置】的值为(293，390)，如图12.115所示。

图12.115　设置"圆环动画2"的入点

(26) 选中"圆环动画2"合成层，按Ctrl+D组合键，复制"圆环动画2"合成层并重命名为"圆环动画3"。调整时间到0:00:01:07帧的位置，拖动"圆环动画3"层，使入点到当前时间；按P键，展开【位置】属性，修改【位置】的值为(338，414)，如图12.116所示。

图12.116　设置"圆环动画3"并调整位置

(27) 选中"圆环动画3"合成层，按Ctrl+D组合键，复制"圆环动画3"合成层并重命名为"圆环动画4"。调整时间到0:00:01:03帧的位置，拖动"圆环动画4"层，使入点到当前时间；按P键，展开【位置】属性，修改【位置】的值为(201，490)，如图12.117所示。

图12.117　设置"圆环动画4"并调整位置

(28) 选中"圆环动画4"合成层，按Ctrl+D组合键，复制"圆环动画4"合成层并重命名为"圆环动画5"。调整时间到0:00:01:10帧的位置，拖动"圆环动画5"层，使入点到当前时间；按P键，展开【位置】属性，修改【位置】的值为(329，472)，如图12.118所示。

图12.118 设置"圆环动画5"并调整位置

(29) 调整时间到0:00:01:02帧的位置，选中"文字01.psd"素材层，按P键，展开【位置】属性，单击【位置】左侧的【码表】按钮🕚，在当前位置建立关键帧，修改【位置】的值为(-140，456)，如图12.119所示。

图12.119 建立【位置】关键帧并修改属性

(30) 调整时间到0:00:01:08帧的位置，修改【位置】的值为(215，456)，系统将自动建立关键帧，如图12.120所示。

图12.120 修改【位置】属性

(31) 调整时间到0:00:01:12帧的位置，修改【位置】的值为(175，456)，系统将自动建立关键帧，如图12.121所示。

图12.121 修改【位置】属性

(32) 调整时间到0:00:01:15帧的位置，修改【位置】的值为(205，456)，系统将自动建立关键帧，如图12.122所示。

图12.122 修改【位置】属性

(33) 调整时间到0:00:02:19帧的位置，修改【位置】的值为(174，456)，系统将自动建立关键帧；调整时间到0:00:02:21帧的位置，修改【位置】的值为(205，456)，系统将自动建立关键帧；调整时间到0:00:03:01帧的位置，修改【位置】的值为(-195，456)，系统将自动建立关键帧，如图12.123所示。

图12.123 修改【位置】属性

(34) 这样"镜头1"动画就制作完成了，按空格键或小键盘上的0键在合成窗口中播放动画，其中几帧的效果如图12.124所示。

图12.124 "镜头1"动画其中几帧的效果

🔲step 05 制作"镜头2"动画

(1) 执行菜单栏中的【合成】|【新建合成】命令，打开【合成设置】对话框，设置【合成名称】为"镜头2"，【宽度】为720px，【高度】为576px，【帧速率】为25，并设置【持续时间】为

0:00:03:05秒，如图12.125所示。

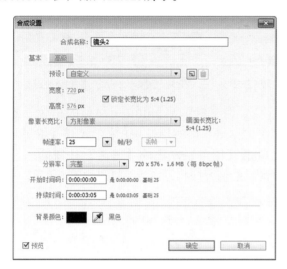

图12.125　建立"镜头2"合成

（2）将"文字02.psd""圆环转/风车.psd""风车/风车.psd""大圆环/风车.psd""小圆环/风车.psd"导入"镜头2"合成的时间线面板中，如图12.126所示。

图12.126　将素材导入到时间线面板

（3）按Ctrl+Y组合键，打开【纯色设置】对话框，设置【名称】为"镜头2背景"，【颜色】为白色，如图12.127所示。单击【确定】按钮，建立纯色层。

图12.127　【纯色设置】对话框

（4）选择"镜头2背景"纯色层，在【效果和预设】面板中展开【生成】特效组，然后双击【梯度渐变】特效，如图12.128所示。

图12.128　添加【梯度渐变】特效

（5）在【效果控件】面板中，修改【梯度渐变】特效的参数，修改【渐变起点】的值为(360，0)，【起始颜色】为深蓝色(R:13；G:90；B:106)，【渐变终点】的值为(360，576)，【结束颜色】为灰色(R:204；G:204；B:204)，如图12.129所示。

图12.129　设置【梯度渐变】特效的参数

（6）打开"圆环转/风车.psd""风车/风车.psd""大圆环/风车.psd""小圆环/风车.psd"素材层的三维开关，修改"大圆环/风车.psd"【位置】的值为(360，288，-72)，"风车/风车.psd"【位置】的值为(360，288，-20)，"圆环转/风车.psd"【位置】的值为(360，288，-30)，如图12.130所示。

图12.130　开启三维开关

（7）调整时间到0:00:00:00帧的位置，选择"小圆环/风车.psd"合成层，按R键，展开【旋转】属性，单击【Z轴旋转】左侧的【码表】按钮，在当前位置建立关键帧；调整时间到0:00:03:04帧的位置，修改【Z轴旋转】的值为200，如图12.131所示。

图12.131 设置【Z轴旋转】关键帧

（8）调整时间到0:00:00:00帧的位置，单击"小圆环/风车.psd"【Z轴旋转】属性的文字部分，选中【Z轴旋转】属性的所有关键帧，按Ctrl+C组合键，复制选中的关键帧；单击"大圆环"素材层，按Ctrl+V组合键粘贴关键帧，如图12.132所示。

图12.132 粘贴【Z轴旋转】属性的关键帧

（9）调整时间到0:00:03:04帧的位置，选择"大圆环/风车.psd"素材层，修改【Z轴旋转】的值为-200，如图12.133所示。

图12.133 修改【Z轴旋转】属性的值

（10）调整时间到0:00:00:00帧的位置，选择"风车/风车.psd"素材层，按Ctrl+V组合键粘贴关键帧，如图12.134所示。

图12.134 在"风车/风车.psd"层复制关键帧

（11）调整时间到0:00:00:00帧的位置，单击"大圆环/风车.psd"合成层【Z轴旋转】属性的文字部分，选中【Z轴旋转】属性的所有关键帧，按Ctrl+C组合键，复制选中的关键帧；选择"圆环转/风车.psd"素材层，按Ctrl+V组合键粘贴关键帧，如图12.135所示。

图12.135 在"圆环转/风车.psd"层复制关键帧

（12）调整时间到0:00:00:24帧的位置，选择"文字02.psd"素材层，按P键，展开【位置】属性，单击【位置】左侧的【码表】按钮 ，修改【位置】的值为(846，127)，如图12.136所示。

图12.136 建立"文字02.psd"的关键帧

（13）调整时间到0:00:01:05帧的位置，修改【位置】的值为(511，127)；调整时间到0:00:01:09帧的位置，修改【位置】的值为(535，127)；调整时间到0:00:01:13帧的位置，修改【位置】的值为(520，127)；调整时间到0:00:02:08帧的位置，单击【位置】左侧的【在当前时间添加或移除关键帧】按钮 ，在当前位置建立关键帧，如图12.137所示。

图12.137 在0:00:02:08帧处建立关键帧

（14）调整时间到0:00:02:10帧的位置，修改【位置】的值为(535，127)；调整时间到0:00:02:11帧的位置，修改【位置】的值为(515，127)；调整时间到0:00:02:12帧的位置，修改【位置】的值为(535，127)；调整时间到0:00:02:14帧的位置，修改【位置】的值为(850，127)，如图12.138所示。

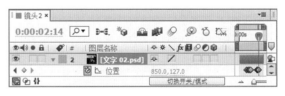

图12.138 修改【位置】的值

（15）添加摄像机。执行菜单栏中的【图层】|【新建】|【摄像机】命令，打开【摄像机设置】

对话框，设置【预设】为【24毫米】，如图12.139所示。单击【确定】按钮，在时间线面板中将会创建一台摄像机。

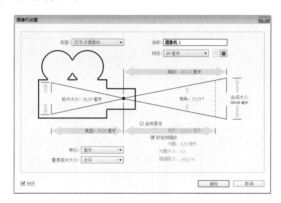

图12.139 摄影机设置

（16）调整时间到0:00:00:00帧的位置，展开"摄像机 1"的【变换】选项组，单击【目标点】左侧的【码表】按钮 ，在当前位置建立关键帧，修改【目标点】的值为(360，288，0)；单击【位置】左侧的【码表】按钮 ，建立关键帧，修改【位置】的值为(339，669，-57)，如图12.140所示。

图12.140 设置"摄像机1"的关键帧

（17）调整时间到0:00:02:05帧的位置，修改【目标点】的值为(372，325，50)，【位置】的值为(331，660，-132)，如图12.141所示。

图12.141 修改"摄像机1"关键帧的属性

（18）调整时间到0:00:03:01帧的位置，修改【目标点】的值为(336，325，50)，【位置】的值为(354，680，-183)，如图12.142所示。

（19）这样"镜头2"的动画就制作完成了，按空格键或小键盘上的0键在合成窗口中播放动画，其中几帧的效果如图12.143所示。

图12.142 修改"摄像机1"关键帧的属性

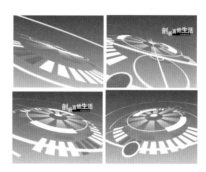

图12.143 "镜头2"动画其中几帧的效果

step 06 制作"镜头3"动画

（1）执行菜单栏中的【合成】|【新建合成】命令，打开【合成设置】对话框，设置【合成名称】为"镜头3"，【宽度】为720px，【高度】为576px，【帧速率】为25，并设置【持续时间】为0:00:03:06秒，如图12.144所示。

图12.144 建立"镜头3"合成

（2）将"圆环动画"和"文字03.psd"拖入"镜头3"合成的时间线面板中，如图12.145所示。

图12.145 将素材导入到时间线面板

（3）按Ctrl+Y组合键，打开【纯色设置】对话框，设置【名称】为"镜头3背景"，【颜色】为白色，如图12.146所示。单击【确定】按钮，建立纯色层。

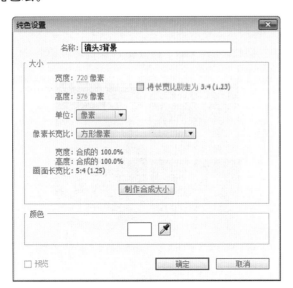

图12.146 【纯色设置】对话框

(4) 选择"镜头3背景"纯色层，在【效果和预设】面板中展开【生成】特效组，然后双击【梯度渐变】特效，如图12.147所示。

图12.147 添加【梯度渐变】特效

(5) 在【效果控件】面板中，修改【梯度渐变】特效的参数，修改【渐变起点】的值为(122，110)，【起始颜色】为深蓝色(R:4；G:94；B:119)，【渐变终点】的值为(720，288)，【结束颜色】为浅蓝色(R:190；G:210；B:211)，如图12.148所示。

图12.148 设置【梯度渐变】特效参数

(6) 打开"镜头2"合成，在"镜头2"合成的时间线面板中选择"圆环转/风车.psd""风车/风车.psd""大圆环/风车.psd""小圆环/风车.psd"素材层，按Ctrl+C组合键复制素材层。调整时间到0:00:00:00帧的位置，打开"镜头3"合成，按Ctrl+V组合键，将复制的素材层粘贴到"镜头3"合成中，如图12.149所示。

图12.149 粘贴素材层

(7) 调整时间到0:00:00:11帧的位置，单击"文字03.psd"素材层，按P键，展开【位置】属性，单击【位置】左侧的【码表】按钮 ，在当前位置建立关键帧，修改【位置】的值为(-143，465)，如图12.150所示。

图12.150 设置"文字03.psd"素材层的关键帧

(8) 调整时间到0:00:00:16帧的位置，修改【位置】的值为(562，465)，系统将自动建立关键帧；调整时间到0:00:00:19帧的位置，修改【位置】的值为(522，465)；调整时间到0:00:00:23帧的位置，修改【位置】的值为(534，465)；调整时间到0:00:02:08帧的位置，单击【位置】左侧的【在当前时间添加或移除关键帧】按钮 ，在当前时间建立关键帧；调整时间到0:00:02:09帧的位置，修改【位置】的值为(526，465)；调整时间到0:00:02:13帧的位置，修改【位置】的值为(551，465)；调整时间到0:00:02:14帧的位置，修改【位置】的值为(527，465)；调整时间到0:00:02:15帧的位置，修改【位置】的值为(540，465)；调整时间到0:00:02:19帧的位置，修改【位置】的值为(867，465)，如图12.151所示。

图12.151 修改【位置】属性并添加关键帧

(9) 选中"圆环动画"合成层,调整时间到0:00:00:13帧的位置,向右拖动"圆环动画"合成层,使入点到当前时间位置,如图12.152所示。

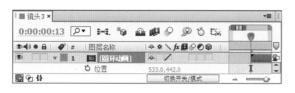

图12.152 调整入点的位置

(10) 调整时间到0:00:00:23帧的位置,按S键,展开【缩放】属性,单击【缩放】左侧的【码表】按钮🕐,在当前位置建立关键帧;调整时间到00:00:01:13帧的位置,修改【缩放】的值为(143,143),系统将自动建立关键帧,如图12.153所示。

图12.153 修改【缩放】属性

(11) 调整时间到0:00:01:14帧的位置,将鼠标指针放置在"圆环动画"合成层结束的位置,当鼠标指针变成双箭头➡时,向左拖动鼠标,将"圆环动画"合成层的出点调整到当前时间位置,如图12.154所示。

图12.154 设置"圆环动画"合成层的出点

(12) 选中"圆环动画"合成层,按P键,展开【位置】属性,修改【位置】的值为(533,442),如图12.155所示。

图12.155 修改【位置】属性的值

(13) 确认选中"圆环动画"合成层,按Ctrl+D组合键,复制"圆环动画"合成层并重命名为"圆环动画2",拖动"圆环动画2"到"圆环动画"的下面一层;调整时间到0:00:00:17帧的位置,向右拖动"圆环动画2"合成层使入点到当前时间位置,如图12.156所示。

图12.156 调整"圆环动画2"合成的持续时间

(14) 确认选中"圆环动画2"合成层,按Ctrl+D组合键,复制"圆环动画2"合成层,系统将自动命名复制的新合成层为"圆环动画3",拖动"圆环动画3"到"圆环动画2"的下面一层;调整时间到0:00:01:00帧的位置,向右拖动"圆环动画3"合成层使入点到当前时间位置;按P键,展开【位置】属性,修改【位置】的值为(610,352),如图12.157所示。

图12.157 调整"圆环动画3"合成的持续时间

(15) 确认选中"圆环动画3"合成层,按Ctrl+D组合键,复制"圆环动画3"合成层,系统将自动命名复制的新合成层为"圆环动画4",拖动"圆环动画4"到"圆环动画3"的下面一层;调整时间到0:00:01:05帧的位置,向右拖动"圆环动画4"合成层使入点到当前时间位置;按P键,展开【位置】属性,修改【位置】的值为(590,469),如图12.158所示。

图12.158 调整"圆环动画4"合成的持续时间

(16) 确认选中"圆环动画4"合成层,按Ctrl+D组合键,复制"圆环动画4"合成层,系统将自动命名复制的新合成层为"圆环动画5"，拖动"圆环动画5"到"圆环动画4"的下面一层；调整时间到0:00:01:14帧的位置，向右拖动"圆环动画5"合成层使入点到当前时间位置；按P键，展开【位置】属性，修改【位置】的值为(515，444)，如图12.159所示。

图12.159 调整"圆环动画5"合成的持续时间

（17）确认选中"圆环动画5"合成层，按Ctrl+D组合键，复制"圆环动画5"合成层，系统将自动命名复制的新合成层为"圆环动画6"，拖动"圆环动画6"到"圆环动画4"的上面一层；调整时间到0:00:01:15帧的位置，向右拖动"圆环动画6"合成层使入点到当前时间位置；按P键，展开【位置】属性，修改【位置】的值为(590，469)，如图12.160所示。

图12.160 调整"圆环动画6"合成的持续时间

（18）添加摄像机。执行菜单栏中的【图层】|【新建】|【摄像机】命令，打开【摄像机设置】对话框，设置【预设】为【24毫米】，如图12.161所示。单击【确定】按钮，在时间线面板中将会创建一台摄像机。

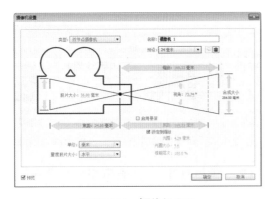

图12.161 摄像机设置

（19）调整时间到0:00:00:00帧的位置，选择"摄像机1"，按P键，展开【位置】属性，单击【位置】左侧的【码表】按钮，修改【位置】的值为(276，120，-183)，如图12.162所示。

图12.162 建立【位置】关键帧

（20）调整时间到0:00:03:05帧的位置，修改【位置】的值为(256，99，-272)，系统将自动建立关键帧，如图12.163所示。

图12.163 修改【位置】属性的值

（21）这样"镜头3"的动画就制作完成了，按空格键或小键盘上的0键，在合成窗口中播放动画，其中几帧的效果如图12.164所示。

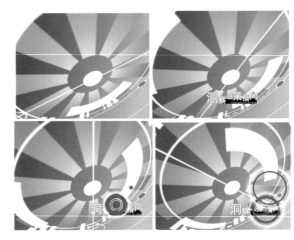

图12.164 "镜头3"动画其中几帧的效果

step 07 制作"镜头4"动画

（1）执行菜单栏中的【合成】|【新建合成】命令，打开【合成设置】对话框，设置【合成名称】为"镜头4"，【宽度】为720px，【高度】为576px，【帧速率】为25，并设置【持续时间】为0:00:02:21秒，如图12.165所示。

（2）按Ctrl+Y组合键，打开【纯色设置】对话框，设置【名称】为"镜头4背景"，【颜色】为白色，如图12.166所示。

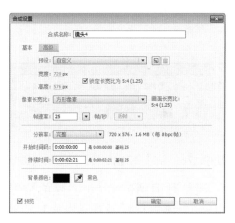

图12.165 建立合成

图12.166 建立纯色层

(3) 选择"镜头4背景"纯色层,在【效果和预设】面板中展开【生成】特效组,然后双击【梯度渐变】特效,如图12.167所示。

图12.167 添加【梯度渐变】特效

(4) 在【效果控件】面板中,修改【梯度渐变】特效的参数,修改【渐变起点】的值为(180,120),【起始颜色】为深蓝色(R:6;G:88;B:109),【渐变终点】的值为(660,520),【结束颜色】为淡蓝色(R:173;G:202;B:203),如图12.168所示。

(5) 将"圆环动画""文字04.psd""圆环转/风车.psd""风车/风车.psd""大圆环/风车.psd""小圆环/风车.psd"拖入"镜头4"合成的时间线面板中,如图12.169所示。

图12.168 设置【梯度渐变】参数

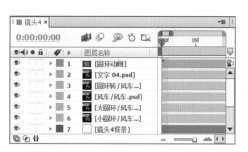

图12.169 将素材导入时间线面板

(6) 打开"圆环转/风车.psd""风车/风车.psd""大圆环/风车.psd""小圆环/风车.psd"素材层的三维属性,修改"大圆环/风车.psd"【位置】的值为(360,288,-72),"风车/风车.psd"【位置】的值为(360,288,-20),"圆环转/风车.psd"【位置】的值为(360,288,-30),如图12.170所示。

图12.170 修改【位置】属性的值

(7) 确认时间在0:00:00:00帧的位置,选择"小圆环/风车.psd"素材层,按R键,展开【旋转】属性,单击【Z轴旋转】左侧的【码表】按钮,在当前位置建立关键帧,如图12.171所示。

图12.171 建立【Z轴旋转】关键帧

(8) 调整时间到0:00:02:20帧的位置，修改【Z轴旋转】的值为200，系统将自动建立关键帧，如图12.172所示。

图12.172　修改【Z轴旋转】属性的关键帧

(9) 调整时间到0:00:00:00帧的位置，单击"小圆环/风车.psd"素材层【Z轴旋转】属性的文字部分，以选中该属性的全部关键帧，按Ctrl+C组合键，复制选中的关键帧；选择"大圆环.psd"素材层，按Ctrl+V组合键粘贴关键帧，如图12.173所示。

图12.173　粘贴【Z轴旋转】属性的关键帧

(10) 调整时间到0:00:02:20帧的位置，选择"大圆环/风车.psd"素材层，修改【Z轴旋转】的值为-200，如图12.174所示。

图12.174　修改【Z轴旋转】属性的值

(11) 调整时间到0:00:00:00帧的位置，选择"风车/风车.psd"素材层，按Ctrl+V组合键，粘贴关键帧，如图12.175所示。

图12.175　粘贴【Z轴旋转】属性的关键帧

(12) 确认时间在0:00:00:00帧的位置，单击"大圆环/风车.psd"素材层【Z轴旋转】属性的文字部分，以选中该属性的全部关键帧，按Ctrl+C组合键，复制选中的关键帧；选择"圆环转/风车.psd"

素材层，按Ctrl+V组合键粘贴关键帧，如图12.176所示。

图12.176　粘贴【Z轴旋转】属性的关键帧

(13) 调整时间到0:00:00:07帧的位置，选中"文字04.psd"素材层，展开【变换】选项组，单击【位置】左侧的【码表】按钮，在当前位置建立关键帧，修改【位置】的值为(934，280)，如图12.177所示。

图12.177　建立【位置】关键帧

(14) 调整时间到0:00:00:12帧的位置，修改【位置】的值为(360，280)，系统将自动建立关键帧。单击【缩放】左侧的【码表】按钮，在当前时间建立关键帧，如图12.178所示。

图12.178　建立【缩放】关键帧

(15) 调整时间到0:00:02:12帧的位置，修改【缩放】的值为(70，70)，系统将自动建立关键帧，如图12.179所示。

图12.179　建立【缩放】关键帧

(16) 选中"圆环动画"合成层，调整时间到0:00:00:08帧的位置，向右拖动"圆环动画"合成层，使入点到当前时间位置，如图12.180所示。

(17) 确认时间在0:00:00:08帧的位置，按S键，打开【缩放】属性，单击【缩放】左侧的【码表】

按钮 ⟳，在当前位置建立关键帧；调整时间到0:00:01:08帧的位置，修改【缩放】的值为(144，144)，系统将自动建立关键帧，如图12.181所示。

图12.180　调整"圆环动画"合成的持续时间

图12.181　修改【缩放】属性的值

(18) 调整时间到0:00:01:09帧的位置，将鼠标指针放置在"圆环动画"合成层持续时间条结束的位置，当鼠标指针变成双箭头 ↔ 时，向左拖动鼠标，将"圆环动画"合成层的出点调整到当前时间位置；按P键，展开【位置】属性，修改【位置】的值为(429，243)，如图12.182所示。

图12.182　设置"圆环动画"合成层的出点

(19) 确认选中"圆环动画"合成层，按Ctrl+D组合键，复制"圆环动画"合成层并重命名为"圆环动画2"，拖动"圆环动画2"到"圆环动画"的下面一层；调整时间到0:00:00:10帧的位置，向右拖动"圆环动画2"合成层使入点到当前时间位置位置；按P键，展开【位置】属性，修改【位置】的值为(310，255)，如图12.183所示。

图12.183　调整"圆环动画2"合成的持续时间

(20) 确认选中"圆环动画2"合成层，按Ctrl+D组合键，复制"圆环动画2"合成层，系统将自动命名复制的新合成层为"圆环动画3"，拖动"圆环动画3"到"圆环动画2"的下面一层；调整时间到0:00:00:14帧的位置，向右拖动"圆环动画3"合成层使入点到当前时间位置；按P键，展开【位置】属性，修改【位置】的值为(496，341)，如图12.184所示。

图12.184　调整"圆环动画3"合成的持续时间

(21) 确认选中"圆环动画3"合成层，按Ctrl+D组合键，复制"圆环动画3"合成层，系统将自动命名复制的新合成层为"圆环动画4"，拖动"圆环动画4"到"圆环动画3"的下面一层；调整时间到0:00:00:19帧的位置，向右拖动"圆环动画4"合成层使入点到当前时间位置；按P键，展开【位置】属性，修改【位置】的值为(249，253)，如图12.185所示。

图12.185　调整"圆环动画4"合成的持续时间

(22) 添加摄像机。执行菜单栏中的【图层】|【新建】|【摄像机】命令，打开【摄像机设置】对话框，设置【预设】为【24毫米】，如图12.186所示。单击【确定】按钮，在时间线面板中将会创建一台摄像机。

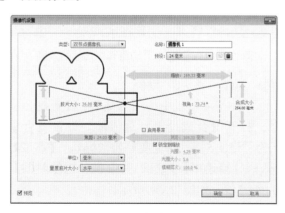

图12.186　摄像机设置

(23) 调整时间到0:00:00:00帧的位置,单击"摄像机 1",按P键,展开【位置】属性,单击【位置】左侧的【码表】按钮🕙,修改【位置】的值为(360,288,-225),如图12.187所示。

图12.187 建立【位置】关键帧

(24) 调整时间到0:00:02:20帧的位置,修改【位置】的值为(360,288,-568),系统将自动建立关键帧,如图12.188所示。

图12.188 修改【位置】属性的值

(25) 这样"镜头4"的动画就制作完成了,按空格键或小键盘上的0键,在合成窗口中播放动画,其中几帧的效果如图12.189所示。

图12.189 "镜头4"动画其中几帧的效果

step 08 制作"镜头5"动画

(1) 执行菜单栏中的【合成】|【新建合成】命令,打开【合成设置】对话框,设置【合成名称】为"镜头5",【宽度】为720px,【高度】为576px,【帧速率】为25,并设置【持续时间】为0:00:04:05秒,如图12.190所示。

(2) 在时间线面板中按Ctrl+Y组合键,打开【纯色设置】对话框,设置【名称】为"镜头5背

景",【颜色】为白色,如图12.191所示。单击【确定】按钮建立纯色层。

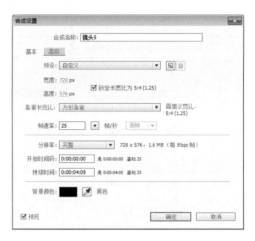

图12.190 建立合成

图12.191 建立纯色层

(3) 选择"镜头5背景"纯色层,在【效果和预设】面板中展开【生成】特效组,然后双击【梯度渐变】特效,如图12.192所示。

图12.192 添加【梯度渐变】特效

(4) 在【效果控件】面板中,修改【梯度渐变】特效的参数,修改【渐变起点】的值为(128,136),【起始颜色】为深蓝色(R:13;G:91;B:112),【渐变终点】的值为(652,574),【结束颜色】为淡蓝色(R:200;G:215;B:216),如图12.193所示。

图12.193 设置【梯度渐变】特效的参数

（5）将"圆环动画""文字05.psd""圆环转/风车.psd""风车/风车.psd""大圆环/风车.psd""小圆环/风车.psd""素材01.psd""素材02.psd""素材03.psd""圆点.psd"拖入"镜头5"合成的时间线面板中，如图12.194所示。

图12.194 将素材导入时间线面板

（6）选择"圆点.psd"层，在【效果和预设】面板中展开【过渡】特效组，然后双击【线性擦除】特效，如图12.195所示。

图12.195 添加【线性擦除】特效

（7）调整时间到0:00:02:02帧的位置，在【效果控件】面板中，修改【线性擦除】特效的参数，单击【过渡完成】左侧的【码表】按钮ㆆ，在当前位置建立关键帧，修改【过渡完成】的值为100%，【羽化】的值为50，如图12.196所示。

（8）调整时间到0:00:02:14帧的位置，修改【过渡完成】的值为0%，系统将自动建立关键帧，如图12.197所示。

（9）调整时间到0:00:02:20帧的位置，修改【过渡完成】的值为50%，系统将自动建立关键帧，如图12.198所示。

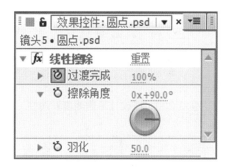

图12.196 设置【线性擦除】特效的属性

图12.197 修改【过渡完成】属性

图12.198 修改【过渡完成】属性

（10）调整时间到0:00:01:15帧的位置，选择"素材03.psd"，按T键，展开【不透明度】属性，单击【不透明度】左侧的【码表】按钮ㆆ，在当前位置建立关键帧，修改【不透明度】的值为0%，如图12.199所示。

图12.199 建立【不透明度】关键帧

（11）调整时间到0:00:03:15帧的位置，修改【不透明度】的值为80%，系统将自动建立关键帧，如图12.200所示。

（12）选择"素材02.psd"素材层，在【效果和预设】面板中展开【过渡】特效组，然后双击【线性擦除】特效，如图12.201所示。

图12.200 修改【不透明度】属性

图12.201 添加【线性擦除】特效

(13) 确认时间在0:00:01:05帧的位置，在【效果控件】面板中，修改【线性擦除】特效的参数，单击【过渡完成】左侧的【码表】按钮🕑，在当前位置建立关键帧，修改【过渡完成】的值为100%，【羽化】的值为80，如图12.202所示。

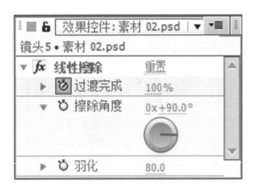

图12.202 设置【线性擦除】特效的属性

(14) 调整时间到0:00:04:04帧的位置，修改【过渡完成】的值为0%，系统将自动建立关键帧，如图12.203所示。

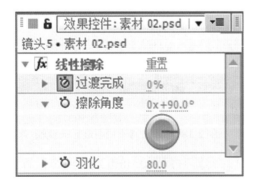

图12.203 修改【过渡完成】属性

(15) 单击"素材01.psd"素材层，在【效果和预设】面板中展开【过渡】特效组，然后双击【线性擦除】特效，如图12.204所示。

图12.204 添加【线性擦除】特效

(16) 调整时间到0:00:00:19帧的位置，在【效果控件】面板中，修改【线性擦除】特效的参数，单击【过渡完成】左侧的【码表】按钮🕑，在当前位置建立关键帧，修改【擦除角度】的值为80，【羽化】的值为70，如图12.205所示。

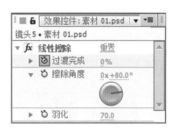

图12.205 设置【线性擦除】特效的属性

(17) 调整时间到0:00:01:03帧的位置，修改【过渡完成】的值为100%，系统将自动建立关键帧，如图12.206所示。

图12.206 修改【过渡完成】属性

(18) 调整时间到0:00:00:07帧的位置，确认选中时间线面板中的"素材01.psd"素材层，按T键，展开【不透明度】属性，单击【不透明度】左侧的【码表】按钮🕑，在当前位置建立关键帧，修改【不透明度】的值为0%，如图12.207所示。

图12.207 建立【不透明度】关键帧

(19) 调整时间到0:00:00:08帧的位置，修改【不透明度】的值为100%；调整时间到0:00:00:10帧的位置，修改【不透明度】的值为30%；调整时间到0:00:00:19帧的位置，修改【不透明度】的值为100%，系统将自动建立关键帧，如图12.208所示。

图12.208　修改【不透明度】属性的关键帧

（20）打开"圆环转/风车.psd""风车/风车.psd""大圆环/风车.psd""小圆环/风车.psd"素材层的三维属性，修改"大圆环/风车.psd"【位置】的值为(360，288，-72)，"风车/风车.psd"【位置】的值为(360，288，-20)，"圆环转/风车.psd"【位置】的值为(360，288，-30)，如图12.209所示。

图12.209　修改【位置】的值

（21）调整时间到0:00:00:00帧的位置，单击"小圆环/风车.psd"素材层，按R键，展开【旋转】属性，单击【Z轴旋转】左侧的【码表】按钮，在当前位置建立关键帧，如图12.210所示。

图12.210　建立【Z轴旋转】属性的关键帧

（22）调整时间到0:00:04:04帧的位置，修改【Z轴旋转】的值为200，系统将自动建立关键帧，如图12.211所示。

图12.211　修改【Z轴旋转】属性

（23）调整时间到0:00:00:00帧的位置，单击"小圆环/风车.psd"素材层【Z轴旋转】属性的文字部分，以选中该属性的全部关键帧，按Ctrl+C组合键，复制选中的关键帧；单击"大圆环"素材层，按Ctrl+V组合键，粘贴关键帧，如图12.212所示。

图12.212　粘贴【Z轴旋转】关键帧

（24）调整时间到0:00:04:04帧的位置，选择"大圆环/风车.psd"素材层，修改【Z轴旋转】的值为-200，如图12.213所示。

图12.213　修改【Z轴旋转】属性的值

（25）调整时间到0:00:00:00帧的位置，选择"风车/风车.psd"素材层，按Ctrl+V组合键，粘贴关键帧，如图12.214所示。

图12.214　在"风车"层粘贴关键帧

（26）调整时间到0:00:00:00帧的位置，单击"大圆环/风车.psd"素材层【Z轴旋转】属性的文字部分，以选中该属性的全部关键帧，按Ctrl+C组合键，复制选中的关键帧；选择"圆环转/风车.psd"素材层，按Ctrl+V组合键，粘贴关键帧，如图12.215所示。

图12.215　在"圆环转/风车.psd"层粘贴关键帧

（27）选中"圆环转/风车.psd""风车/风车.psd""大圆环/风车.psd""小圆环/风车.psd"素材层，按Ctrl+D组合键复制这4个层；确认复制出的4个层处于选中状态，将4个层拖动到"圆环转/风车.psd"层的上面，并分别重命名，如图12.216所示。

图12.216　复制素材层并调整顺序

（28）确认选中这4个素材层，按P键，展开【位置】属性，修改"小圆环2"【位置】的值为(1281，21，230)，"大圆环2"【位置】的值为(1281，21，158)，"风车2"【位置】的值为(1281，21，210)，"圆环转2"【位置】的值为(1281，21，200)，如图12.217所示。

图12.217　修改【位置】属性

（29）选中"圆环转2""风车2""大圆环2""小圆环2"素材层，按Ctrl+D组合键复制4个层；确认复制出的4个层处于选中状态，将4个层拖动到"圆环转2"层的上面，并分别重命名，如图12.218所示。

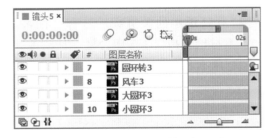

图12.218　复制素材层并调整顺序

（30）确认选中这4个素材层，按P键，展开【位置】属性，修改"小圆环3"【位置】的值为(1338，-605，194)，"大圆环3"【位置】的值为(1338，-605，122)，"风车3"【位置】的值为

(1338，-605，174)，"圆环转3"【位置】的值为(1338，-605，164)，如图12.219所示。

图12.219　修改【位置】属性

（31）调整时间到0:00:01:07帧的位置，选择"文字05.psd"素材层，按P键，展开【位置】属性，单击【位置】左侧的【码表】按钮，在当前位置建立关键帧，修改【位置】的值为(-195，175)，如图12.220所示。

图12.220　在【位置】属性上设置关键帧

（32）调整时间到0:00:01:13帧的位置，修改【位置】的值为(366，175)，系统将自动建立关键帧，如图12.221所示。

图12.221　修改【位置】的值

（33）调整时间到0:00:01:09帧的位置，选中"圆环动画"合成层，向右拖动"圆环动画"合成层使入点到当前时间位置，如图12.222所示。

图12.222　调整"圆环动画"合成的持续时间

（34）确认选中"圆环动画"合成层，按P键，展开【位置】属性，修改【位置】的值为(237，122)。按S键，展开【缩放】属性，单击【缩放】左侧的【码表】按钮，在当前位置建立关键帧，如图12.223所示。

图12.223 建立【缩放】关键帧

(35) 调整时间到0:00:02:09帧的位置，修改【缩放】的值为(150，150)，系统将自动建立关键帧。调整时间到0:00:02:10帧的位置，将鼠标指针放置在"圆环动画"合成层结束的位置，当鼠标指针变成双箭头时，向左拖动鼠标，将"圆环动画"合成层的出点调整到当前时间，如图12.224所示。

图12.224 设置"圆环动画"合成层的出点

(36) 确认选中"圆环动画"合成层，按Ctrl+D组合键，复制"圆环动画"合成层并重命名为"圆环动画2"；调整时间到0:00:01:10帧的位置，向右拖动"圆环动画2"合成层使入点到当前时间位置；按P键，展开【位置】属性，修改【位置】的值为(507，181)，如图12.225所示。

图12.225 调整"圆环动画2"合成的持续时间

(37) 确认选中"圆环动画2"合成层，按Ctrl+D组合键，复制"圆环动画2"合成层，系统将自动命名复制的新合成层为"圆环动画3"；调整时间到0:00:01:11帧的位置，向右拖动"圆环动画3"合成层使入点到当前时间位置；按P键，展开【位置】属性，修改【位置】的值为(352，126)，如图12.226所示。

图12.226 调整"圆环动画3"合成的持续时间

(38) 确认选中"圆环动画3"合成层，按Ctrl+D组合键，复制"圆环动画3"合成层，系统将自动命名复制的新合成层为"圆环动画4"；调整时间到0:00:01:15帧的位置，向右拖动"圆环动画4"合成层使入点到当前时间位置；按P键，展开【位置】属性，修改【位置】的值为(465，140)，如图12.227所示。

图12.227 调整"圆环动画4"合成的持续时间

(39) 添加摄像机。执行菜单栏中的【图层】|【新建】|【摄像机】命令，打开【摄像机设置】对话框，设置【预设】为【24毫米】，如图12.228所示。

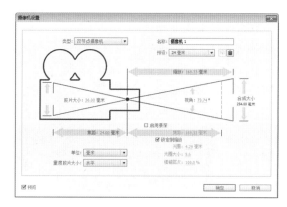

图12.228 摄像机设置

(40) 调整时间到0:00:00:00帧的位置，展开"摄像机1"的【变换】选项组，单击【目标点】左侧的【码表】按钮，修改【目标点】的值为(660，−245，184)；单击【位置】左侧的【码表】按钮，修改【位置】的值为(703，521，126)；修改【X轴旋转】的值为24；单击【Z轴旋转】左侧的【码表】按钮，修改【Z轴旋转】的值为115，如图12.229所示。

图12.229 设置摄像机属性

(41) 调整时间到0:00:00:17帧的位置，修改【目标点】的值为(660，-245，155)，修改【位置】的值为(703，639，36)，单击【X轴旋转】左侧的【码表】按钮，在当前位置建立关键帧，修改【Z轴旋转】的值为0，系统将自动建立关键帧，如图12.230所示。

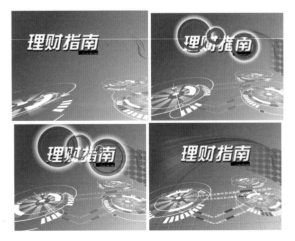

图12.230　修改摄像机属性

(42) 调整时间到0:00:02:11帧的位置，修改【目标点】的值为(723，65，-152)，修改【位置】的值为(743，1057，-410)，修改【X轴旋转】的值为0，系统将自动建立关键帧，如图12.231所示。

图12.231　设置摄像机的参数

(43) 这样"镜头5"动画就制作完成了，按空格键或小键盘上的0键在合成窗口中播放动画，其中几帧的效果如图12.232所示。

图12.232　"镜头5"动画其中几帧的效果

step 09　制作总合成动画

(1) 执行菜单栏中的【合成】|【新建合成】命令，打开【合成设置】对话框，设置【合成名称】为"总合成"，【宽度】为720px，【高度】为576px，【帧速率】为25，并设置【持续时间】为0:00:14:20秒，如图12.233所示。

图12.233　建立新合成

(2) 将"镜头1""圆环动画""镜头2""镜头3""镜头4""镜头5"导入"总合成"合成的时间线面板中，如图12.234所示。

图12.234　导入素材到时间线面板

(3) 调整时间到0:00:02:24帧的位置，选中"镜头1"合成层，按T键，展开【不透明度】属性，单击【不透明度】左侧的【码表】按钮，在当前位置建立关键帧；调整时间到0:00:03:07帧的位置，修改【不透明度】的值为0%，如图12.235所示。

图12.235　为"镜头1"建立关键帧

(4) 调整时间到0:00:04:06帧的位置，选中"圆环动画"，向右拖动"圆环动画"合成层使入点到当前时间位置，如图12.236所示。

图12.236　调整"圆环动画"持续时间条的位置

(5) 调整时间到0:00:04:18帧的位置，按P键，展开【位置】属性，修改【位置】的值为(357，86)；按S键，展开【缩放】属性，单击【缩放】左侧的【码表】按钮 ，在当前位置建立关键帧，如图12.237所示。

图12.237　建立【缩放】关键帧

(6) 调整时间到0:00:05:06帧的位置，修改【缩放】的值为(135，135)，系统将自动建立关键帧；调整时间到0:00:05:07帧的位置，将鼠标指针放置在"圆环动画"合成层结束的位置，当鼠标指针变成双箭头 时，向左拖动鼠标，将"圆环动画"合成层的出点设置到当前位置，如图12.238所示。

图12.238　修改【缩放】属性的值

(7) 确认选中"圆环动画"合成层，按Ctrl+D组合键，复制"圆环动画"合成层并重命名为"圆环动画2"，将"圆环动画2"层拖动到"圆环动画"的下一层；调整时间到0:00:04:10帧的位置，向右拖动"圆环动画2"合成层使入点到当前位置；按P键，展开【位置】属性，修改【位置】的值为(397，86)，如图12.239所示。

图12.239　调整"圆环动画2"

(8) 确认选中"圆环动画2"合成层，按Ctrl+D组合键，复制"圆环动画"合成层并重命名为"圆环动画3"，将"圆环动画3"层拖动到"圆环动画2"的下一层；调整时间到0:00:04:18帧的位置，向右拖动"圆环动画3"合成层使入点到当前位置；按P键，展开【位置】属性，修改【位置】的值为(470，0)，如图12.240所示。

图12.240　调整"圆环动画3"

(9) 确认选中"圆环动画3"合成层，按Ctrl+D组合键，复制"圆环动画"合成层并重命名为"圆环动画4"，将"圆环动画4"层拖动到"圆环动画3"的下一层；调整时间到0:00:04:23帧的位置，向右拖动"圆环动画4"合成层使入点到当前位置；按P键，展开【位置】属性，修改【位置】的值为(455，102)，如图12.241所示。

图12.241　调整"圆环动画4"

（10）确认选中"圆环动画4"合成层，按Ctrl+D组合键，复制"圆环动画"合成层并重命名为"圆环动画5"；调整时间到0:00:05:05帧的位置，向右拖动"圆环动画5"合成层使入点到当前位置，如图12.242所示。

图12.242　调整"圆环动画5"

（11）调整时间到0:00:02:24帧的位置，选中"镜头2"，向右拖动合成层使入点到当前位置；按T键，展开其【不透明度】属性，单击【不透明度】左侧的【码表】按钮 ，修改【不透明度】的值为0%，如图12.243所示。

图12.243　调整"镜头2"并添加关键帧

（12）调整时间到0:00:03:07帧的位置，修改【不透明度】的值为100%；调整时间到0:00:05:16帧的位置，单击【不透明度】左侧的【在当前时间添加或移除关键帧】按钮◇，在当前建立关键帧；调整时间到0:00:06:02帧的位置，修改【不透明度】的值为0%，系统将自动建立关键帧，如图12.244所示。

图12.244　修改【不透明度】属性

（13）调整时间到0:00:05:16帧的位置，向右拖动"镜头3"合成层使入点到当前时间位置；按T键，展开【不透明度】属性，单击【不透明度】左侧的【码表】按钮 ，修改【不透明度】的值为0%，如图12.245所示。

图12.245　调整"镜头3"并添加关键帧

（14）调整时间到0:00:06:02帧的位置，修改【不透明度】的值为100%；调整时间到0:00:08:08帧的位置，单击【不透明度】左侧的【在当前时间添加或移除关键帧】按钮◇，在当前位置建立关键帧；调整时间到0:00:08:21帧的位置，修改【不透明度】的值为0%，系统将自动建立关键帧，如图12.246所示。

图12.246　修改【不透明度】属性

（15）调整时间到0:00:08:08帧的位置，向右拖

动"镜头4"合成层使入点到当前时间位置；按T键，展开其【不透明度】属性，单击【不透明度】左侧的【码表】按钮 ，修改【不透明度】的值为0%，如图12.247所示。

图12.247　调整"镜头4"的持续时间

（16）调整时间到0:00:08:21帧的位置，修改【不透明度】的值为100%；调整时间到0:00:10:14帧的位置，单击【不透明度】左侧的【在当前时间添加或移除关键帧】按钮◇，在当前位置建立关键帧；调整时间到0:00:11:03帧的位置，修改【不透明度】的值为0%，系统将自动建立关键帧，如图12.248所示。

图12.248　修改【不透明度】属性

（17）调整时间到0:00:10:15帧的位置，向右拖动"镜头5"合成层使入点到当前时间位置；按T键，展开其【不透明度】属性，单击【不透明度】左侧的【码表】按钮 ，修改【不透明度】的值为0%；调整时间到0:00:11:03帧的位置，修改【不透明度】的值为100%，如图12.249所示。

图12.249　添加关键帧

（18）这样就完成了《理财指南》电视片头动画的制作，按空格键或小键盘上的0键即可在合成窗口中预览效果。

实战102　制作节目导视

实例解析

"节目导视"是一个有关电视栏目包装的动画，本例主要通过三维层开关 以及【父级】属性的使用，将动画的延展及空间变幻表现出来，制作出动态且有立体感觉的动画效果。本例的动画流程画面如图12.250所示。

图12.250 节目导视动画流程

✎ 知识点

1. 三维层开关
2. 【父级】属性

✎ 操作步骤

step 01 制作方块合成

（1）执行菜单栏中的【合成】|【新建合成】命令，打开【合成设置】对话框，设置【合成名称】为"方块"，【宽度】为720px，【高度】为576px，【帧速率】为25，并设置【持续时间】为0:00:06:00秒。

（2）执行菜单栏中的【文件】|【导入】|【文件】命令，打开【导入文件】对话框，选择配套素材中的"工程文件\第12章\节目导视\背景.bmp""工程文件\第12章\节目导视\红色Next.png""工程文件\第12章\节目导视\红色即将播出.png""工程文件\第12章\节目导视\长条.png"素材。单击【导入】按钮，这些素材将导入到【项目】面板中。

（3）打开"方块"合成，在【项目】面板中选择"红色Next.png"素材，将其拖动到"方块"合成的时间线面板中，打开三维开关，如图12.251所示。

图12.251 添加素材

（4）选中"红色Next.png"层，选择工具栏中的【向后平移(锚点)工具】 ⬚，按住Shift键向上拖动，直到图像的边缘为止。移动前的效果如图12.252所示，移动后的效果如图12.253所示。

图12.252 移动前效果图

图12.253 移动后效果图

(5) 按S键展开【缩放】属性，设置【缩放】的值为(111，111，111)，如图12.254所示。

图12.254 【缩放】参数设置

(6) 按P键，展开【位置】属性，将时间调整到0:00:00:00帧的位置，设置【位置】的值为(47，184，-172)，单击【码表】按钮 ⑤，在当前位置添加关键帧；将时间调整到0:00:00:07帧的位置，设置【位置】的值为(498，184，-43)，系统会自动创建关键帧；将时间调整到0:00:00:14帧的位置，设置【位置】的值为(357，184，632)；将时间调整到0:00:01:04帧的位置，设置【位置】的值为(357，184，556)；将时间调整到0:00:02:18帧的位置，设置【位置】的值为(357，184，556)；将时间调整到0:00:03:07帧的位置，设置【位置】的值为(626，184，335)，如图12.255所示。

图12.255 【位置】关键帧设置

(7) 按R键，展开【旋转】属性，将时间调整到0:00:01:04帧的位置，设置【X轴旋转】的值为0，单击【码表】按钮 ⑤，在当前位置添加关键帧；将时间调整到0:00:01:11帧的位置，设置【X轴旋转】的值为-90，系统会自动创建关键帧，如图12.256所示。

图12.256 【X轴旋转】关键帧设置

(8) 将时间调整到0:00:02:18帧的位置，设置【Z轴旋转】的值为0，单击【码表】按钮 ⑤，在当前位置添加关键帧；将时间调整到0:00:03:07帧的

位置，设置【Z轴旋转】的值为-90，如图12.257所示。

图12.257 【Z轴旋转】关键帧设置

(9) 选中"红色Next.png"层，将时间调整到0:00:01:11帧的位置，按Alt+]组合键，切断后面的素材，如图12.258所示。

图12.258 设置素材的出点

(10) 在【项目】面板中选择"红色即将播出.png"素材，将其拖动到"方块"合成的时间线面板中，打开三维层开关，如图12.259所示。

图12.259 添加素材

(11) 选中"红色即将播出.png"层，将时间调整到0:00:01:04帧的位置，按Alt+[组合键，将素材的入点剪切到当前帧的位置；将时间调整到0:00:03:06帧的位置，按Alt+]组合键，将素材的出点剪切到当前帧的位置，如图12.260所示。

图12.260 层设置

(12) 按R键，展开【旋转】属性，设置【X轴旋转】的值为90，如图12.261所示。

(13) 选中"红色即将播出.png"层，选择工具栏中的【向后平移(锚点)工具】，按住Shift键向上拖动，直到图像的边缘为止。移动前的效果如图12.262所示，移动后的效果如图12.263所示。

图12.261 【X轴旋转】参数设置

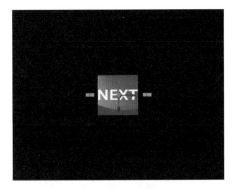

图12.262 移动前效果图

图12.263 移动后效果图

(14) 展开【父级】属性，将"红色即将播出.png"层设置为"红色Next.png"层的子层，如图12.264所示。

图12.264 【父级】设置

(15) 选中"红色即将播出.png"层，按P键，展开【位置】属性，设置【位置】的值为(96，121，89)，【缩放】的值为(100，100，100)，如

图12.265所示；画面效果如图12.266所示。

图12.265 参数设置

图12.266 效果图

(16) 在【项目】面板中选择"长条.png"素材，将其拖动到"方块"合成的时间线面板中，打开三维层开关，如图12.267所示。

图12.267 添加素材

(17) 选中"长条.png"层，将时间调整到0:00:02:18帧的位置，按Alt+[组合键，切断前面的素材，如图12.268所示。

图12.268 层设置

(18) 选中"长条.png"层，选择工具栏中的【向后平移(锚点)工具】，按住Shift键向右拖动，直到图像的边缘为止。移动前的效果如图12.269所示，移动后的效果如图12.270所示。

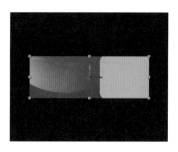

图12.269　移动前效果图

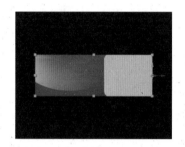

图12.270　移动后效果图

(19) 展开【父级】属性，将"长条.png"层设置为"红色Next.png"层的子层，如图12.271所示。

图12.271　【父级】设置

(20) 按R键，展开【旋转】属性，设置【Y轴旋转】的值为90，如图12.272所示；画面效果如图12.273所示。

图12.272　【Y轴旋转】参数设置

图12.273　效果图

(21) 按P键，展开【位置】属性，设置【位置】的值为(3，186，89)，【缩放】的值为(97，97，97)，如图12.274所示；画面效果如图12.275所示。

图12.274　【位置】参数设置

图12.275　效果图

(22) 在【项目】面板中再次选择"红色即将播出.png"素材，将其拖动到"方块"合成的时间线面板中，打开三维层开关，如图12.276所示。

图12.276　添加素材

(23) 选中"红色即将播出.png"层，将时间调整到0:00:03:07帧的位置，按Alt+[组合键，切断前面的素材，如图12.277所示。

图12.277　层设置

(24) 选中"红色即将播出.png"层，选择工具栏中的【向后平移(锚点)工具】 ，按住Shift键向左拖动，直到图像的边缘为止。移动前的效果如图12.278所示，移动后的效果如图12.279所示。

图12.278　移动前效果图

图12.279　移动后效果图

(25) 按R键，展开【旋转】属性，设置【Y轴旋转】的值为-90，如图12.280所示。

图12.280　【Y轴旋转】参数设置

(26) 展开【父级】属性，将"红色即将播出.png"层设置为"红色Next.png"层的子层，如图12.281所示。

图12.281　【父级】设置

(27) 按P键，展开【位置】属性，设置【位置】的值为(3，185，89)；按S键，展开【缩放】

属性，设置【缩放】的值为(100，100，100)，如图12.282所示；画面效果如图12.283所示。

图12.282　【位置】和【缩放】参数设置

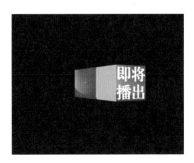

图12.283　效果图

(28) 这样"方块"合成就制作完成了，按空格键或小键盘的0键预览动画，其中几帧的效果如图12.284所示。

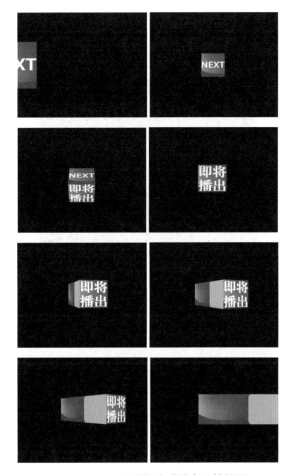

图12.284　"方块"合成其中几帧效果

step 02 制作文字合成

(1) 执行菜单栏中的【合成】|【新建合成】命令,打开【合成设置】对话框,设置【合成名称】为"文字",【宽度】为720px,【高度】为576px,【帧速率】为25,并设置【持续时间】为0:00:06:00秒,如图12.285所示。

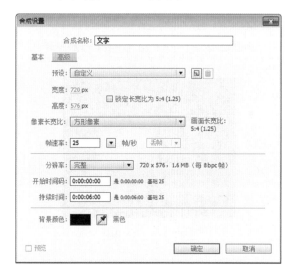

图12.285 合成设置

(2) 为了操作方便,复制"方块"合成中的"长条"层,粘贴到"文字"合成时间线面板中,此时"长条"层的位置并没有发生变化,效果如图12.286所示。

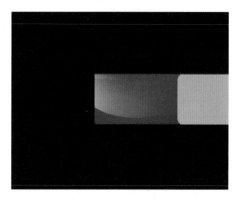

图12.286 画面效果

提示

在After Effects制作过程中,可以使用Ctrl+C组合键、Ctrl+X组合键、Ctrl+V组合键来进行复制层、剪切层等一些操作。

(3) 执行菜单栏中的【图层】|【新建】|【文本】命令,在合成窗口中输入12:20,设置字体为【华康简黑】,字号为35像素,文本颜色为白色,其他参数如图12.287所示。

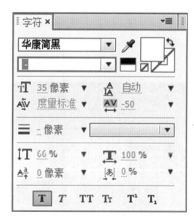

图12.287 字体设置

(4) 选中12:20文字层,按P键,展开【位置】属性,设置【位置】的值为(302,239),效果如图12.288所示。

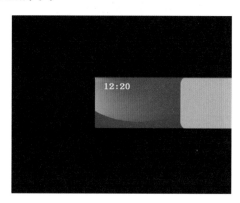

图12.288 效果图

(5) 执行菜单栏中的【图层】|【新建】|【文本】命令,在合成窗口中输入15:35,设置字体为【华康简黑】,字号为35像素,文本颜色为白色,其他参数如图12.289所示。

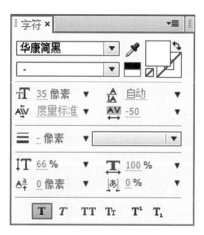

图12.289 15:35字体设置

(6) 选中15:35文字层,按P键,展开【位置】属性,设置【位置】的值为(305,276),效果如

图12.290所示。

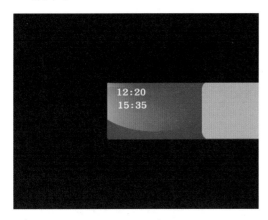

图12.290 效果图

(7) 执行菜单栏中的【图层】|【新建】|【文本】命令，在合成窗口中输入"非诚勿扰"，设置字体为【仿宋_GB2312】，字号为32像素，文字颜色为白色，其他参数如图12.291所示。

图12.291 "非诚勿扰"字体设置

(8) 选中"非诚勿扰"文字层，按P键，展开【位置】属性，设置【位置】的值为(405，238)，效果如图12.292所示。

图12.292 效果图

(9) 执行菜单栏中的【图层】|【新建】|【文本】命令，在"镜头五"的合成窗口中输入"成长不

烦恼"，设置字体为【仿宋_GB2312】，字号为32像素，文字颜色为白色，其他参数如图12.293所示。

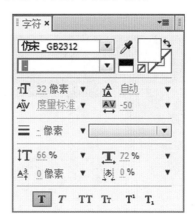

图12.293 "成长不烦恼"字体设置

(10) 选中"成长不烦恼"文字层，按P键，展开【位置】属性，设置【位置】的值为(407，273)，效果如图12.294所示。

图12.294 效果图

(11) 执行菜单栏中的【图层】|【新建】|【文本】命令，在合成窗口中输入"接下来请收看"，设置字体为【仿宋_GB2312】，字号为32像素，文字颜色为白色，其他参数如图12.295所示。

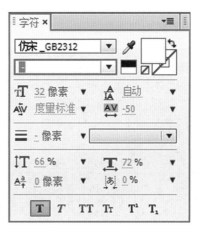

图12.295 "接下来请收看"字体设置

(12) 选中"接下来请收看"文字层，按P键，展开【位置】属性，设置【位置】的值为(556，336)，效果如图12.296所示。

图12.296　效果图

(13) 执行菜单栏中的【图层】|【新建】|【文本】命令，在合成窗口中输入NEXT，设置字体为【汉仪粗黑繁】，字号为38像素，文本颜色为灰色(R:152；G:152；B:152)，其他参数如图12.297所示。

图12.297　NEXT字体设置

(14) 选中NEXT文字层，按P键，展开【位置】属性，设置【位置】的值为(561，303)，效果如图12.298所示。

图12.298　效果图

(15) 选中"长条"层，按Delete键删除掉，如图12.299所示；画面效果如图12.300所示。

图12.299　层设置

图12.300　效果图

step 03　制作节目导视合成

(1) 执行菜单栏中的【合成】|【新建合成】命令，打开【合成设置】对话框，新建一个【合成名称】为"节目导视"、【宽度】为720px、【高度】为576px、【帧速率】为25、【持续时间】为0:00:06:00秒的合成。

(2) 打开"节目导视"合成，在【项目】面板中选择"背景.BMP"合成，将其拖动到"节目导视"合成的时间线面板中，如图12.301所示。

图12.301　添加素材

(3) 选中"背景.BMP"层，按P键，展开【位置】属性，设置【位置】的值为(358，320)；按S键，展开【缩放】属性，单击【约束比例】按钮，设置【缩放】的值为(100，115)，如图12.302所示。

图12.302　参数设置

(4) 执行菜单栏中的【图层】|【新建】|【摄像机】命令，打开【摄像机设置】对话框，设置【名称】为"摄像机 1"，【预设】为【50毫米】，如图12.303所示。

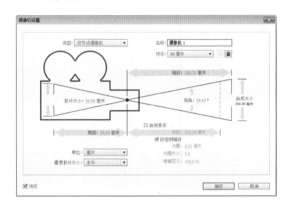

图12.303　添加摄像机

(5) 选中"摄像机 1"层，按P键，展开【位置】属性，设置【位置】的值为(360，288，-854)，如图12.304所示。

图12.304　【位置】参数设置

(6) 在【项目】面板中，选择"方块"合成，将其拖动到"节目导视"合成的时间线面板中，如图12.305所示。

图12.305　添加层

(7) 再次选择【项目】面板中的"方块"合成，将其拖动到"节目导视"合成的时间线面板

中，重命名为"倒影"，如图12.306所示。

图12.306　添加"倒影"层

(8) 选中"倒影"层，按S键，展开【缩放】属性，单击【约束比例】按钮🔗，设置【缩放】的值为(100，-100)，如图12.307所示。

图12.307　参数设置

(9) 选中"倒影"层，按P键，展开【位置】属性，将时间调整到0:00:00:00帧的位置，设置【位置】的值为(360，545)，单击【码表】按钮🕐，在当前位置添加关键帧；将时间调整到0:00:00:07帧的位置，设置【位置】的值为(360，509)，系统会自动创建关键帧；将时间调整到0:00:00:11帧的位置，设置【位置】的值为(360，434)；将时间调整到0:00:00:14帧的位置，设置【位置】的值为(360，417)，如图12.308所示。

图12.308　【位置】关键帧设置

(10) 按T键，展开【不透明度】属性，设置【不透明度】的值为20%，如图12.309所示。

图12.309　【不透明度】参数设置

(11) 选择工具栏中的【矩形工具】□，在"节目导视"合成窗口中绘制蒙版，如图12.310所示。

图12.310　绘制蒙版

(12) 选中"蒙版 1"层，按F键，打开"倒影"层的【蒙版羽化】选项，设置【蒙版羽化】的值为(67，67)，此时的画面效果如图12.311所示。

图12.311　设置【蒙版羽化】后的画面效果

(13) 在【项目】面板中，选择"文字"合成，将其拖动到"节目导视"合成的时间线面板

中，将其入点放在0:00:03:07帧的位置，如图12.312所示。

图12.312　添加素材

(14) 选中"文字"合成，按T键，展开【不透明度】属性，将时间调整到0:00:03:07帧的位置，设置【不透明度】的值为0%，单击【码表】按钮 ○，在当前位置添加关键帧；将时间调整到0:00:03:12帧的位置，设置【不透明度】的值为100%；将时间调整到0:00:04:00帧的位置，为其添加延时帧；将时间调整到0:00:04:05帧的位置，设置【不透明度】的值为0%，如图12.313所示。

图12.313　【不透明度】关键帧设置

(15) 这样就完成了"电视栏目包装——节目导视"的整体制作，按小键盘上的0键，在合成窗口中预览动画。